新型活页式教材

高等职业教育药品制造类专业教材

药物合成与分离纯化技术

崔成红　高　源　**主编**

中国轻工业出版社

图书在版编目（CIP）数据

药物合成与分离纯化技术/崔成红，高源主编．—北京：中国轻工业出版社，2021.3

ISBN 978-7-5184-3312-4

Ⅰ.①药… Ⅱ.①崔…②高… Ⅲ.①药物化学-有机合成-化学反应-高等职业教育-教材②药物-分离-高等职业教育-教材③药物-提纯-高等职业教育-教材 Ⅳ.①TQ460

中国版本图书馆 CIP 数据核字（2020）第 246984 号

策划编辑：江 娟　　责任终审：张乃柬　　整体设计：锋尚设计
责任编辑：江 娟 王 韧　　责任校对：吴大鹏　　责任监印：张 可

出版发行：中国轻工业出版社（北京东长安街 6 号，邮编：100740）
印　　刷：艺堂印刷（天津）有限公司
经　　销：各地新华书店
版　　次：2021 年 3 月第 1 版第 1 次印刷
开　　本：787×1092　1/16　印张：14.25
字　　数：263 千字
书　　号：ISBN 978-7-5184-3312-4　定价：48.00 元
邮购电话：010-65241695
发行电话：010-85119835　传真：85113293
网　　址：http://www.chlip.com.cn
E-mail：club@chlip.com.cn
如发现图书残缺请与我社邮购联系调换
200546J2X101ZBW

本书编委人员

主　　编　崔成红（山东药品食品职业学院）

　　　　　　高　源（山东药品食品职业学院）

副主编　李　伟（山东药品食品职业学院）

　　　　　　李光跃（山东药品食品职业学院）

　　　　　　郭统山（山东新华制药股份有限公司）

参编人员（以姓氏笔画为序）

　　　　　　王　静（山东药品食品职业学院）

　　　　　　丛晓娟（山东药品食品职业学院）

　　　　　　曲庆美（山东药品食品职业学院）

　　　　　　许莹莹（山东药品食品职业学院）

　　　　　　孙晓燕（烟台鲁银药业有限公司）

　　　　　　赵儒霞（山东药品食品职业学院）

　　　　　　夏见伟（山东罗欣药业集团股份有限公司）

主　　审　冯仰辉（山东药品食品职业学院）

　　　　　　郝志巧（烟台鲁银药业有限公司）

2020 年度全国职业教育科学研究规划课题（课题编号：2020QZJ072）成果之一

课题主要信息

课题名称： 校企合作开发高职药物合成技术课程新型活页式教材的实践研究

课题负责人： 崔成红

所在单位： 山东药品食品职业学院

主要成员： 王静 夏见伟 高源 丛晓娟

立项时间： 2020 年 07 月 09 日

前言

《药物合成与分离纯化技术》新型活页式教材是“药物合成技术”课程的配套教材，该课程由原“药物合成技术”和“药物合成设计与分离纯化技术”两门课程整合而成。教材内容设计依据课程教学标准，贯彻国务院《关于印发国家职业教育改革实施方案的通知》（国发〔2019〕4号）、教育部《关于职业院校专业人才培养方案制订与实施工作的指导意见》（教职成〔2019〕13号）和山东药品食品职业学院《关于进一步加强新型活页式教材编写工作的通知》精神，突出职业教育的类型特点，深化产教融合、校企合作、育训结合，及时将新技术、新工艺、新规范纳入教学标准和教学内容，推进教师、教材、教法改革。强化课程思改；课程内容紧密联系生产劳动实际和社会实践，突出应用性和实践性，注重学生职业能力和职业精神的培养；普及项目教学、案例教学、情境教学、模块化教学等教学方式，加强实践性教学，使其学时原则上占总学时数50%以上；推广翻转课堂、混合式教学、理实一体教学等新型教学模式，推动课堂教学革命；积极开发使用新型活页式、工作手册式教材并配套开发信息化资源，以适应“互联网+职业教育”发展需求。

本教材研发团队在原有课程教材建设的基础上，经过充分调研，与制药企业一线药物合成专家合作，对接企业用人需求，以化学药物或中间体合成过程为主线，针对该课程对应的典型工作任务——化学药物及中间体的合成、工艺改进与分离纯化，以及对应职业工种——有机合成工的国家职业标准，将课程内容重新整合、编排。教材内容包括实操合成项目、虚拟合成项目和仿真合成项目三个模块，共六个项目，根据教书育人规律、学生成长规律，科学合理序化。具体内容如下。

（1）模块一为实操合成项目，包括项目一贝诺酯的合成、项目二苯佐卡因的合成、项目三乙二胺四醋酸的合成、项目四苯妥英钠的合成。这些实操项目中融入7个常见单元反应（氧化、酰化、还原、烃化、卤化、缩合、重排）和分离纯化技术，反应时间适中，反应条件较易控制，无毒性大、燃爆性高的原料试剂，实验操作安全性强；原料试剂易于购得，项目可操作性强。

（2）模块二虚拟合成项为诺氟沙星的虚拟合成，包括小试和生产。

（3）模块三仿真合成项目为间歇反应釜单元仿真培训系统：2-巯基苯并噻唑（M剂）的生产（冷态开车）。

全部项目可以做到理实一体化，并全过程融入思政教育。学生通过课程学习，可以熟悉药物及中间体实验合成和生产过程，掌握反应原理、工艺流程、药物合成和分离纯化技能，在工作过程中学会相关仪器、设备、阀门的使用和物料流向，会进行紧急状态的处理，并在完整的工作过程中练就执行操作规程（SOP）的能力和养成良好的记录习惯，培养诚信负责、精益求精的工匠精神，分析和解决问题能力，以及团队意识、质量意识、成本意识、安全意识和绿色环保意识等，通过可见的项目成果感受自己的学习成就。同时，配套的相应指导以二维码链接的形式穿插于正文内，以便于加强学习。

本教材有配套的网络教学平台、仿真训练系统和学习指导；网络教学平台网址 https：//mooc1-2. chaoxing. com/mycourse/teachercourse？ moocId = 204551192&clazzid = 8967491&edit = true&v = 0。另外设计有一个附录，将各项共同而重复的内容编入附录，可以和不同项目组合使用，全教材的学习指导以二维码链接形式放在本教材最后。

关于书中二维码的使用，没有特别指明的都是微信二维码，用微信或QQ 都可以扫码；学习通、MOOC、智慧职教的视频资源在扫码后如果不能直接阅读或下载，需要根据提示注册或登录。

本教材编排采用模块+项目，教材结构设计成工作页式，并配套开发信息化资源，适合项目教学、翻转课堂、混合式教学、理实一体教学等新型教学模式。

本教材的突出特点如下所示。

（1）内容模块化、项目化，理实一体化，并强化实践性教学，实操课时 40，约占 60%；理论课时 28，约占 40%。

（2）工作过程完整，对接企业生产过程，以操作规程（SOP）规范操作过程，以操作和清场记录规范工作记录；记录规范化、格式化。

（3）教材信息化程度高，将配套开发的很多网络教学平台数字化资源和学习指导以二维码嵌入，理论学习效果可以扫码在线实时检测。推荐了优质学习资源，其中 MOOC 资源、智慧职教资源以二维码链接，适合通过移动终端实现随时随地学习。

（4）资源形式丰富，文本、图片、视频、动画穿插，增强学习兴趣，利于学生理解。

（5）有效融入课程思改，实现专业课与思改课同向同行，协同育人。

本教材由校企合作开发，供普通高等职业教育药品制造类中药品生产技术和化学制药技术专业药物合成技术课程使用。由山东药品食品职业学院崔成红、高源担任主编。书中实操项目一主体内容由崔成红负责编写，李光跃承担岗位操作记录部分的编写；项目二主体内容由高源和王静负责编写，郭统山承担岗位操作记录部分的编写；项目三主体内容由夏见伟负责编写，李伟承担岗位操作记录部分的编写；项目四主体内容由崔成红负责编写，孙晓燕承担岗位操作记录部分的编写；项目五和项目六由崔成红负责编写；固体产物分离纯化技术由崔成红负责部分的编写，液体产物分离纯化技术由崔成红和赵儒霞负责部分的编写；附录部分由崔成红和曲庆美负责编写；丛晓娟和许莹莹分别负责部分活页笔记的设置和图片的提供。主体教材配套的学习指导和网络教学平台由崔成红总体负责，与高源、赵儒霞、王静、丛晓娟共同完成。

山东药品食品职业学院的李光跃、高源、李伟分别负责项目一、二、三的统稿和审核，崔成红负责全书的统稿。山东药品食品职业学院冯仰辉和烟台鲁银药业有限公司郝志巧负责教材审核，提出了许多宝贵的修改意见，在此表示衷心的感谢。本书编写过程中得到山东罗欣药业集团股份有限公司、烟台鲁银药业有限公司、山东新华制药股份有限公司多位药物合成专家和山东药品食品职业学院各位领导、老师的大力支持；青岛国风药业股份有限公司和山东新华制药股份有限公司的多位一线药物合成专家，提出了宝贵的建设性意见；在此编者一并表示衷心的感谢。

限于编者的经验、水平，书中不当之处在所难免，敬请提出宝贵意见。

编者

2020年10月

目录

模块一 实操合成项目

项目一 贝诺酯的合成

项目概述

贝诺酯又称扑炎痛，为解热、消炎、镇痛药，属于《中华人民共和国药典》（以下简称“中国药典”）2015 版和 2020 版收载品种。2019 年底，国内贝诺酯原料药生产企业 11 家，其中山东 1 家。本品化学名为 4-乙酰胺苯基乙酰水杨酸酯，化学结构式为：

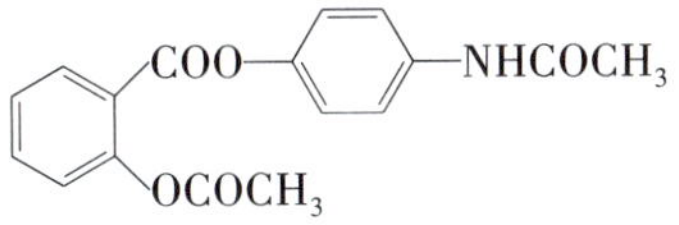

$C_{17}H_{15}NO_5$，313.31

本品为白色结晶或结晶性粉末，无臭。在沸乙醇中易溶，在沸甲醇中溶解，在甲醇或乙醇中微溶，在水中不溶，熔点为 177～181℃。

本品由阿司匹林和对乙酰氨基酚经拼合原理制成，它既保留了原药的解热镇痛功能，又减小了原药的毒副作用，并有协同作用。用于普通感冒或流行性感冒引起的发热，也用于缓解轻至中度疼痛，如头痛、关节痛、偏头痛、牙痛、肌肉痛、神经痛、痛经。

本品常采用的合成方法是以阿司匹林为原料，经氯化活化后，与对乙酰氨基酚钠酰化制得，反应式如下：

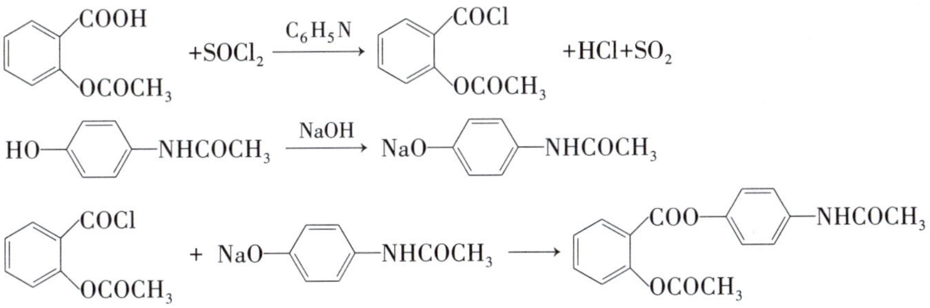

笔记

项目 1-1 乙酰水杨酰氯的合成

实施准备

项目任务书

项目编号		项目名称			
子项目编号		学员姓名/学号			
起始时间		指导教师		班长	
项目组成员					
学习任务	完成乙酰水杨酰氯合成与分离纯化任务,产品质量符合产品质量标准				
学习目标	知识目标 1. 掌握乙酰水杨酰氯合成中卤化反应知识、合成原理和分离纯化的方法:减压蒸馏 2. 知道反应试剂、原料选择的原则;反应条件、反应时间和反应终点控制的原理 3. 知道计量器具、合成反应和分离纯化仪器、设备使用、维护和保养方法 4. 知道乙酰水杨酰氯合成操作过程中的安全隐患和控制方法 5. 掌握按照 GMP 要求填写乙酰水杨酰氯合成操作记录和清场的方法 6. 知道乙酰水杨酰氯产率、单耗、成本计算方法 7. 知道乙酰水杨酰氯合成工作的真实生产流程 8. 知道乙酰水杨酰氯合成中废气的处理方法 9. 掌握无水操作的常规方法 10. 掌握有机合成工中与药物合成有关的专业知识、技能和素质,为考取有机合成工职业资格和参加有机合成工技能大赛奠定基础 能力目标 通过乙酰水杨酰氯的合成,能够: 1. 按照乙酰水杨酰氯合成 SOP 规定,正确佩戴和使用个体防护用品 2. 按照乙酰水杨酰氯生产流程和 SOP,正确备料;正确使用各种衡器、量器具称量物料、正确投料;进行反应控制和产物分离纯化,产品符合要求 3. 使用电热套控制温度;进行常规无水操作 4. 做好个体防护,实现安全生产;采取适当的措施处理停水、断电等突发事件 5. 做好废气的吸收处理,废水、废渣和其他废物的集中存放和处理,实现清洁生产 6. 正确计算乙酰水杨酰氯的产率、单耗和成本 7. 如结果异常,根据乙酰水杨酰氯反应式和反应过程,分析影响产品质量和收率的主要因素 8. 能将学到的知识——卤化反应和技能迁移至其他化学药物的合成操作中 思政目标 通过乙酰水杨酰氯的合成,具备: 1. 良好的观察能力,认真观察反应现象 2. 自主学习能力和可持续发展能力,能利用线上课程资源进行自主学习 3. 严格执行 SOP 的意识和能力 4. 良好的语言表达能力和沟通协调能力,遇到问题能够正确表述 5. 应急应变能力,如遇突发事件能够冷静分析,正确处理 6. 精益求精、爱岗敬业、严谨求实、一丝不苟、诚实守信、热爱劳动、吃苦耐劳等职业精神和工匠精神 7. 良好的环境保护意识、成本意识、质量意识、合作意识、服从意识、纪律意识、安全意识和自我防护意识					

工作内容与要求	
实施前	1. 填写项目任务书,明确任务目标、内容与要求
	2. 学习岗位操作规定(SOP),明确生产流程和操作要点
	3. 回答引导问题;填写项目预习记录;拍照上传至学习通
实施中	1. 整齐穿戴干净、整洁的实验服;佩戴乳胶手套、防毒口罩等防护用品
	2. 严格按 SOP 完成备料称量
	3. 严格按 SOP 完成投料、反应过程控制、产物分离纯化
	4. 按 GMP 要求清场
	5. 按 GMP 要求填写工作页记录
	6. 正确进行产品称量、产率与成本计算
实操结束	1. 拍照上传项目工作页和产品,提交纸质版,展示产品实物
	2. 在教师引导下总结项目要点,系统完成相关理论知识学习
	3. 完成产率、单耗、成本计算,拍照上传学习通,并提交纸质版
	4. 对工作页和工作成果进行互评

进度要求
1. 项目操作及相关记录、项目成果、项目现场考核在项目规定实操时间内完成
2. 理论学习在项目完成后两天内完成(含自学内容)

预习活页

项目名称		子项目名称	
学员姓名/学号		项目组成员	

引导问题
1. 本子项目涉及哪(几)个单元反应? 2. 反应的试剂主要有哪些? 3. 涉及的分离纯化方法是什么? 4. 项目的关键点在哪里?

引导问题回答

项目预习记录

一、原料试剂和产物理化性质、主要危险性及个体防护措施						
序号	原料/试剂名称	分子质量	密度	b. p./m. p.	主要危险性	个体防护措施
1						
2						
3						
4						
5						

二、实验操作注意事项

三、问题和建议

预习完成时间：　　年　月　日

项目实施——岗位工作页

操作规程——SOP

题目：乙酰水杨酰氯合成岗位操作规程

文件编号：SOP-HC-1011	生效日期：2019-09-01		审核期限：3 年	页码：
起草人：	第一审核人：	第二审核人：	批准人：	发布部门：
日期：　年　月　日	日期：　年　月　日	日期：　年　月　日	日期：　年　月　日	

笔记

1. 目的

建立乙酰水杨酰氯合成岗位操作规程，规范本岗位的操作，确保生产安全和质量稳定。

2. 适用范围

适用于乙酰水杨酰氯合成岗位。

3. 职责

指导教师负责和监督本规程的有效实施；操作人员严格按照该规程要求进行操作。

4. 正文

4.1 主要原料试剂的规格、主要危险性及个体防护

4.1.1 阿司匹林（乙酰水杨酸）

（1）规格及主要理化性质　原料药，外观为白色结晶或结晶性粉末；无臭或微带醋酸臭，遇湿气即缓慢水解，相对分子质量 180.16，熔点 135~138℃，在乙醇中易溶，在三氯甲烷或乙醚中溶解，在水中微溶，在氢氧化钠溶液或碳酸钠溶液中溶解，但同时分解。

（2）主要危险性　为常用的非甾体抗炎药，实验室少量接触不会产生危害。

（3）个体防护[a]　实验室少量使用无需特别防护，穿纯棉防静电实验服，避免吸入和眼睛接触。工作场所禁止吸烟、进食和饮水。

4.1.2 氯化亚砜

（1）规格及主要理化性质　分析纯或化学纯。相对分子质量 118.96，沸点 78.8℃，相对密度（水=1）1.64。淡黄色至红色、发烟液体，有强烈刺激性气味。可混溶于苯、氯仿和四氯化碳等。

（2）主要危险性

① 健康危害：吸入、口服或经皮吸收后对身体有害。对眼睛、黏膜、皮肤和上呼吸道有强烈的刺激作用，可引起灼伤。吸入后，可能因喉、支气管的痉挛、水肿而致死。中毒表现可有烧灼感、咳嗽、头晕、喉炎、气短、头痛、恶心和呕吐。

② 燃爆危险：本品不燃，具有强腐蚀性、强刺激性，可致人体灼伤。

（3）接触处理

① 皮肤接触：脱去被污染的衣物，立即用大量流动清水冲洗，至少 15min，就医。

---

a　本教材指实验室少量使用采取的防护措施。大量接触时，请按化学品安全技术说明书进行防护。

笔记

② 眼睛接触：立即提起眼睑，用大量流动清水或生理盐水彻底冲洗至少 15min，就医。

（4）个体防护　佩戴防护眼镜、自吸过滤式防毒面具（半面罩）、乳胶手套，穿纯棉防静电实验服。工作现场禁止吸烟、进食和饮水。

（5）消防措施

① 危险特性：本品不燃，遇水或潮气会分解放出二氧化硫、氯化氢等刺激性的有毒烟气。

受热分解也能产生有毒物质，对很多金属尤其是潮湿空气存在下有腐蚀性。

② 灭火剂：二氧化碳和砂土。禁止用水。

4.1.3　吡啶

（1）规格及主要理化性质　分析纯或化学纯。相对分子质量 79.10，沸点 115.3℃，与水形成共沸混合物，沸点 92～93℃。相对密度（水=1）0.98。在常温下是一种无色有特殊气味的液体，易溶于水、醇、醚等多数有机溶剂，本身也可作溶剂。

（2）主要危险性

① 健康危害：有强烈刺激性；能麻醉中枢神经系统，对眼及上呼吸道有刺激作用。高浓度吸入后，轻者有欣快或窒息感，继之出现抑郁、肌无力、呕吐；重者意识丧失、大小便失禁、强直性痉挛、血压下降，误服可致死。

② 燃爆危险：极度易燃，有强刺激性。

（3）接触处理

① 皮肤接触，脱去被污染的衣物，立即用大量流动清水冲洗至少 15min，必要时就医。

② 眼睛接触，立即用大量流动清水或生理盐水彻底冲洗至少 15min，就医。

（4）个体防护　佩戴防护眼镜、自吸过滤式防毒面具（半面罩）、乳胶手套。穿纯棉防静电实验服。工作现场禁止吸烟、进食和饮水。

（5）消防措施

① 危险特性：其蒸气与空气可形成爆炸性混合物，遇明火、高热极易燃烧爆炸，与氧化剂接触猛烈反应。高温时分解，释放出剧毒的氮氧化物气体。与硫酸、硝酸、铬酸、发烟硫酸、氯磺酸、顺丁烯二酸酐、高氯酸银等剧烈反应，有爆炸危险。流速过快，容易产生和积聚静电。其蒸气比空气重，能在较低处扩散到相当远的地方，遇火源会着火回燃。若遇高热，容器内压增大，有开裂和爆炸的危险。

② 灭火剂：雾状水、泡沫、干粉、二氧化碳、砂土，禁止使用

酸碱灭火剂。

笔记

4.1.4　丙酮

（1）规格及主要理化性质　分析纯或化学纯。相对分子质量58.08，沸点56.5℃，相对密度（水=1）0.80。无色透明易流动液体，有芳香气味，极易挥发。与水混溶，可混溶于乙醇、乙醚、氯仿、油类、烃类等多数有机溶剂。

（2）主要危险性

① 健康危害：急性中毒主要表现为对中枢神经系统的麻醉作用，出现乏力、恶心、头痛、头晕、易激动。重者发生呕吐、气急、痉挛，甚至昏迷。对眼、鼻、喉有刺激性。口服后，先是口唇、咽喉有烧灼感，后出现口干、呕吐、昏迷、酸中毒和酮症。

② 燃爆危险：极度易燃，具刺激性。

（3）接触处理

① 皮肤接触，脱去被污染的衣物，立即用肥皂水和清水彻底冲洗皮肤至少15min，必要时就医。

② 眼睛接触，提起眼睑，立即用大量流动清水或生理盐水彻底冲洗至少15min，就医。

（4）个体防护　佩戴自吸过滤式防毒面具（半面罩）、乳胶手套。穿纯棉防静电实验服。工作现场禁止吸烟、进食和饮水。

（5）消防措施

① 危险特性：其蒸气与空气可形成爆炸性混合物，遇明火、高热极易燃烧爆炸。与氧化剂能发生强烈反应。其蒸气比空气重，能在较低处扩散到相当远的地方，遇火源会着火回燃。若遇高热，容器内压增大，有开裂和爆炸的危险。

② 灭火剂：抗溶性泡沫、二氧化碳、干粉、砂土。用水灭火无效。

4.1.5　氢氧化钠

（1）规格　分析纯或化学纯。相对分子质量40.01，熔点318.4℃。为白色不透明固体，易潮解，易溶于水、乙醇、甘油，不溶于丙酮。

（2）主要危险性

① 健康危害：具有极强烈刺激性和腐蚀性，粉尘刺激眼和呼吸道，腐蚀鼻中隔；皮肤和眼直接接触可引起灼伤；误服可造成消化道灼伤，黏膜糜烂、出血和休克。

② 燃爆危险：本品不燃，具强腐蚀性、强刺激性，可致人体灼伤。

（3）接触处理

① 皮肤接触：脱去被污染的衣物，立即用大量流动清水冲洗至

笔记

少 15min，必要时就医。

② 眼睛接触：立即用大量流动清水或生理盐水彻底冲洗至少 15min，就医。

（4）个体防护　可能接触其粉尘时，必须佩戴头罩型电动送风过滤式防尘呼吸器，穿耐酸碱服。工作场所禁止吸烟、进食和饮水，饭前要洗手。

（5）消防措施

① 危险特性：与酸发生中和反应并放热。遇潮时对铝、锌和锡有腐蚀性，并放出易燃易爆的氢气。本品不会燃烧，遇水和水蒸气大量放热，形成腐蚀性溶液。具有强腐蚀性。

② 灭火剂：用水、砂土扑救，但须防止物品遇水产生飞溅，造成灼伤。

4.2 仪器设备

机械搅拌器 1 台、0～150℃ 温度计 1 支、回流冷凝管 1 支、100mL 四颈瓶 1 个、200mL 烧杯 3 个、玻璃棒 1 支、10mL 量筒 2 个、电子天平 1 台、氯化钙干燥管 1 支、100mL 电热套 1 台、胶头滴管 1 个、干燥乳胶导气管 1 根（1m 左右）、玻璃漏斗 1 个、药匙 2 把、循环水真空泵 1 台、培养皿 1 套、真空干燥箱 1 个、减压蒸馏装置（四颈瓶、直形冷凝管、减压用尾接管、接收瓶等）。

4.3 操作方法与要点

4.3.1 投料量及配比

原料名称	投料量	质量比(g/g)
阿司匹林	10.0g	1.00
氯化亚砜	5.5mL(9.0g)	0.90
吡啶	2 滴	—
丙酮	10.0mL	—
氢氧化钠	100.0mL	—

4.3.2 开工前准备

（1）操作人员必须按规定穿戴工作服（实验服）、帽（长发者）、鞋、防毒口罩、乳胶手套，才能进入合成岗位。

（2）检查房间是否挂有“待用、已清洁”标志。

（3）检查仪器设备清洁状态，是否在清洁效期内；设备挂有设备状态标志。

(4) 检查所用反应仪器设备的清洁维护及运转情况，应符合要求。

(5) 检查衡器按置零键置零；是否在校验合格期内。

(6) 检查设备完好证明与校验合格证，并且在校验期内。

(7) 检查操作间与设备是否已换上生产状态标识牌。

(8) 检查生产现场水、电是否达到生产要求。

(9) 检查所用阿司匹林、氯化亚砜、吡啶、丙酮、氢氧化钠是否符合要求，并做记录。

(10) 做好检查记录，由指导教师现场监控，并签名。

笔记

4.3.3　领料（备料）、配料

(1) 领料（备料）　操作人员根据生产任务和乙酰水杨酰氯合成方案，制订物料、仪器设备使用计划，领取物料，准备仪器设备。

(2) 配料　根据工艺要求配制10%氢氧化钠100.0mL，作尾气吸收剂。填写操作记录。

4.3.4　投料、反应控制及分离纯化

4.3.4.1　投料

(1) 在干燥的100mL四颈瓶上安装干燥的机械搅拌器、温度计和回流冷凝管，冷凝管顶端连接氯化钙干燥管，干燥管顶端连接导气管，导气管另一端连接玻璃漏斗，漏斗放在氢氧化钠溶液中。

(2) 向四颈瓶中依次加入阿司匹林10.0g，氯化亚砜5.5mL，吡啶2滴。

4.3.4.2　反应参数设定及反应过程控制

用电热套慢慢加热至70℃（需10~15min），维持（70±2）℃反应70min。

4.3.4.3　产物分离纯化

停止加热，自然冷至室温，安装减压蒸馏装置，蒸出未反应完全的氯化亚砜。冷却至室温，向剩余反应液中加入无水丙酮10.0mL，密闭备用。填写操作记录。

4.3.5　清场

检查生产使用的仪器、设备水电是否关闭，将剩余原料、生产记录本、设备运行记录等按照标准化管理要求，放到指定位置。清洗仪器；设备外表面擦拭干净；打扫卫生；垃圾和废物收集到指定位置。房间内挂上“待用、已清洁”状态标志，填写清场记录。

4.3.6　重点操作与复核

4.3.6.1　复核各原辅料的称量、计量，均应准确无误。

4.3.6.2 氯化反应须在无水条件下进行，所用仪器必须事先干燥，这是本实验能否成功的关键。要点：所用阿司匹林需在60℃干燥4h，除去所含的水分；所用仪器、量具干燥无水；反应期间避免水进入反应瓶。
4.3.6.3 在酰氯化反应中，放出氯化氢和二氧化硫气体，有刺激性，腐蚀性较强，若不吸收会污染空气，损害健康，应用碱液吸收。
4.3.6.4 为了便于搅拌，观察内温，使反应更趋完全，可适当增加氯化亚砜用量至6~7mL。
4.3.6.5 氯化亚砜也称为亚硫酰氯、二氯亚砜，遇水可分解为二氧化硫和氯化氢，因此所用仪器均需干燥；加热时不能用水浴，以免水蒸气进入反应容器中。
4.3.6.6 吡啶作为催化剂，用量不宜过多，否则影响产品的质量。
4.3.6.7 制得的酰氯应密封防潮，不应久置，否则水解。

4.4 乙酰水杨酰氯质量标准

外观为无色或浅黄色液体，内无结晶。

4.5 主要仪器设备的维护保养和使用

4.5.1 反应瓶每次使用后要冲洗干净，平时保持干燥。
4.5.2 真空循环水泵随用随开。
4.5.3 搅拌器电机要经常保持清洁，不允许有油垢灰尘，不允许用水清洗；使用时要经常注意负荷电流，不得超过其额定功率；要经常注意其外壳温度，不允许超过额定温度；要经常检查轴承发热泄漏等现象；电机要每年打开轴承重新加油；搅拌轴封如有泄漏，要及时调整。
4.5.4 电子秤的使用，按照《电子秤使用操作规程》执行。
4.5.5 电热套的使用，按照《调温电热套使用操作规程》执行。
4.5.6 温度计的使用，根据反应溶剂的沸点和反应控制温度范围确定，本反应温度控制在（70±2）℃，但很容易超过90℃甚至更高，所以要选用0~150℃量程的温度计。注意轻拿轻放，水银球要插入液面下，不要被搅拌碰撞。

笔记

工作记录——操作与清场记录

岗位：　　　　　　　　　　项目组成员：　　　　　　　　　　指导教师：

项目编号		**项目名称**			
子项目编号		**子项目名称**			
生产日期		**产品名称**		**批号**	

领料(备料)

物料名称	规格	批号	单位	数量	单价
阿司匹林					
氯化亚砜					
吡啶					
丙酮					
氢氧化钠					
操作人：　　　　年　月　日			复核人：　　　　年　月　日		

开工前检查

检查内容	检查结果	检查人
操作人员是否按规定穿戴工作服(实验服)、帽(长发者)、鞋、防毒口罩、胶皮手套	是□ 否□	
是否有上一批产品的清场合格证："待用、已清洁"标志	有□ 无□	
检查仪器设备清洁状态，是否在清洁效期内；设备挂有设备状态标志	有□ 无□	
反应仪器设备清洁维护及运转情况，是否按照规定处于待机状态(绿色待机)	是□ 否□	
检查衡器按置零键置零；是否在校验合格期内	是□ 否□	
设备完好证明与校验合格证，并且在校验期内	有□ 无□	
操作间与设备是否已换上生产状态标识牌	是□ 否□	
生产现场水、电是否达到生产要求	是□ 否□	
所用阿司匹林、氯化亚砜、吡啶、丙酮、氢氧化钠是否符合要求	是□ 否□	
审核(指导教师)：　　　　年　月　日		

称量

1. 复查原辅料名称、批号、数量、规格和外观质量，是否有异常
2. 称取固体物料时，要求取用重量在规定量的 0.5%范围内

续表

物料名称	规格	批号	标准量	称取量	备注
阿司匹林					
氯化亚砜					
吡啶					
丙酮					
氢氧化钠					
操作人： 年 月 日			复核人： 年 月 日		
审核(指导教师)： 年 月 日					

投料、反应过程控制与粗品分离纯化　　年 月 日

操作步骤	时间		操作记录	现象/备注	操作人/复核人
	开始	结束			
配制10%氢氧化钠溶液100.0mL			氢氧化钠____g 水________mL	可用废液	
在干燥的100mL四颈瓶上安装干燥的机械搅拌器、温度计和回流冷凝管，冷凝管顶端连接氯化钙干燥管，干燥管顶端连接导气管，导气管另一端连接玻璃漏斗，漏斗放在10%氢氧化钠溶液中			室温________℃ 气密性是否完好		
100mL四颈瓶中依次加入阿司匹林10.0g，氯化亚砜5.5mL，吡啶2滴			阿司匹林______g 氯化亚砜______mL 吡啶______滴		
开冷凝水，开动搅拌；电热套缓慢加热至70℃			搅拌转速______rpm 电热套电压______V 起始____℃，升至____℃		
(70±2)℃保温反应70min			温度 | 时间 ____ | ____ ____ | ____ ____ | ____		
停止反应，自然冷至室温			停止加热时____℃ 冷至________℃		

续表

操作步骤	时间		操作记录	现象/备注	操作人/复核人
	开始	结束			
拆除反应装置，搭装减压蒸馏装置			气密性是否完好______		
开启真空泵，要求真空度不小于-0.09MPa			真空度______		
加热升温，外部温度逐渐升高，最终温度设定为60℃，收集40~60℃馏分，至无液体蒸出；停止加热			初始蒸馏温度______℃ 结束蒸馏温度______℃		
冷却至室温，向剩余反应液中加入无水丙酮10.0mL，密闭备用			冷却至______℃ 丙酮______mL		

蒸馏结束确认：温度计示数出现下降时可以判定蒸馏结束
操作人：　　　　年　月　日　　　　复核人：　　　　年　月　日

备注：偏差及处理：

指导教师签字：　　　　年　月　日

清场记录

基本要求：

1. 试剂、物料密封好，存放指定位置
2. 台面、地面无杂物、无积粉、无污斑、无积液
3. 仪器清洗干净，放在指定位置；工器具、盛具清洁，整齐摆放在指定位置
4. 设备外表面见本色，无油污、无残迹、无异物
5. 与下批生产无关的文件清理出现场
6. 生产垃圾及废物收集到指定的位置

	项目	合格（√）	不合格（×）	清场人	复核人
清场项目	仪器清洁；设备外表面擦拭干净				
	物料存放在指定位置				
	与下批生产无关文件清理出生产现场				
	地面、台面清洁干净；生产垃圾及废物收集到指定位置				
	工器具、洁具擦拭或清洗干净，摆放在指定位置				
	房间内挂上“待用、已清洁”状态标志				
	水、电、窗户关好				

备注

指导教师签字：　　　　年　月　日

项目成果

项目成果——结果与产率

产物名称	生产日期	批号	重量/g	外观	产率/%
备注：					
记录人： 年 月 日			计算人： 年 月 日		
任课教师： 年 月 日					

项目成果——单耗与成本

原料名称	单价/(元/g)	单耗/(g/g)	成本/(元/g)
阿司匹林			
氯化亚砜			
吡啶			
丙酮			
氢氧化钠			
总成本			
记录人： 年 月 日		计算人： 年 月 日	
任课教师： 年 月 日			

乙酰水杨酰氯合成子项目活页笔记

1. 这个子项目你有什么收获、体会与建议？

2. 你有哪些尚未解决的问题或疑惑？

3. 减压蒸馏操作中应该注意哪些问题？

支撑知识　卤化反应与液体产物的分离纯化技术

笔记

一、卤化反应

(一)卤化反应的概念和类型

1. 卤化反应的概念

卤化反应是指向有机化合物分子中引入卤素原子形成碳-卤键（C—X 键）的反应。在卤化反应中提供卤素原子的含卤化合物称为卤化试剂或卤化剂。

2. 卤化反应的类型

按照引入卤素原子的不同分为氟化、氯化、溴化和碘化四类；按照引入卤素原子的方式不同分为卤加成、卤取代和卤置换三类。本节讨论与贝诺酯合成中间体乙酰水杨酰氯合成相关的卤置换反应。

(二)卤置换反应

卤置换反应是指用卤化剂中的卤素原子置换药物（或者中间体）中的羟基或者其他官能团。

1. 羟基的卤置换反应

卤原子能够置换有机物分子中的羟基生成卤代烃或酰卤，成为制备含卤素官能团药物及其中间体的重要方法，包括醇羟基的卤置换、酚羟基的卤置换和羧羟基的卤置换。

(1)醇羟基的卤置换反应

① 醇和卤化氢或氢卤酸的反应

a. 反应通式：醇和卤化氢或氢卤酸反应得到卤代烃和水，反应是可逆的。

$$ROH+HX \rightleftharpoons RX+H_2O$$

b. 反应机理：醇和氢卤酸的反应绝大多数属于酸催化下的亲核取代反应，其中叔醇、苄醇一般按 S_N1 机理进行反应，而其他醇大多按 S_N2 机理进行反应。

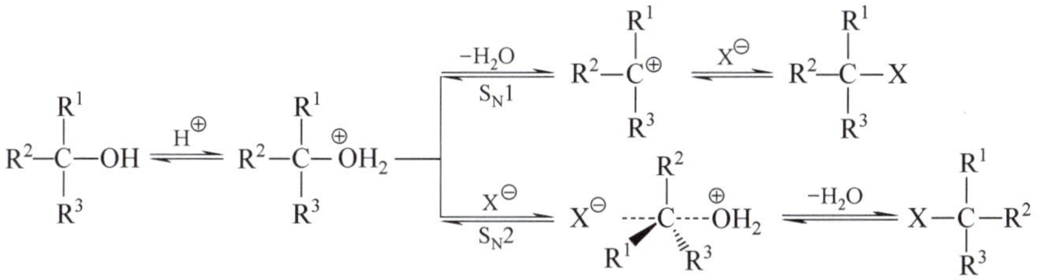

MOOC—卤化反应原理及类型

笔记

c. 影响因素

(a) 醇与氢卤酸的反应属于可逆平衡反应。若使醇或氢卤酸过量，并将产物或生成的水不断地从平衡混合物中移走，可使反应加速，提高产率。

(b) 醇的反应活性为苄醇、烯丙醇>叔醇>仲醇>伯醇，这是由于醇羟基离去后碳正离子稳定性差别的结果。

氢卤酸的反应活性，按卤负离子亲核能力的大小，其顺序为 HI>HBr>HCl>HF。

(c) 在某些仲醇、叔醇和 β 位具有叔碳取代基的伯醇反应中，若反应温度过高，由于碳正离子稳定性等的驱动，会发生重排、异构化和脱卤等副反应。例如：

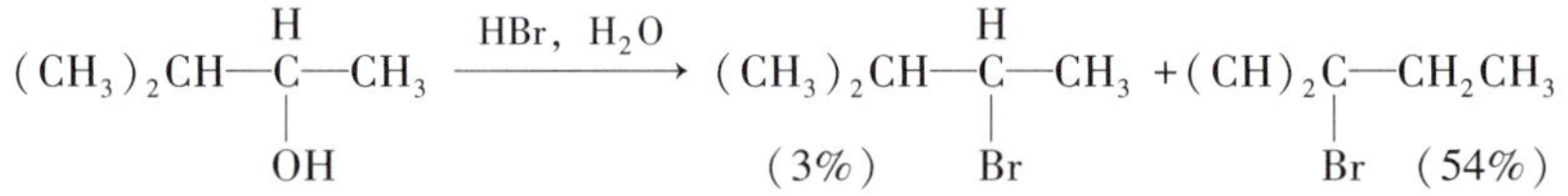

烯丙醇类化合物也会因为碳正离子稳定性等发生双键位移的副产物。

② 醇与卤化磷的反应：卤化磷（三卤化磷、五卤化磷、三卤氧磷）是常用的卤化试剂，其中以 PBr_3、PCl_3 应用最多，前者效果较好，也可由 Br_2 和磷进行反应直接生成，使用方便。

这类卤化试剂的反应活性均比氢卤酸大，其顺序为 PCl_5>PCl_3>$POCl_3$。它们与醇进行卤置换的收率均较高，尤其在吡啶等有机碱存在的条件下，重排等副反应少，反应效果更好。

a. 反应通式

$$R—OH \xrightarrow[\text{或 } POX_3]{PX_3 \text{ 或 } PX_5} R—X$$

b. 反应机理：以醇与三卤化磷的反应机理为例。

醇与三卤化磷首先生成二卤代亚磷酸酯和卤化氢，前者立即质子化，然后卤负离子以两种途径取代亚磷酰氧基生成卤代烃。上述亲核取代反应大多属 S_N2 机理，因此，光学活性醇与三卤化磷反应后的主要产物常为构型翻转的卤化物。

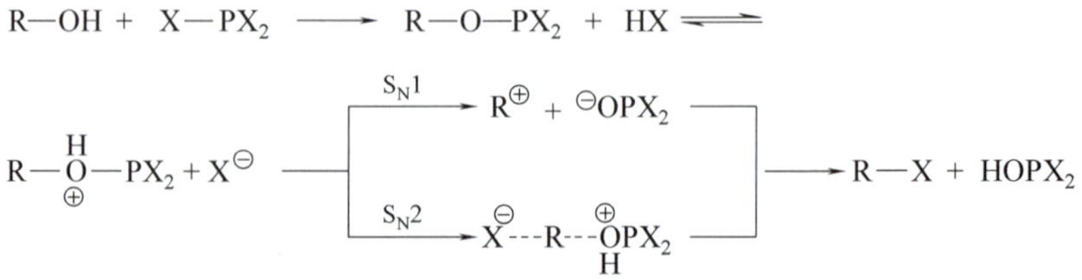

c. 醇的结构、卤化剂的影响：对于某些易发生重排的醇（仲醇、β 位具有叔碳取代基的伯醇等），由于碳正离子稳定性的驱动及 S_N1 机理可能性的增加，随着所用卤化磷及其用量、反应条件的不同，

笔记

收率和重排副产物比例也不同。例如：

$$Me_3CCH_2OH \xrightarrow{PX_3} Me_3CCH_2X + Me_2\underset{\displaystyle X}{\underset{|}{C}}CH_2CH_3 + CH_3\underset{\displaystyle X}{\underset{|}{C}}HCHMe_2$$

PBr_3(0.28mol)/20℃，22h（19%）	60%	40%	—
PBr_3(0.75mol)/150℃，24h（64%）	63%	26%	11%
PCl_3(0.28mol)/20℃，24h（1%）	54%	46%	—

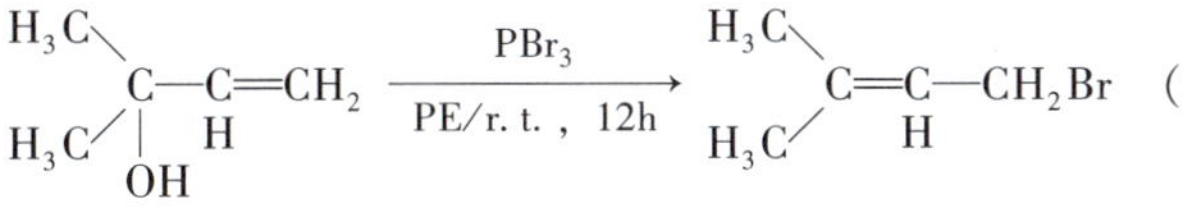

（80%）

③ 醇与卤化亚砜的反应

a. 反应通式：

$$ROH + SOX_2 \longrightarrow RX + SO_2\uparrow + HX\uparrow \quad (X═Cl、Br)$$

醇和卤化亚砜反应得到卤代烃、卤化氢和二氧化硫。氯化亚砜（又名亚硫酰氯）是一种很好的卤置换试剂，其优点是反应生成的氯化氢、二氧化硫均为气体，易挥发除去而无残留物，反应液经直接蒸馏可得到较纯的氯代烃，且副反应（异构化等）少，收率较高。

醇用溴化亚砜的溴置换反应，类似于氯化亚砜。溴化亚砜可由 $SOCl_2$ 和溴化氢气体在 0℃ 反应而得。

b. 反应机理：首先形成氯化亚硫酸酯，然后 C—O 键发生断裂，释放出二氧化硫，氯负离子做亲核进攻，结果生成氯代烃。

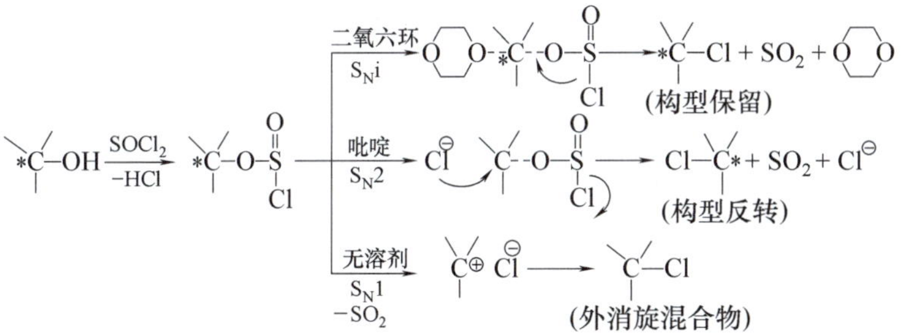

反应中若加入少量有机碱（如吡啶等）作催化剂，则可加快反应速度。氯化亚砜若与二甲基甲酰胺或六甲基磷酰胺（HMPTA）合用，反应速度和选择性均大大提高。

(2) 酚羟基的卤置换反应

① 反应通式

$$Ar—OH \xrightarrow[\text{或 } POX_3]{PX_5} Ar—X$$

酚羟基的活性较小，由酚制备氯代芳烃时一般需用强卤化试剂，如五氯化磷（或其与氧卤化磷的混合物），在较剧烈的条件下反应。

② 反应机理：和醇羟基的卤置换机理相同，首先由含磷卤化剂和酚形成亚磷酸酯，以削弱 C—O 键键能，然后卤负离子对酚碳原子进行亲核进攻而得卤置换产物。

笔记

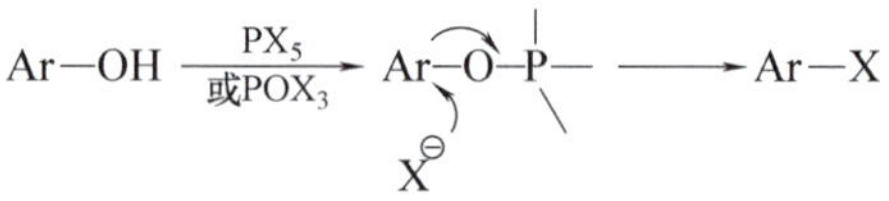

③ 影响因素

a. 卤化剂与温度：五卤化磷受热易离解成三卤化磷和卤素，温度越高，离解度越大，置换能力也随之下降，且因卤素的存在可能产生芳核上的卤代或烯键加成等副反应，故用五卤化磷进行卤置换反应时，温度不宜过高。

置换活性较小的酚羟基，可使用有机磷卤化物。这些试剂沸点较高，可在较高温度和不加压的条件下进行卤化。

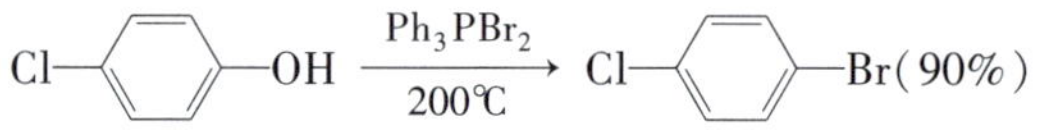

b. 缺 π 电子杂环：对于缺 π 电子杂环上的卤置换反应相对比较容易，单独应用氧卤化磷（有时需用叔胺或吡啶等催化剂）也能得到较好的结果。例如：

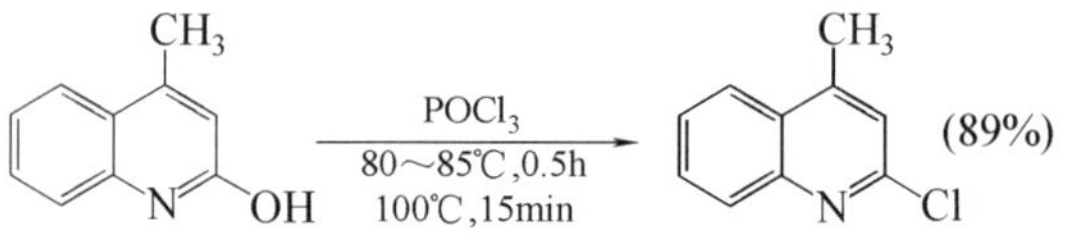

(3)羧羟基的卤置换反应　与醇羟基卤置换一样，羧羟基也能用卤化磷（三卤化磷、五卤化磷、三卤氧磷）、卤化亚砜、三苯基膦卤化物等作卤化试剂进行卤置换反应，制备相应的酰卤。

① 反应通式：

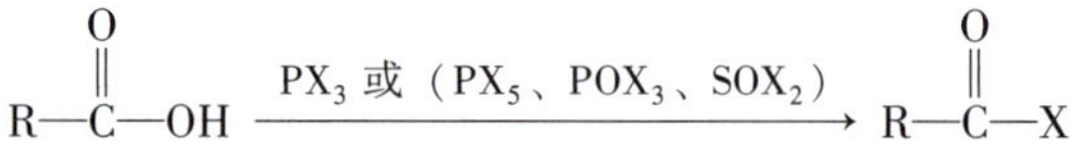

② 反应机理：这类反应仍然属于亲核取代反应。

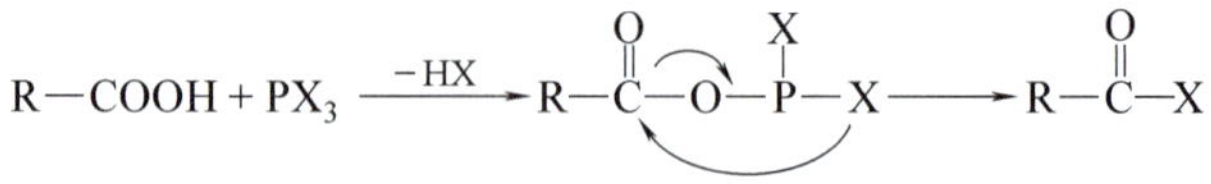

③ 影响因素

a. 羧酸的结构：一般而言，不同结构羧酸的卤置换活性取决于其羧基氧原子的亲核性，其顺序为：脂肪羧酸>带有供电子取代基的芳香羧酸>无取代基的芳香羧酸>带有吸电子取代基的芳香羧酸。

b. 卤化剂：一般而言，不同的卤化磷对羧酸的卤置换活性顺序为：PX_5>PX_3>POX_3。氯化亚砜是由羧酸制备相应酰氯的最常用且有效的试剂，可广泛用于各种羧酸酰氯的合成，且对分子内存在的其他官能团（如双键、羰基、烷氧基或酯基）影响很少。

2. 其他官能团化合物的卤置换反应

(1)卤代烃的卤置换反应　有机卤化物与无机卤化物之间进行卤

原子交换反应，称为芬克尔斯坦（Finkelstein）卤素交换反应，可用于合成用一般方法难以制得的氟代烃或碘代烃。

① 反应通式：

$$R—X+X'^{\ominus} \longrightarrow R—X'+X^{\ominus}$$

$$X=Br、Cl；X'=I、F$$

② 反应机理：卤素交换反应大多数属于 S_N2 机理，无机卤化物中的卤素负离子作为亲核试剂，而被交换的卤素原子作为离去基团，因此，卤素负离子的亲核能力越大，其交换反应也越容易。

③ 影响因素

a. 溶剂：由于卤素负离子的亲核能力在很大程度上取决于它们在不同溶剂中的溶剂化程度，故在质子溶剂中 I^- 的亲核能力最大，F^- 的亲核能力最小，而在非质子溶剂中 F^- 可变成一个很强的亲核试剂。

b. 消除副反应：在卤素交换反应中常见的副反应是消除反应，尤其在叔卤代烃的卤素交换反应中，常易形成稳定的碳正离子而倾向于发生此副反应，从而降低收率。

④ 常用的氟化剂：常用的氟化剂有氟化钾、三氟化锑、五氟化锑、氟化汞等，其中以氟化汞的反应性最强，其次是五氟化锑。三氟化锑、五氟化锑均能选择性地作用于同一碳原子上的多个卤原子，而不与单个卤原子发生交换。

制取氟代烃时必须选用耐腐蚀性材料做反应容器，如不锈钢、镍、聚乙烯等。操作中要注意环境的通风，并加强防毒、防腐蚀措施。

(2)芳香重氮化合物的卤置换反应　以芳胺为原料，经过重氮化，再进行卤置换反应，这是合成卤代芳烃的重要方法，特别是氟代芳烃、碘代芳烃的制备。

① 反应通式：

$$ArN_2^{\oplus}X^{\ominus} \xrightarrow[\triangle]{HX/CuX} ArX+N_2$$

② 反应机理：芳香重氮化合物的卤置换反应为自由基历程。

$$ArN_2^{\oplus}+X^{\ominus}+CuX \longrightarrow Ar\cdot+N_2+CuX_2$$

$$Ar\cdot+CuX_2 \longrightarrow ArX+CuX$$

笔记

笔记

卤化反应活页笔记

1. 这一部分你有什么收获、体会与建议?

2. 你有哪些尚未解决的问题或疑惑?

二、液体产物的分离纯化技术

MOOC—常压蒸馏 1

对于液体产物的分离纯化，一般采用蒸馏的方法，有时也采用萃取的方法。本节介绍项目中采用的是蒸馏法。

(一) 常压蒸馏

蒸馏是液体物质最常用的纯化方法之一，根据具体方法的差异，蒸馏法可细分为常压蒸馏（即普通蒸馏）、减压蒸馏、分馏、水蒸气蒸馏和旋转蒸发等，其中常压蒸馏在有机化学实验中经常使用，如果主产物与有关杂质的沸点相差 30℃ 左右，用普通蒸馏就能达到目的，必须注意的是，在进行普通蒸馏时，蒸馏瓶中必须加入止暴剂，以防止暴沸冲料。

笔记

1. 组成

常压蒸馏装置主要由气化、冷凝和接收三部分组成，见图 1-1。

MOOC—常压蒸馏 2

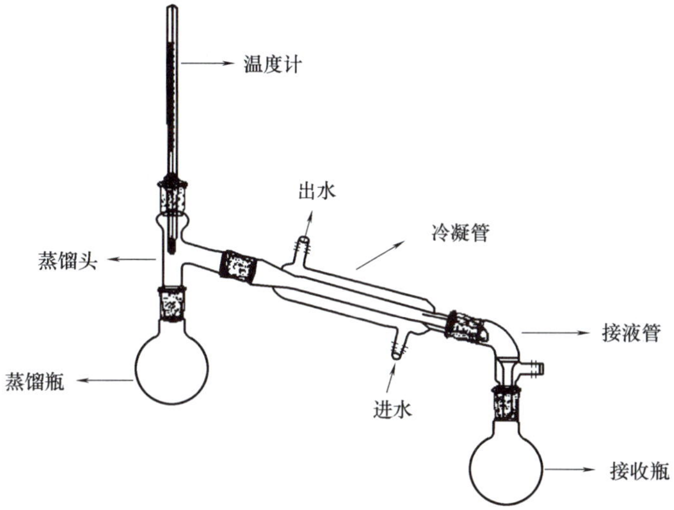

图 1-1　常压蒸馏装置

（1）蒸馏瓶　蒸馏瓶的选用与被蒸液体量的多少有关，通常装入液体的体积应为蒸馏瓶容积 1/3～2/3，液体量过多或过少都不宜。蒸馏低沸点液体时，选用长颈蒸馏瓶，而蒸馏高沸点液体时，选用短颈蒸馏瓶。

（2）温度计　温度计应根据被蒸馏液体的沸点来选，低于 100℃，可选用 100℃温度计；高于 100℃，应选用量程为 250～300℃水银温度计。

（3）冷凝管　可分为水冷凝管和空气冷凝管。水冷凝管用于被蒸馏液体沸点低于 140℃；空气冷凝管用于被蒸馏液体沸点高于 140℃。

（4）尾接管及接收瓶　尾接管将冷凝液导入接收瓶中。常压蒸馏选用锥形瓶为接收瓶，减压蒸馏选用圆底烧瓶为接收瓶。仪器安装顺序为：先下后上，先左后右。拆卸仪器与其顺序相反。

2. 操作要点和说明

（1）进行普通蒸馏操作时，有时发现馏出物的沸点往往低于（或高于）该化合物的沸点，有时馏出物的温度一直在上升，这可能是因为混合液体组成比较复杂，沸点又比较接近的缘故，简单蒸馏难以将它们分开，可考虑用分馏。

（2）为了清除在蒸馏过程中的过热现象和保证沸腾的平稳状态，常加沸石，或一端封口的毛细管，因为它们都能防止加热时的暴沸现象，把它们称为止暴剂，又称为助沸剂，值得注意的是，不能在液体沸腾时加入止暴剂，不能用已使用过的止暴剂。

（3）蒸馏及分馏效果好坏与操作条件有直接关系，其中最主要的是控制馏出液流出速度，以 1～2 滴/s 为宜（1mL/min），不能太

笔记

快，否则达不到分离要求。

(4) 当蒸馏沸点高于140℃的物质时，应该使用空气冷凝管。

(5) 如果维持原来加热程度，不再有馏出液蒸出，温度突然下降时，就应停止蒸馏，即使杂质的量很少也不能蒸干，特别是蒸馏低沸点液体时更要注意不能蒸干，否则易发生意外事故。蒸馏完毕，先停止加热，后停止通冷却水，拆卸仪器，其程序和安装时相反。

(6) 蒸馏低沸点易燃吸潮的液体时，在接液管的支管处，连一干燥管，再从后者出口处接胶管通入水槽或室外，并将接收瓶在冰浴中冷却。

(7) 简单分馏操作和蒸馏大致相同，要很好地进行分馏，必须注意下列几点。

① 分馏一定要缓慢进行，控制好恒定的蒸馏速度（1~2滴/s），这样可以得到比较好的分馏效果。

② 要使相当量的液体沿柱流回烧瓶中，即要选择合适的回流比，使上升的气流和下降液体充分进行热交换，使易挥发组分上升，难挥发组分尽量下降，分馏效果更好。

③ 必须尽量减少分馏柱的热量损失和波动。柱的外围可用石棉绳或脱脂棉包住，这样可以减少柱内热量的散发，减少风和室温的影响，也减少了热量的损失和波动，使加热均匀，分馏操作平稳进行。

(二) 减压蒸馏

在常压下蒸馏时未达到沸点就易受热分解、氧化或聚合的物质，或沸点比较高的物质，需要利用减压蒸馏的方法来提纯。假如它们的沸点差距不大，则需要加用分馏柱进行分馏，否则难以分离干净。在进行减压蒸馏和分馏柱分馏时都必须插入毛细管。从理论上讲，毛细管的粗细程度越细越好，实际上要根据被蒸馏物质的具体情况而定。若被蒸馏物是较稀的溶液，用细的毛细管效果较好，一方面，进入蒸馏瓶中的空气量较少，蒸馏液的跳动较平稳；另一方面，在蒸馏过程中毛细管不会因瓶内液体的跳动被折断。对于较稠厚的被蒸馏液，需用较粗的毛细管，否则毛细管不易插入溶液中。这时需在毛细管的上口接一段橡皮管，装上“U”形夹，调节进入的空气量，使被蒸馏溶液的跳动处于平稳状态。为保证提纯物最大限度地被蒸出，毛细管要插到离瓶底1mm处，蒸馏速度不宜过快，流出液的量一般应控制在1~2滴/s。必须注意的是，对于熔点较高的物质，蒸馏出来的液滴，很快会在克氏蒸馏头侧管口凝固，导致阻塞，此时，必须及时

MOOC—减压蒸馏

MOOC—减压蒸馏装置搭建

笔记

地用电吹风加热使其熔化，保证蒸馏系统畅通，以免发生爆炸。对于易凝结的物质，根据具体情况，可不用空气冷凝管，而将三叉接收管直接与克氏蒸馏头侧管连接，以缩短馏出物的流程。

减压蒸馏装置系统可分为蒸馏、抽气以及保护和测压装置三部分，见图 1-2。

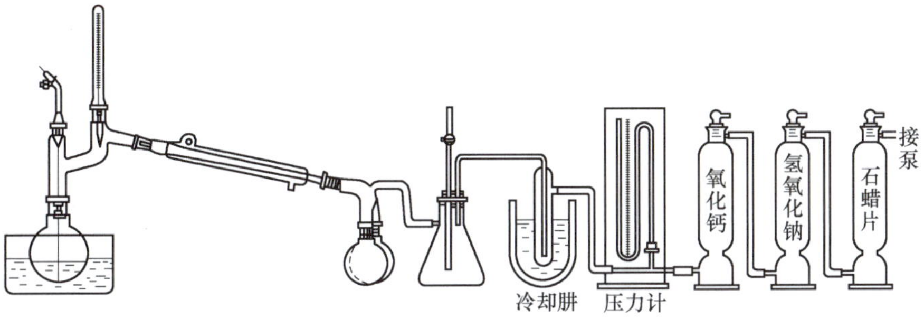

图 1-2 减压蒸馏装置

1. 蒸馏部分

与普通蒸馏相似，也可分为三个组成部分。

（1）减压蒸馏瓶（克氏蒸馏瓶） 有两个颈，其目的是为了避免减压蒸馏时瓶内液体由于沸腾而冲入冷凝管中，瓶的一颈中插入温度计，另一颈中插入一根距瓶底 1~2mm 的末端拉成细丝的毛细管。毛细管的上端连有一段带螺旋夹的橡皮管，螺旋夹用以调节进入空气的量，使极少量的空气进入液体，呈微小气泡冒出，作为液体沸腾的气化中心，使蒸馏平稳进行，又起搅拌作用。

（2）冷凝管 与普通蒸馏相同。

（3）接液管（尾接管） 和普通蒸馏不同的是，接液管上具有可供接抽气部分的小支管。蒸馏时，若要收集不同的馏分而又不中断蒸馏，则可用两尾或多尾接液管。转动多尾接液管，就可使不同的馏分进入指定的接收器中。

2. 抽气部分

实验室通常用水泵或油泵进行减压。

水泵（水循环泵）所能达到的最低压力为 1kPa。油泵的效能决定于油泵的机械结构以及真空泵油的好坏。好的油泵能抽至真空度为 13. 3Pa。油泵结构较精密，工作条件要求较严。蒸馏时，如果有挥发性的有机溶剂、水或酸的蒸气，会损坏油泵及降低其真空度。因此，使用时必须十分注意油泵的保护。

3. 保护和测压装置部分

为了保护油泵必须在馏液接收器与油泵之间顺次安装冷却阱和几个吸收塔，冷却阱中冷却剂的选择随需要而定，吸收塔（干燥塔）通常设三个：第一个装无水 $CaCl_2$ 或硅胶，吸收水汽；第二个装粒状 NaOH，吸收酸性气体；第三个装切片石蜡，吸收烃类气体。

笔记

实验室通常利用水银压力计来测量减压系统的压力。水银压力计又有开口式水银压力计、封闭式水银压力计。

4. 操作要点说明

（1）被蒸馏液体中若含有低沸点物质时，通常先进行普通蒸馏，再进行水泵减压蒸馏，而油泵减压蒸馏应在水泵减压蒸馏后进行。

（2）装置停当后，先旋紧橡皮管上的螺旋夹，打开安全瓶上的二通活塞，使体系与大气相通，启动油泵（长时间未用的真空泵，启动前应先用手转动下皮带轮，能转动时再启动）抽气，逐渐关闭二通活塞至完全关闭，注意观察瓶内的鼓泡情况（如发现鼓泡太剧烈，有冲料危险，立即将二通活塞旋开些）从压力计上观察体系内压力应能符合要求，然后小心旋开二通活塞，同时注意观察压力计上的读数，调节体系内压力到所需值（根据沸点与压力关系）。

（3）在系统充分抽真空后通冷凝水，再加热蒸馏，一旦减压蒸馏开始，就应密切注意蒸馏情况，调整体系内压，经常记录压力和相应的沸点值，根据要求，收集不同馏分。

（4）蒸馏完毕，移去热源，慢慢旋开螺旋夹（防止倒吸），并慢慢打开二通活塞，平衡内外压力，使测压计的水银柱慢慢地回复原状（若打开得太快，水银柱很快上升，有冲破测压计的可能），然后关闭油泵和冷却水。

（三）水蒸气蒸馏

对于某些能与水蒸气一起挥发的物质，包括目的物或副产物，可用水蒸气蒸馏获得目的物。例如合成降血脂药氯贝丁酯的起始原料对硝基酚，由苯酚经硝化反应制取。在苯酚硝化时有副产物邻硝基酚产生，由于它的酚羟基可与邻位硝基通过氢键形成螯合物，降低了水溶性，因此被水蒸气蒸出，而目的物对硝基酚，因分子中的硝基和酚羟基处于对位，没有条件构成氢键形成螯合物，它的游离酚羟基，在水中的水溶性较大而留在蒸馏瓶中，借此予以分开。

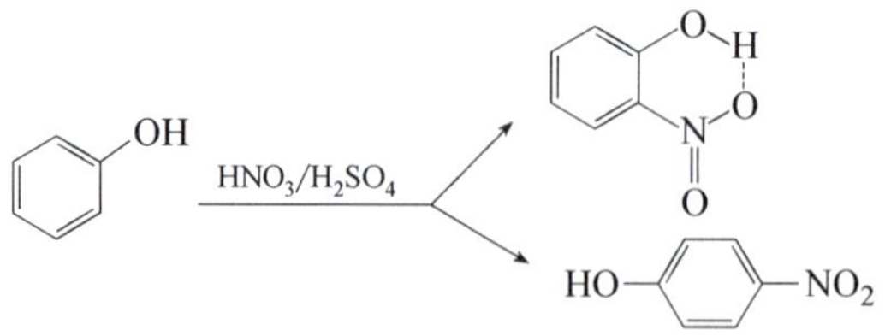

MOOC—水蒸气蒸馏实验1

MOOC—水蒸气蒸馏实验2

MOOC—水蒸气蒸馏实验3

水蒸气蒸馏法是将水蒸气通入不溶于水的有机物中使有机物与水经过共沸而蒸出的操作，常用于以下几点。

（1）从大量树脂状杂质或不挥发性杂质中分离有机物。

（2）除去挥发性的有机杂质。

（3）从固体多的反应混合物中分离被吸附的液体产物。

（4）某些有机物在其自身的沸点温度时容易破坏，用水蒸气蒸馏可在100℃以下温度蒸出。

利用水蒸气蒸馏法分离时应注意以下几点。

（1）被提纯或分离的有机物一般是与水不相混溶或溶解度非常小。

（2）在100℃左右必须有一定的蒸气压，一般不小于1.33kPa（10mmHg）。

（3）在沸腾下与水长时间共存而不起化学变化。

MOOC—分馏实验

（四）分馏法

分馏法是采用分馏柱进行蒸馏。简单来说，分馏就是多次蒸馏。

当一种溶液由两种或两种以上互溶的液体组成时，且其沸点相差不远（20℃以内），难以用简单蒸馏的方法分离纯化，用分馏法可达到分离的目的，甚至可以将沸点相距1~2℃的混合物分离开来。

利用分馏法分离时应注意以下几个问题。

（1）分馏柱越高分离效果越好，但也影响馏出速度，应根据具体情况（沸点相差多少）选择适当的柱高。

（2）分馏柱填充物增加蒸气与回流液的接触，填充物表面积越大，越有利于提高分馏效果，但过大会导致蒸馏困难。

（3）待分馏液体沸点较高时，分馏柱的绝热性能影响分馏效果，应注意保温。

（4）流出液的量一般应控制在1~2滴/s。

（五）旋转蒸发法

旋转蒸发操作是分离有机溶剂常用的方法。旋转蒸发操作是在旋转蒸发仪内完成的。旋转蒸发仪是一种化学实验室常用的实验仪器，其通过蒸馏作用可以有效地提纯某些化学组分，具体内容请扫码学习。

MOOC—旋转蒸发仪

旋转蒸发法

笔记

液体产物分离技术活页笔记

1. 这一部分你有什么收获、体会与建议？

2. 你有哪些尚未解决的问题或疑惑？

学习成果考核

一、在线章节测验

扫码完成在线测验。

乙酰水杨酰氯合成测试　　卤化反应单元测验　　液体分离纯化测验

二、项目考核

1. 请按照附录 1 实操项目考核表和附录 2 实操考核标准进行考核。

2. 请将项目成果——结果与产率、单耗与成本表，以及产品照片上传学习通，同时提交实物，进行结果评价。

课后拓展——在线自主学习

1. 请扫码学习卤置换反应在药物合成中的应用，卤加成、卤取代及其在药物合成中的应用实例。

卤置换应用　　卤加成及应用　　卤取代及应用

2. 请扫码学习萃取法

萃取法　　MOOC—萃取法 1　　MOOC—萃取法 2

项目 1-2　贝诺酯的合成

实施准备

项目任务书

项目编号		项目名称			
子项目编号		学员姓名/学号			
起始时间		指导教师		班长	
项目组成员					
学习任务	完成贝诺酯合成与分离纯化任务，产品质量符合产品质量标准，计算产率、单耗和成本				
学习目标	知识目标 1. 掌握贝诺酯合成中酰化反应知识、合成原理和分离纯化的方法：抽滤、重结晶、干燥 2. 知道反应试剂、原料选择的原则；反应条件、反应时间和反应终点控制的原理 3. 知道计量器具、合成反应和分离纯化仪器、设备使用、维护和保养方法 4. 知道贝诺酯合成操作过程中的安全隐患和控制方法 5. 掌握按照 GMP 要求填写贝诺酯合成操作记录和清场的方法 6. 知道贝诺酯产率、单耗、成本计算方法 7. 知道贝诺酯合成工作的真实生产流程 8. 掌握有机合成工中与药物合成有关的专业知识、技能和素质，为考取有机合成工职业资格和参加有机合成工技能大赛奠定基础 能力目标 通过贝诺酯的合成，能够： 1. 按照贝诺酯合成 SOP 规定，正确佩戴和使用个体防护用品 2. 按照贝诺酯生产流程和 SOP，正确备料；正确使用各种衡器具、量器具称量物料、正确投料；进行反应控制和产物分离纯化，产品符合要求 3. 使用冰水浴控制反应温度 4. 做好个体防护，实现安全生产；采取适当的措施处理停水、断电等突发事件 5. 做好废水、废渣和其他废物集中存放和处理，实现清洁生产 6. 正确计算贝诺酯的产率、单耗和成本 7. 如结果异常，根据贝诺酯反应式和反应过程分析影响产品质量和收率的主要因素 8. 能将学到的酰化反应知识和技能迁移至其他化学药物的合成操作中 思政目标 同项目 1-1					

工作内容与要求	
实施前	1. 填写项目任务书,明确任务目标、内容与要求
	2. 学习岗位操作规定(SOP),明确生产流程和操作要点
	3. 回答引导问题;填写项目预习记录;拍照上传学习通
实施中	1. 整齐穿戴干净、整洁的实验服;佩戴乳胶手套、防毒口罩等防护用品
	2. 严格按 SOP 完成备料称量
	3. 严格按 SOP 完成投料、反应过程控制、初产物分离纯化、精制和干燥
	4. 严格按 SOP 完成产品熔点测定
	5. 按 GMP 要求清场
	6. 按 GMP 要求填写工作页记录
	7. 正确进行产品称量,产率与成本计算
实操结束	1. 拍照上传项目工作页和产品,提交纸质版和产品实物
	2. 在教师引导下总结项目要点,系统完成相关理论知识学习
	3. 完成收率、单耗、成本计算,拍照上传学习通,并提交纸质版
	4. 对工作页和工作成果进行互评

进度要求
1. 项目操作及相关记录、项目成果、项目现场考核,应在项目规定实操时间内完成
2. 理论学习在项目完成后两天内完成(含自学内容)

预习活页

项目名称		子项目名称	
学员姓名/学号		项目组成员	

引导问题
1. 本子项目涉及哪(几)个单元反应? 2. 反应的试剂主要有哪些? 3. 涉及的分离纯化方法是什么? 4. 项目的关键点在哪里?

引导问题回答

项目预习记录

一、原料试剂和产物理化性质、主要危险性及个体防护措施						
序号	原料/试剂名称	相对分子质量	密度	b. p. /m. p.	主要危险性	个体防护措施
1						
2						
3						
4						
5						

二、实验操作注意事项

三、问题和建议

预习完成时间：　　年　月　日

项目实施——岗位工作页

操作规程——SOP

题目：贝诺酯合成岗位操作规程

文件编号：SOP-HC-1012	生效日期:2019-09-01		审核期限:3 年	页码：
起草人：	第一审核人：	第二审核人：	批准人：	发布部门：
日期：　年　月　日	日期：　年　月　日	日期：　年　月　日	日期：　年　月　日	

笔记

1. 目的

建立贝诺酯合成岗位操作规程，规范本岗位的操作，确保生产安全和质量稳定。

2. 适用范围

适用于贝诺酯合成岗位。

3. 职责

指导教师负责和监督本规程的有效实施；操作人员严格按照该规程要求进行操作。

4. 正文

4.1 主要原料试剂的规格、主要危险性及个体防护。

4.1.1 乙酰水杨酰氯丙酮溶液

(1) 规格及主要理化性质 自制，外观为淡黄色液体，内无结晶。

(2) 危险性

① 健康危害：该品对眼睛、皮肤、黏膜和上呼吸道有刺激作用。

② 燃爆危险：该品可燃，具刺激性。

(3) 接触处理

① 皮肤接触：脱去被污染的衣物，立即用肥皂水和清水彻底冲洗皮肤至少15min，必要时就医。

② 眼睛接触：提起眼睑，立即用大量流动清水或生理盐水彻底冲洗至少15min，就医。

(4) 个体防护 佩戴防护眼镜、自吸过滤式防毒面具（半面罩）、乳胶手套，穿纯棉防静电实验服。工作现场禁止吸烟、进食和饮水。

(5) 消防措施

① 危险特性：溶剂丙酮的蒸气与空气可形成爆炸性混合物，遇明火、高热极易燃烧爆炸，与氧化剂能发生强烈反应。其丙酮蒸气比空气重，能在较低处扩散到相当远的地方，遇火源会着火回燃。若遇高热，容器内压增大，有开裂和爆炸的危险。其溶质乙酰水杨酰氯遇水或吸潮会分解放出刺激性的氯化氢有毒烟气。对很多金属尤其是在潮湿空气存在下具有腐蚀性。

② 灭火剂：抗溶性泡沫、二氧化碳、干粉、砂土。用水灭火无效。

4.1.2 对乙酰氨基酚（扑热息痛）

(1) 规格及主要理化性质 原料药，外观为白色结晶或结晶性粉末；无臭。相对分子质量为151.16，熔点168~172℃。在热水或

笔记

乙醇中易溶，在丙酮中溶解，在水中微溶。

（2）主要危险性　实验室少量接触不会产生危害。

（3）个体防护　实验室少量使用无需特别防护，穿纯棉防静电实验服。工作场所禁止吸烟、进食和饮水。

4.1.3　乙醇

（1）规格及主要理化性质　分析纯或化学纯，相对分子质量为46.07，沸点78.3℃，为无色透明液体，相对密度（水=1）为0.79，易挥发，与水混溶，可混溶于醚、氯仿、甘油等多数有机溶剂，本身是良好的溶剂。

（2）主要危险性

① 健康危害：本品为中枢神经系统抑制剂。首先引起兴奋，随后抑制。急性中毒多发生于口服，一般可分为兴奋、催眠、麻醉、窒息四阶段。患者进入第三或第四阶段，出现意识丧失、瞳孔扩大、呼吸不规律、休克、心力循环衰竭及呼吸停止。

② 燃爆危险：易燃，具有刺激性。

（3）接触处理

① 皮肤接触，脱去被污染的衣物，用大量流动清水冲洗，必要时就医。

② 眼睛接触，提起眼睑，用流动清水或生理盐水彻底冲洗，就医。

（4）个体防护　使用量较大时，戴过滤式防毒面具（半面罩），穿防静电工作服。远离火种、热源，工作场所严禁吸烟、进食和饮水。

（5）消防措施

① 危险特性：易燃，其蒸气与空气可形成爆炸性混合物，遇明火、高热能引起燃烧爆炸。与氧化剂接触发生化学反应或引起燃烧。在火场中，受热的容器有爆炸危险。其蒸气比空气重，能在较低处扩散到相当远的地方，遇火源会着火回燃。

② 灭火剂：抗溶性泡沫、二氧化碳、干粉、砂土。用水灭火无效。

4.1.4　氢氧化钠

见项目1-1 SOP部分4.1.5氢氧化钠，或扫码查看相关信息。

氢氧化钠

4.1.5　活性炭

（1）规格　工业分装，黑色细微粉末。相对分子质量12.01，相对密度1.8~2.1。

（2）主要危险性

笔记

① 健康危害：非腐蚀性物质，不会引起皮肤不适，仅在颗粒受到摩擦时，会造成皮肤轻度痛感。

② 燃爆危险：粉尘接触明火有轻度的爆炸性。

（3）接触处理

① 皮肤接触：用肥皂水冲洗即可，如有疼痛及时就医。

② 眼睛接触：用大量清水冲洗，如有疼痛，及时就医。

（4）个体防护　实验室少量使用无需特别防护，避免吸入粉尘。工作现场禁止吸烟、进食和饮水。

（5）消防措施

① 危险特性：在空气中易缓慢地发热和自燃。

② 灭火剂：用水雾，水枪，二氧化碳或泡沫。

4.2 其他材料

ϕ7cm 定性滤纸 6 张。

4.3 仪器设备

恒温磁力搅拌器 1 台、0～100℃温度计 2 支、回流冷凝管 1 支、150mL 四颈瓶 1 个、100mL 圆底烧瓶 1 个、200mL 烧杯 3 个、500mL 抽滤瓶 1 个、ϕ8cm 布氏漏斗 1 个、玻璃棒 1 支、20 和 50mL 量筒各 1 个、电子天平 1 台、胶头滴管 1 个、100mL 滴液漏斗 1 个、玻璃漏斗 1 个、药匙 1 把、循环水真空泵 1 台、培养皿 1 套、真空干燥箱 1 个、熔点测定装置一套［YRT-3 熔点测试仪 1 台（装有硅油）、研钵 1 个、测熔点玻璃毛细管若干、长玻璃管 1 支、表面皿 1 个，以下各子项目熔点测定装置相同］。

4.4 操作方法与要点

4.4.1 投料量及配比

原料名称	投料量	质量比/(g/g)
对乙酰氨基酚	10.0g	1.00
水	50mL+20mL	—
氢氧化钠(固体)	3.6g	0.36
乙酰水杨酰氯丙酮溶液	约 14mL	—
乙醇(95%)	50mL	—
乙醇(10%)	10mL(洗涤用)	—
活性炭(细粉状)	视粗品量而定	—

4.4.2 开工前准备

（1）操作人员必须按规定穿戴工作服（实验服）、帽（长发

笔记

者）、鞋、防毒口罩、乳胶手套，才能进入合成岗位。

（2）检查房间是否挂有“待用、已清洁”标志。

（3）检查仪器设备清洁状态，是否在清洁效期内，设备挂有设备状态标志。

（4）检查所用反应仪器设备的清洁维护及运转情况，应符合要求，并记录。

（5）检查衡器按置零键置零，是否在校验合格期内。

（6）检查设备完好证明与校验合格证，并且在校验期内。

（7）检查操作间与设备是否已换上生产状态标识牌。

（8）根据 GMP 认证管理制度，检查生产现场水、电是否达到生产要求。

（9）检查所用对乙酰氨基酚、乙酰水杨酰氯丙酮溶液、氢氧化钠、乙醇、活性炭是否符合要求，并记录。

（10）做好检查记录，指导教师现场监控，并签名。

4.4.3　领料（备料）、配料

（1）领料（备料）　操作人员根据生产任务和贝诺酯合成方案，制订物料、仪器设备使用计划，领取物料，准备仪器设备，填写记录。

（2）配料　根据工艺要求配制氢氧化钠溶液（氢氧化钠 3.6g 加 20.0mL 水配成）和 10%乙醇 10mL，填写操作记录。

4.4.4　投料、反应控制及分离纯化

4.4.4.1　投料

在装有温度计的 150mL 四颈瓶中，加入对乙酰氨基酚 10.0g，水 50.0mL。置恒温磁力搅拌器中，冰水浴冷至 10℃左右，在磁力搅拌下滴加氢氧化钠溶液。

4.4.4.2　反应参数设定及反应过程控制

滴加完毕，在强烈搅拌下，于 8～12℃通过滴液漏斗慢慢滴加上步制得的乙酰水杨酰氯丙酮溶液（在 20min 左右滴完）。滴加完毕，调至 pH≥10，控制温度在 8～12℃继续搅拌反应 60min。

4.4.4.3　产物分离纯化

（1）初步分离纯化　停止搅拌，抽滤，水洗至中性，得粗品，填写操作记录。

（2）精制　取粗品 5.0g 置于 100mL 圆底烧瓶中，加入 50.0mL 95%乙醇，装上球形冷凝管，在水浴上加热溶解。稍冷，加活性炭脱色（活性炭用量视粗品颜色而定，为粗品量的 2%～5%），加热回流 20min，趁热抽滤（布氏漏斗、抽滤瓶应预热）。将滤液趁热转移至烧杯中，自然冷却，待结晶完全析出后，抽滤，压干；用 10%乙

醇 10mL 洗涤两次（母液回收），压干，填写操作记录。

（3）干燥 将贝诺酯湿品放入培养皿平摊均匀，放入真空干燥箱于 80℃ 干燥 2~3h，停机降温到 25℃左右，得成品。称重，测熔点，填写干燥记录。

4.4.5 清场

检查生产使用的仪器、设备水电是否关闭，将剩余原料、生产记录本、设备运行记录等按照标准化管理要求，放到指定位置。清洗仪器：设备外表面擦拭干净，打扫卫生，垃圾和废物收集到指定位置。房间内挂上“待用、已清洁”状态标志。填写清场记录。

4.4.6 重点操作与复核

4.4.6.1 复核各原辅料的称量、计量，均应准确无误。

4.4.6.2 滴加氢氧化钠溶液，滴加乙酰水杨酰氯丙酮溶液，以及反应过程都要控制在 8~12℃，避免原料产生水解。

4.4.6.3 抽滤操作确认

（1）滤纸须放整齐，大小合适，防止抽滤泄漏。

（2）反应器内需转料干净。必须有指导老师或班长复核签字。

4.4.6.4 洗涤操作确认：乙醇量要适当，确保滤饼洗涤完全；避免洗涤过度，造成产物损失。必须有指导老师或班长复核签字。

4.5 贝诺酯质量标准

贝诺酯外观为白色结晶或结晶性粉末；无臭。熔点为 177~181℃，含量为 99.0%。

4.6 主要仪器设备的维护保养和使用

4.6.1 反应瓶每次使用后要冲洗干净，平时保持干燥。

4.6.2 真空循环水泵随用随开。

4.6.3 恒温磁力搅拌器的使用，按照《恒温磁力搅拌器使用操作规程》执行。

4.6.4 电子秤的使用，按照《电子秤使用操作规程》执行。

4.6.5 电热套的使用，按照《调温电热套使用操作规程》执行。

4.6.6 温度计的使用，据反应溶剂的沸点和反应控制温度范围确定，本反应要求温度控制在 8~12℃，重结晶回流温度 78~79℃，所以要选用 0~100℃量程的温度计。注意轻拿轻放，水银球要插入液面下。不要被搅拌器碰撞。

笔记

工作记录——操作与清场记录

岗位：　　　　　　　　　项目组成员：　　　　　　　　　指导教师：

项目编号		项目名称			
子项目编号		子项目名称			
生产日期		产品名称		批号	

领料(备料)

物料名称	规格	批号	单位	数量	单价
对乙酰氨基酚					
氢氧化钠					
乙酰水杨酰氯丙酮溶液					
95%乙醇					
活性炭(细粉状)					

操作人：　　　　年　月　日　　复核人：　　　　年　月　日

开工前检查

检查内容	检查结果	检查人
操作人员是否按规定穿戴工作服(实验服)、帽(长发者)、鞋、防毒口罩、胶皮手套	是□ 否□	
是否有上一批产品的清场合格证："待用、已清洁"标志	有□ 无□	
检查仪器设备清洁状态，是否在清洁效期内；设备挂有设备状态标志	有□ 无□	
反应仪器设备清洁维护及运转情况	是□ 否□	
检查衡器按置零键置零；是否在校验合格期内	是□ 否□	
设备完好证明与校验合格证，并且在校验期内	有□ 无□	
操作间与设备是否已换上生产状态标识牌	是□ 否□	
生产现场水、电是否达到生产要求	是□ 否□	
所用对乙酰氨基酚、氢氧化钠、乙酰水杨酰氯丙酮溶液、95%乙醇、活性炭是否符合要求	是□ 否□	

审核(指导教师)：　　　　年　月　日

称量

1. 复查原辅料名称、批号、数量、规格和外观质量，是否异常
2. 称取固体物料时，要求取用重量在规定量的0.5%范围内

续表

物料名称	规格	批号	标准量	称取量	备注
对乙酰氨基酚					
水					
氢氧化钠					
乙酰水杨酰氯丙酮溶液					
95%乙醇					
10%乙醇					
活性炭(细粉状)					
操作人： 年 月 日			复核人： 年 月 日		
审核(指导教师)： 年 月 日					
投料、反应过程控制与粗品分离纯化 年 月 日					

<table>
<tr><th rowspan="2">操作步骤</th><th colspan="2">时间</th><th rowspan="2">操作记录</th><th rowspan="2">现象/备注</th><th rowspan="2">操作人/复核人</th></tr>
<tr><th>开始</th><th>结束</th></tr>
<tr><td>配制氢氧化钠溶液：量取20mL水加入100mL烧杯中，称取3.6g氢氧化钠加入烧杯中，用玻璃棒搅拌至溶解</td><td></td><td></td><td>氢氧化钠______g
水______mL</td><td></td><td></td></tr>
<tr><td>配制10%乙醇10mL</td><td></td><td></td><td>95%乙醇____mL
水____mL</td><td></td><td></td></tr>
<tr><td>安装回流反应装置，使用机械搅拌</td><td></td><td></td><td>室温______℃</td><td></td><td></td></tr>
<tr><td>150mL四颈瓶中，加入10g对乙酰氨基酚，50mL水，冰浴下搅拌降温10℃左右，滴加配好的氢氧化钠溶液，测pH</td><td></td><td></td><td>对乙酰氨基酚______g
水______mL
搅拌转速______rpm
<table><tr><td colspan="2">滴加开始</td><td colspan="2">滴加结束</td></tr><tr><td>时间</td><td>温度</td><td>时间</td><td>温度</td></tr><tr><td></td><td></td><td></td><td></td></tr><tr><td>最高/℃</td><td>最低/℃</td><td>室温/℃</td><td>pH</td></tr><tr><td></td><td></td><td></td><td></td></tr></table></td><td></td><td></td></tr>
<tr><td>强烈搅拌下，于8～12℃通过滴液漏斗慢慢滴加上步制得的乙酰水杨酰氯丙酮溶液(在20min左右滴完)，测pH</td><td></td><td></td><td><table><tr><td colspan="2">滴加开始</td><td colspan="2">滴加结束</td></tr><tr><td>时间</td><td>温度</td><td>时间</td><td>温度</td></tr><tr><td></td><td></td><td></td><td></td></tr><tr><td>最高/℃</td><td>最低/℃</td><td>室温/℃</td><td>pH</td></tr><tr><td></td><td></td><td></td><td></td></tr></table></td><td></td><td></td></tr>
</table>

续表

<table>
<tr><th rowspan="2">操作步骤</th><th colspan="2">时间</th><th rowspan="2">操作记录</th><th rowspan="2">现象/
备注</th><th rowspan="2">操作人/
复核人</th></tr>
<tr><th>开始</th><th>结束</th></tr>
<tr><td>控制 pH≥10,保持温度在 8 ~ 12℃ 继续搅拌反应 60min*,停止反应</td><td></td><td></td><td>
<table>
<tr><td colspan="3">开始计时</td></tr>
<tr><td>时间</td><td>温度</td><td>pH</td></tr>
<tr><td></td><td></td><td></td></tr>
<tr><td colspan="3">30min 时</td></tr>
<tr><td>时间</td><td>温度</td><td>pH</td></tr>
<tr><td colspan="3">反应结束</td></tr>
<tr><td>时间</td><td>温度</td><td>pH</td></tr>
<tr><td></td><td></td><td></td></tr>
</table>
<table>
<tr><td colspan="2">温度/℃</td><td colspan="2">pH</td></tr>
<tr><td>最高</td><td>最低</td><td>最高</td><td>最低</td></tr>
<tr><td></td><td></td><td></td><td></td></tr>
</table>
</td><td></td><td></td></tr>
<tr><td>抽滤**:安装抽滤装置;用冷水润湿滤纸,抽紧;将料液借助玻璃棒转入布氏漏斗,抽干(布氏漏斗颈下端无液体滴下)</td><td></td><td></td><td>料液温度______℃</td><td></td><td></td></tr>
<tr><td>洗涤***:水洗至中性,得粗品</td><td></td><td></td><td>洗涤____次,水量____ mL/次
滤液 pH ______
产物外观______</td><td></td><td></td></tr>
<tr><td>粗产物称重</td><td></td><td></td><td>产品湿重______ g</td><td></td><td></td></tr>
</table>

* 保温反应过程中,每 30min 记录一次温度,取样检测 pH

** 抽滤确认:(1)滤纸应放整齐,大小合适,防止抽滤泄漏

(2)反应器内转料应干净

操作人: 年 月 日 复核人: 年 月 日

*** 洗涤确认:水量要适当,确保:(1)滤饼洗涤完全;(2)避免洗涤过度,造成产物损失

操作人: 年 月 日 复核人: 年 月 日

备注:偏差及处理:

精制、干燥 年 月 日

续表

<table>
<tr><th rowspan="2">操作步骤</th><th colspan="2">时间</th><th rowspan="2">操作记录</th><th rowspan="2">现象/
备注</th><th rowspan="2">操作人/
复核人</th></tr>
<tr><th>开始</th><th>结束</th></tr>
<tr><td>加入粗品：将取粗品 5.0g 置于 100mL 圆底烧瓶中</td><td></td><td></td><td>室温____℃
粗品____g</td><td></td><td></td></tr>
<tr><td>粗品溶解：向圆底烧瓶中加入 50.0mL 95%乙醇，装上球形冷凝管，在水浴上加热溶解</td><td></td><td></td><td>95%乙醇____mL
水浴温度____℃
溶液温度____℃</td><td></td><td></td></tr>
<tr><td>稍冷：将盛粗品溶液的仪器从水浴中取出</td><td></td><td></td><td>稍冷后溶液____℃</td><td></td><td></td></tr>
<tr><td>脱色：加活性炭，仪器放回水浴中，微沸状态加热回流 10min</td><td></td><td></td><td>活性炭____g
水浴温度____℃
溶液温度____℃</td><td></td><td></td></tr>
<tr><td>预热抽滤装置：将抽滤瓶和布氏漏斗放到热水中浸泡</td><td></td><td></td><td>热水温度____℃</td><td></td><td></td></tr>
<tr><td>趁热抽滤*：停止回流脱色；安装热抽滤装置；将盛粗品溶液的仪器从水浴中取出；用热水润湿滤纸，抽紧；在开真空水泵的状态下趁热将料液倒入布氏漏斗</td><td></td><td></td><td>料液温度____℃</td><td></td><td></td></tr>
<tr><td>冷却结晶：将滤液趁热转移至烧杯中，自然冷却，待结晶析出完全</td><td></td><td></td><td>热料液温度____℃
冷料液温度____℃</td><td></td><td></td></tr>
<tr><td>抽滤*至干（布氏漏斗颈下端无液体滴下）</td><td></td><td></td><td>料液温度____℃</td><td></td><td></td></tr>
<tr><td>洗涤**：滤饼用 10%乙醇 10mL 洗涤两次，抽干</td><td></td><td></td><td>乙醇用量____mL
产品外观____</td><td></td><td></td></tr>
<tr><td>湿产物称重</td><td></td><td></td><td>产品湿重____g</td><td></td><td></td></tr>
<tr><td>干燥：将贝诺酯湿品放入培养皿平摊均匀，放入干燥箱于 80℃干燥 2~3h，停机降温到 25℃左右
（要求：每小时巡检一次；两次称重相差在 0.5%以内停止干燥）</td><td></td><td></td><td>烘箱设定温度____℃<table><tr><th>巡检时间</th><th>烘箱温度</th><th>称重/g</th></tr><tr><td></td><td></td><td></td></tr><tr><td></td><td></td><td></td></tr><tr><td></td><td></td><td></td></tr><tr><td></td><td></td><td></td></tr></table></td><td></td><td></td></tr>
<tr><td>称重</td><td></td><td></td><td>产品干重____g</td><td></td><td></td></tr>
</table>

续表

＊抽滤确认:(1)活性炭脱色后抽滤要趁热,防止低温产品析出,影响产品收率
(2)滤纸应放整齐,大小合适,防止抽滤泄漏
(3)反应器内转料应干净

操作人:　　　　年　月　日　　　　复核人:　　　　年　月　日

＊＊洗涤确认:乙醇量要适当,确保滤饼洗涤完全,避免洗涤过度,造成产物损失

操作人:　　　　年　月　日　　　　复核人:　　　　年　月　日

备注:偏差及处理:

熔点测定　　　　年　月　日

操作步骤	时间 开始	时间 结束	操作记录			现象/备注	操作人/复核人
研磨样品			样品______g			熔点仪型号:	
装毛细管			样高______mm				
参数设置			预设温度______℃ 升温速率______℃/min				
熔点测定			放样品管时温度:______℃				
			初熔 1	终熔 1	熔程℃		
第一次:					三次平均:		
			初熔 2	终熔 2			
第二次:							
			初熔 3	终熔 3			
第三次:							
要求三次取平均							

指导教师:　　　　年　月　日

清场记录

基本要求
1. 试剂、物料密封好,存放在指定位置
2. 台面、地面无杂物、无积粉、无污斑、无积液
3. 仪器清洗干净,放在指定位置;工器具、盛具清洁整齐地摆放在指定位置
4. 设备外表面见本色,无油污、无残迹、无异物
5. 与下批生产无关的文件清理出现场
6. 生产垃圾及废物收集到指定的位置

清场项目	项目	合格(√)	不合格(×)	清场人	复核人
	1. 仪器清洁;设备外表面擦拭干净				
	2. 物料存放在指定位置				
	3. 与下批生产无关文件清理出生产现场				
	4. 地面、台面清洁干净;生产垃圾及废物收集到指定位置				
	5. 工器具、洁具擦拭或清洗干净摆放在指定位置				
	6. 房间内挂上“待用、已清洁”状态标志				
	7. 水、电、窗户关好				

备注

指导教师:　　　　年　月　日

项目成果

项目成果——结果与产率

产物名称	生产日期	批号	湿品重量/g	干品重量/g	熔点/℃	产率/%
产物外观：						
备注：						
记录人： 年 月 日			计算人： 年 月 日			
任课教师： 年 月 日						

项目成果——单耗与成本

原料名称	单价/(元/g)	单耗/(g/g)	成本/(元/g)
对乙酰氨基酚			
氢氧化钠			
乙酰水杨酰氯丙酮溶液			
乙醇(95%)			
活性炭(细粉状)			
总成本			
记录人： 年 月 日		计算人： 年 月 日	
任课教师： 年 月 日			

贝诺酯合成子项目活页笔记

1. 这个子项目你有什么收获、体会与建议？

2. 你有哪些尚未解决的问题或疑惑？

3. 贝诺酯制备为什么要用乙酰水杨酰氯作酰化剂，而不是阿司匹林？

支撑知识 酰化反应与固体产物的分离纯化技术

一、酰化反应

氧和碳原子的酰化 MOOC—酰化反应

(一)概念及分类

1. 酰化反应

酰化反应是指在有机化合物分子的碳、氮、氧、硫等原子上引入酰基的化学反应。

酰基是指含氧无机酸、有机酸或磺酸分子中去掉羟基后所剩余的部分。这里主要讨论引入有机酸酰基的酰化反应。

在酰化反应中提供酰基的试剂称为酰化试剂或酰化剂。常用的酰化剂有羧酸、酸酐、酰卤和羧酸酯等。

2. 类型

按酰基的引入方式，分为直接酰化和间接酰化；按酰基的引入位置，分为氧原子上的酰化（氧酰化）、氮原子上的酰化（氮酰化）和碳原子上的酰化（碳酰化）等。氧、氮原子上的酰化一般均为直接酰化反应，而碳原子上的酰化既有直接酰化反应又有间接酰化反应。本书分别讨论氧、氮、碳原子的酰化反应。本节介绍项目相关的 *O*-酰化反应。

3. 反应活性

酰化反应的难易主要取决于酰化剂和被酰化物的活性。对于酰化剂，当 R 相同时，其酰化能力一般随离去基团（Z）离去能力的增大而增强，活性顺序一般为：$RCOX>(RCO)_2O>RCOOR'$，$RCOOH>RCONHR'$，但这个顺序不是绝对的，例如某些活性酯或活性酰胺则为强酰化剂。就被酰化物而言，其亲核能力越强，越容易被酰化，活性大小可以用被酰化物的碱性来衡量。当被酰化物结构中 R 相同时，其活性顺序一般为：$R—CH_2^- > R—NH^- > R—O^- > R—NH_2 > R—OH > R—H$。

(二)氧原子上的酰化反应

氧原子上的酰化反应（*O*-酰化反应），是指醇或酚类化合物与酰化剂作用时，分子中羟基氧原子上引入酰基生成酯类化合物的反应，又称为酯化反应。

工业上常用羧酸与醇在催化剂存在下进行酯化反应，也可采用酸酐、酰氯、羧酸酯等与醇反应。

1. 醇的 *O*-酰化反应

(1) 羧酸为酰化剂 以羧酸为酰化剂进行醇羟基的酰化是典型的酯化反应，是合成酯类的重要方法。

笔记

笔记

① 反应通式

$$R-\overset{\overset{\displaystyle O}{\|}}{C}-OH + HOR \underset{\text{溶剂}}{\overset{\text{Cat.}}{\rightleftharpoons}} R-\overset{\overset{\displaystyle O}{\|}}{C}-OR + H_2O$$

注：cat. 为催化剂的英文缩写。

酰化剂包括各种脂肪族和芳香族的羧酸；被酰化物包括各种伯、仲、叔醇；催化剂包括质子酸或路易斯（Lewis）酸；溶剂包括醇类、醚类、卤代烃等。

② 反应机理：直接亲电酰化。

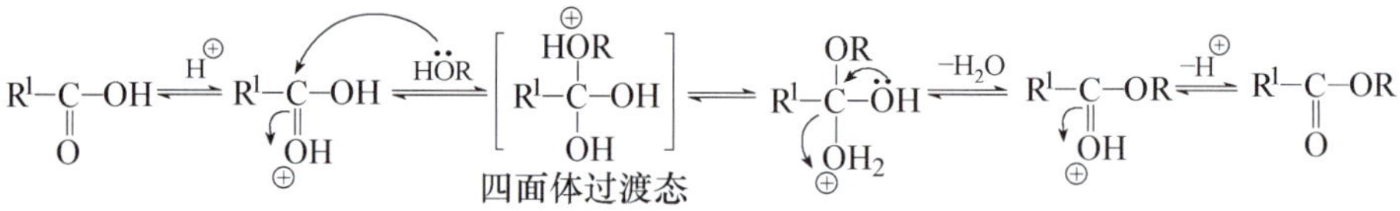

羧酸为酰化剂的酰化反应为可逆平衡反应，为促进反应向生成酯的方向移动，通常可采用以下方法：增加反应物的浓度（采用大大过量的醇）；减少生成物的浓度（蒸出反应所生成的酯）；除去反应中生成的水（加入化学脱水剂或采用共沸除水）。

③ 影响因素

a. 羧酸的结构：羧酸的酸性越强，其酰化能力越强。羧酸的酸性主要受其结构中的电子效应（包括诱导效应和共轭效应）及立体效应的影响。

（a）诱导效应的影响：当羰基的 α 位上带有吸电子基团（如卤原子）时，酸性增强；反之，当带有给电子基团时，酸性减弱。因此诱导效应的结果使羧酸的酰化能力强弱顺序为：羰基 α 位上有吸电子基的羧酸>α 位上无吸电子基的羧酸>α 位上有给电子基的羧酸。

（b）共轭效应的影响：当羰基的 α 位上连有不饱和烃基和芳基时，除受到基团诱导效应的影响外，还受到共轭效应的影响，其结果是：不饱和脂肪羧酸、芳基酸的酸性略强于相应的饱和脂肪羧酸。

芳环上取代基的种类和取代位置对芳基酸的酸性都有一定影响，如，对于苯甲酸不同取代物酸性，对硝基苯甲酸>对氯苯甲酸>苯甲酸>对甲氧基苯甲酸；邻硝基苯甲酸>对硝基苯甲酸>间硝基苯甲酸>苯甲酸。

（c）立体效应的影响：一般情况下，羧酸酰基上 R 空间位阻越大，则活性越小，酰化反应速率越慢；反之，若 R 空间位阻越小，且具有吸电子作用，则活性高。有些立体位阻大的芳基酸很难进行酰化反应，如邻位二取代的苯甲酸。

b. 醇的结构的影响：作为被酰化物醇而言，醇羟基的亲核能力越强，其反应活性越强，酰化反应越容易进行。醇羟基的亲核能力受其结构的立体效应和电子效应的影响。

（a）立体效应的影响：羟基的 α 位立体位阻影响 O 原子对羰

笔记

基 C 原子的亲核进攻，使醇羟基的亲核能力降低。一般情况下醇的活性顺序为：甲醇>伯醇>仲醇>叔醇、烯丙醇、苄醇。其中，叔醇由于其立体位阻大且在酸性介质中易脱去羟基形成较稳定的叔碳正离子，使酰化趋于按烷氧断裂的单分子历程进行，从而使酰化反应难以完成，苄醇、烯丙醇与叔醇表现出相类似的性质。

（b）电性效应的影响：羟基 α 位上有吸电子基团（如卤素、硝基等）时，可以通过诱导效应降低羟基 O 原子上的电子云密度，从而降低其亲核能力，使其活性降低。对于苄醇和烯丙醇，由于其分子结构中存在着 p-π 共轭体系，而使羟基 O 原子上的亲核能力降低，因此其反应活性较低。

c. 催化剂的影响：催化剂可以通过提高酰化剂（羧酸）或被酰化物（醇）的反应活性来加速酰化反应的进行，因此在各类酰化反应中一般都要加入催化剂。

（a）用来提高羧酸反应活性的催化剂：这类催化剂有质子酸、路易斯（Lewis）酸、二环己基碳二亚胺（DCC）等。

质子酸：此类催化剂通过使羧酸羰基氧质子化，使羰基碳原子的正电性增强，从而提高羧酸的反应活性。常用的质子酸有：浓硫酸、磷酸、无水氯化氢、四氟硼酸等无机酸和对甲苯磺酸、萘磺酸等有机酸。

路易斯（Lewis）酸：该类催化剂通过与羧酸中的羰基形成络合物，使羰基碳原子的正电性增强，从而提高羧酸的反应活性。常见的 Lewis 酸包括 BF_3、$AlCl_3$、$FeCl_3$、$TiCl_4$ 等。该类催化剂具有收率高、条件温和、不发生加成和重排等副反应的优点，适合于高级不饱和脂肪酸（醇）、杂环酸（醇）的酰化。

卫斯理（Vesley）法：采用强酸型离子交换树脂加硫酸钙，催化能力强、收率高、条件温和。

DCC 法：DCC 及其类似物是良好的酯化反应的催化剂，它通过与羧酸形成活性酯或进一步形成酸酐而增强了羧酸的反应活性。

（b）用来提高醇反应活性的催化剂　偶氮二羧酸二乙酯（DEAD）与三苯基膦在反应中生成中间体，该中间体活化被酰化的醇，使醇反应活性增强。

（2）羧酸酯为酰化剂　羧酸酯可与醇、羧酸或酯分子中的烷氧基或酰基进行交换，实现由一种酯向另一种酯的转化，又称酯交换法，也是合成酯类的重要方法。

① 反应通式

$$\mathrm{R{-}\overset{\overset{\large O}{\|}}{C}{-}OR^1} + \mathrm{HOR^2} \xrightleftharpoons[\text{溶剂}]{\text{Cat.}} \mathrm{R{-}\overset{\overset{\large O}{\|}}{C}{-}OR^2} + \mathrm{R^1OH}$$

反应中的酰化剂包括各种脂肪族和芳香族的羧酸酯。被酰化物

笔记

包括各种伯、仲、叔醇；催化剂包括质子酸或醇钠；溶剂包括醇类、醚类、卤代烃类等。

② 反应机理

a. 酸催化：增强羧酸酯（酰化剂）的活性。

羧酸酯中的羰基氧原子质子化，然后与醇进行双分子亲电反应生成中间体，最后脱去一分子 R^1OH 和质子得到酰化产物。

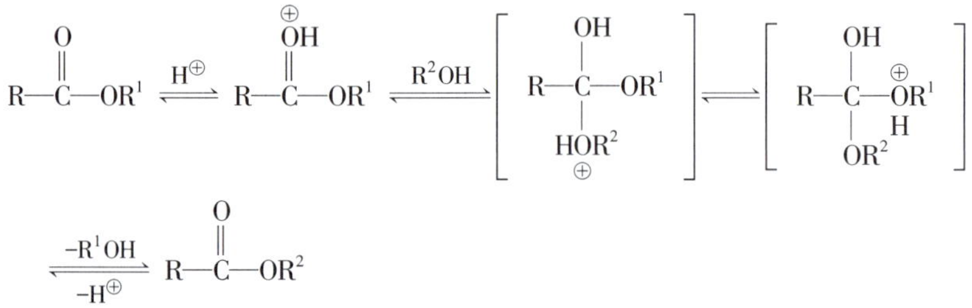

b. 碱催化：增强醇（被酰化物）的活性。

醇钠等强碱性催化剂先与醇进行质子交换，使之转化为 R^2O^- 形式，该负离子与酯羰基加成形成四面体过渡态，最后脱去 R^1O^- 得到产物。

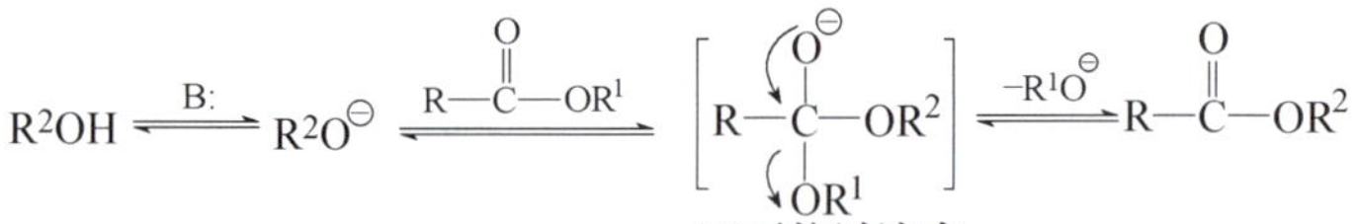

四面体过渡态

无论是酸催化还是碱催化，酯交换过程都是可逆的，存在着两个烷氧基（R^1O、R^2O）的竞争，一般在反应中可通过不断蒸出所生成的醇 R^1OH 来打破平衡，使反应趋于完成。

③ 影响因素

a. 羧酸酯结构的影响：羧酸酯（$RCOOR^1$）的酰化能力源于其结构中的酯羰基碳原子的亲电性，而这一亲电性则受其结构中 R 基团和 R^1 基团结构类型的共同影响。

（a）R 基团的影响：酯羰基的 α 位上连有吸电子基团时，吸电子效应使酯羟基的碳原子上的电子云密度降低，亲电性增强，所以活性顺序为：α 位有吸电子基的酯>α 位无吸电子基的酯。酯羰基的 α 位上连有不饱和烃基或芳基时，除受到基团的诱导效应影响外，同时还受到共轭效应的影响。所以一般来说，不饱和脂肪酸酯、芳基酸酯的活性略强于相应的饱和脂肪酸酯。

（b）R^1 基团的影响：酰化能力还与 R^1O^- 的共轭酸 R^1OH 的酸性大小有关，R^1OH 的酸性越强，酯的酰化能力越强，所以就一般羧酸酯的活性而言，$RCOOAr>RCOOCH_3>RCOOC_2H_5$，即羧酸苯酚酯的活性最强，羧酸甲酯次之。另外，由于反应中常采用蒸出生成的醇（R^1OH）的方法来打破平衡，所以采用常规的酯作酰化剂时一般均选用羧酸甲酯或羧酸乙酯，因为它们可以生成低沸点的甲醇或乙醇。

笔记

b. 醇结构的影响：同“羧酸为酰化剂”中的相关内容。

c. 催化剂的影响：酸、碱催化剂的选择主要取决于醇的性质。若用含有碱性基团的醇或叔醇进行酯交换反应，一般适宜采用醇钠等碱性催化剂。例如：

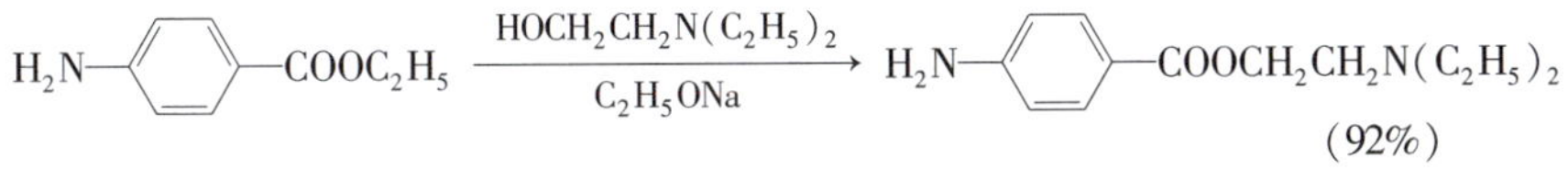

以硅藻土为载体的路易斯（Lewis）酸或强酸型离子交换树脂为催化剂，可以对多羟基化合物进行单酰化或选择性酰化。例如：

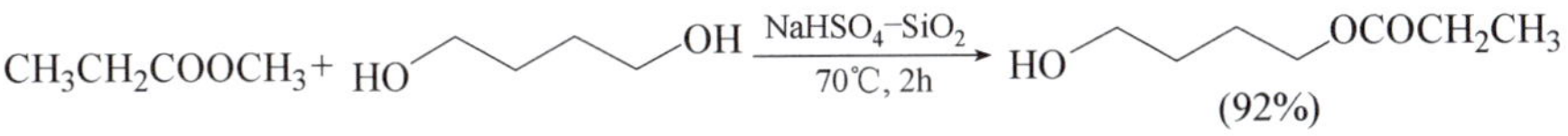

（3）酸酐为酰化剂　酸酐是强酰化剂，可对各种类型的羟基进行酰化，多用于反应活性较低或者空间位阻较大的醇羟基和酚羟基的酰化，反应不可逆，反应中无水生成，一般不加脱水剂，但一般需要加入酸或有机碱作催化剂。

① 反应通式

$$(RCO)_2O + R^1OH \xrightarrow[\text{溶剂}]{\text{Cat.}} RCOOR^1 + RCOOH$$

酰化剂包括各种脂肪族和芳香族的酸酐；被酰化物包括各种伯、仲、叔醇；催化剂包括质子酸、路易斯（Lewis）酸和有机碱；溶剂包括醇类、醚类、卤代烃类等。

② 反应机理

a. 质子酸催化：酸酐中的氧原子质子化，进一步解离出酰基正离子，同时生成一分子羧酸，酰基正离子与醇通过单分子亲电反应得到酰化产物。

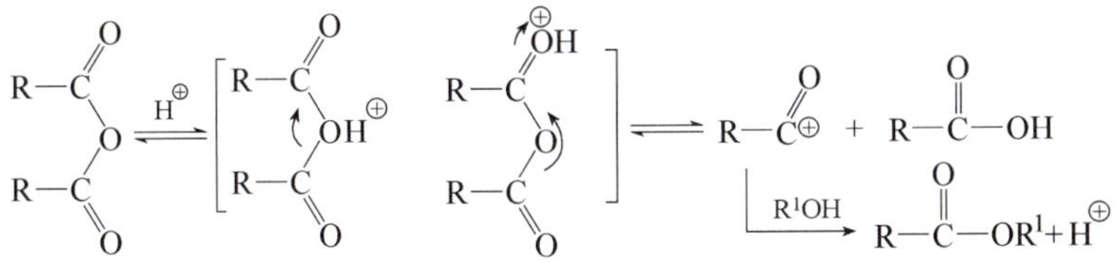

b. 路易斯（Lewis）酸催化：路易斯（Lewis）酸与酸酐生成羰基复合物，进一步转化为羰基加成物，然后解离出酰基正离子，酰基正离子与醇进行单分子亲电反应得到酰化产物。

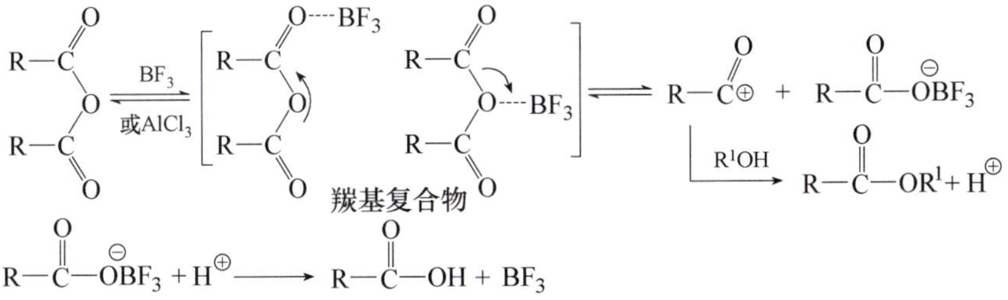

c. 吡啶类碱催化：此类催化剂通过促进酸酐解离，生成活性中

笔记

间体起到催化作用。

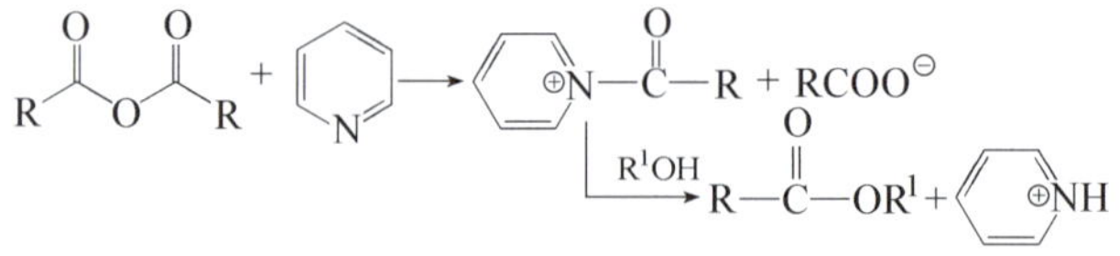

③ 影响因素

a. 酸酐结构的影响：酸酐的活性与其结构有关，羰基的 α 位上连有吸电子基团（如卤原子、羧基、硝基等）时，由于吸电子效应使羰基碳原子上的电子云密度降低，亲电性增强。

b. 催化剂的影响

（a）酸催化：常用硫酸、对甲苯磺酸、高氯酸等质子酸或三氟化硼、氯化锌、氯化铝、二氯化钴等路易斯（Lewis）酸，一般用于立体位阻较大的醇的酰化反应。例如，

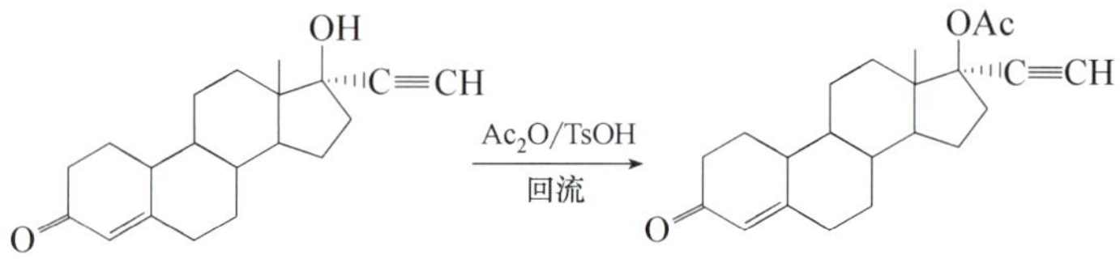

（b）碱催化：常用吡啶、对二甲氨基吡啶（DMAP）、4-吡咯烷基吡啶（PPY）、三乙胺（TEA）及醋酸钠等。PPY 对酸酐催化能力强，在有位阻的醇的酰化中均取得较好效果。

c. 反应溶剂的影响：采用乙酸酐、丙酸酐等简单酸酐为酰化剂时，通常以酸酐本身为溶剂，作为催化剂的吡啶、三乙胺等也可以作反应溶剂。另外，也可以选用水、二氯甲烷、氯仿、石油醚、乙腈、乙酸乙酯、苯、甲苯等其他溶剂。

d. 反应温度的影响：酸酐为酰化剂的酰化反应一般比较激烈，通常在良好的搅拌和较低温度（≤10℃）下将酰化剂滴加到反应体系中，然后再缓慢升到室温反应，也可以再加热至回流反应。

（4）酰氯为酰化剂　酰氯是很活泼的酰化剂，酰化反应一般为不可逆反应。反应中释放出氯化氢，因此一般需要加入碱性催化剂将之除去，适用于位阻大的羟基的酰化。

① 反应通式

$$RCOCl + R^1OH \xrightarrow[\text{溶剂}]{\text{Cat.}} RCOOR^1 + HCl$$

酰化剂包括各种脂肪族和芳香族的酰氯；被酰化物质包括各种伯、仲、叔醇；催化剂包括路易斯（Lewis）酸、有机碱；溶剂包括醚类、卤代烃类等。

② 反应机理

a. 吡啶类碱催化：此类催化剂与酰氯作用生成活性中间体，继而与待被酰化的醇反应得四面体加成物，再脱去质子得酰化产物，

笔记

反应中产生的氯化氢被吡啶所中和。

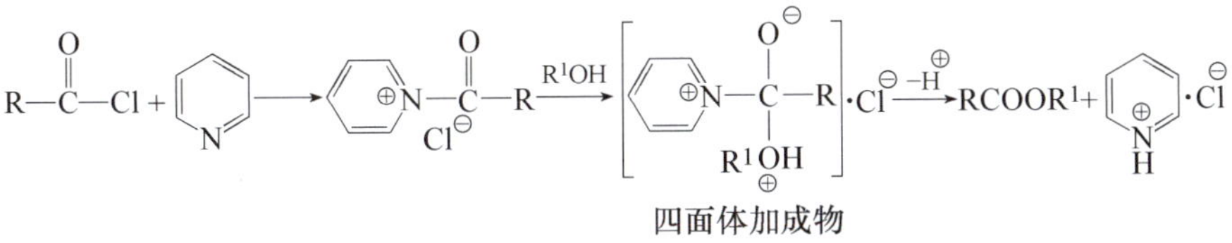

b. 路易斯（Lewis）酸催化：路易斯（Lewis）酸与酰氯生成羰基复合物，进一步转化为羰基加成物，然后解离出酰基正离子，酰基正离子与醇进行单分子亲电反应得到酰化产物。

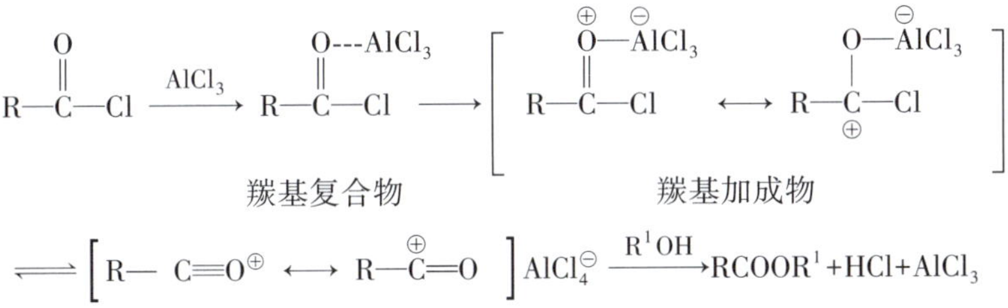

③ 影响因素

a. 酰氯结构的影响：一般脂肪酰氯的活性强于芳基酰氯。由于吸电子效应使羰基碳原子上的电子云密度降低，亲电性增强，所以活性顺序为：羰基的 α 位上有吸电子基团的酰氯>羰基的 α 位上无吸电子基团的酰氯。芳基酰氯在邻位有取代基时，由于立体位阻的原因，一般活性降低。

b. 催化剂的影响：常用作催化剂的碱有：吡啶、三乙胺、*N*，*N*-二甲基苯胺、*N*，*N*-二甲氨基吡啶等有机碱和氢氧化钠（钾）、碳酸钠（钾）等无机碱。采用吡啶类碱不仅可以中和反应中所产生的氯化氢，还兼有催化作用，增强酰氯的反应活性。

c. 溶剂与温度的影响：酰氯为酰化剂的反应一般可选用氯仿等卤代烃、乙醚、四氢呋喃、DMF、DMSO 等为反应溶剂，也可不加溶剂而直接采用过量的酰氯或过量的醇。由于酰氯的活性强，所以酰化反应一般在较低的温度（0℃至室温）下进行。酰氯一般采用滴加的方式在较低的温度下缓慢加入反应体系中，对于较难酰化的醇，也可以在回流温度下进行酰化反应。

2. 酚的 *O*-酰化反应

在酚的 *O*-酰化反应中，酚羟基的氧原子与苯环间存在着 p-π 共轭效应，使得氧原子上电子云密度降低，亲核能力下降，其活性较醇羟基弱，所以它的酰化一般采用酰氯、酸酐等较强的酰化剂。

（1）反应通式

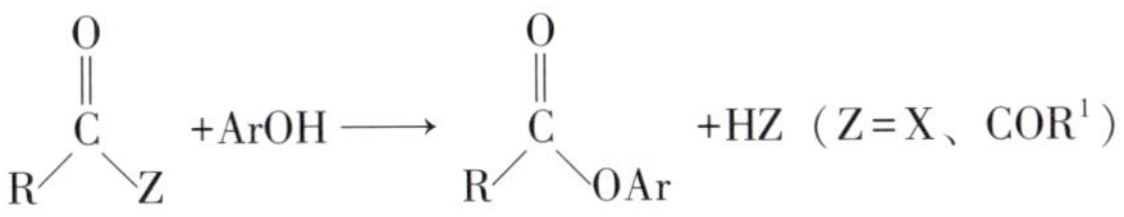

笔记

（2）反应机理　为各类酰化剂对酚氧原子的亲电反应机理。

（3）影响因素

① 酰化剂的影响：与醇的 *O*-酰化反应中酰化剂的影响相同。

② 酚结构的影响：

a. 取代基类型的影响：当苯环上有给电子基团时，可使酚羟基的氧原子电子云密度增加，从而增强其反应活性。苯环上有吸电子基团时，可使酚羟基的氧原子电子云密度降低，从而减小其反应活性。

b. 取代基位置的影响　取代基处在酚羟基的邻、对位时对其活性影响最大，当酚羟基两个邻位均被取代基占据时，由于其空间位阻加大，酰化反应较困难。

酰化反应活页笔记

1. 这一部分你有什么收获、体会与建议？

2. 你有哪些尚未解决的问题或疑惑？

3. 请查找归纳酯化反应中除去水的方法，并做记录。

笔记

二、固体产物的分离纯化技术

对于固体化合物的分离纯化，一般可用过滤洗涤（真空抽滤）、洗涤、离心分离（包括离心过滤、离心沉降）、重结晶、升华、柱层析、光学异构体拆分等方法实现。

（一）过滤、洗涤

合成反应完成后，通常需将反应物中的固体和液体产品过滤分离，如果产物是固体，常用玻璃漏斗借助菊形滤纸过滤，或者用布氏漏斗减压抽滤得到产物。一般用水泵就能达到减压抽滤的要求，其效能与水泵的结构、自来水的压力以及水的温度有关，真空度一般可达 7~25mmHg（933~3333Pa）。对于黏度较大、难以抽滤的反应物，需改用油泵抽滤。滤取的固体产物，在洗涤前要尽量压干。若产物的水溶性远比所含杂质小，可将其转移到烧杯中用水充分搅拌洗涤；如果产物的水溶性相对较大且必须用水洗涤时，可在布氏漏斗中洗涤，操作时，先用不锈钢刮刀小心挖松滤饼，加入适量水，使所有固体都接触到水，稍等片刻进行抽滤，用磨口空心塞或普通玻璃塞压平、压干，去除母液。按此操作重复数次，直至达到要求为止。对于目的物是水溶性很大的盐，需要在抽滤状态下将原布氏漏斗用冰水滴洗，再压干、取出。

MOOC—重结晶和过滤基本知识

MOOC—重结晶和过滤实验操作

MOOC—重结晶实验

如果目的物是较黏稠的液体，抽滤困难时，可在反应液中加入适量硅藻土或活性炭等助滤剂帮助过滤。留在布氏漏斗上的固体物质用少量合适的溶剂洗涤 1~2 次，以洗脱被吸附的目的物。必须注意的是，洗涤操作完成后，一定要先将与抽气瓶连接的橡皮管脱离，再解除真空装置，而不能先开启安全瓶上的二路活塞关水泵，这样操作会使橡皮管中积聚的脏物倒流到抽滤瓶中，污染产物。

（二）重结晶

利用被纯化物质与杂质在同一溶剂中的溶解性能的差异，将其分离的操作称为重结晶，重结晶是纯化固体有机物最常用的方法之一。对于固体产物，通常将反应液通过抽滤、洗涤后，把获得的粗品进行重结晶即可得到精品。根据重结晶的原理，利用被提纯物和杂质在热的和冷的溶剂中溶解度的不同，使杂质在热滤时被除去或

笔记

冷却后留在母液中，从而得到纯品。主要用于被提纯物中杂质含量少于5%的固体有机物，杂质过多会影响结晶速率或妨碍结晶的生长。

重结晶操作，选择合适的溶剂是关键。理想的溶剂应具备下列条件。

（1）不与待纯化物质发生化学反应。

（2）待纯化物质和杂质在所选溶剂中的溶解度有明显的差异，尤其是待纯化物质在溶剂中的溶解度应随温度变化有显著性差异。

（3）溶剂易与重结晶物质分离。

（4）溶剂的沸点应低于被提纯物质的熔点，以便从结晶中除去。

（5）被提纯物在溶剂中能形成较好的结晶。

（6）经济、安全、毒性小、易回收。

具体选择时，可根据被提纯物和杂质的极性，利用“相似相溶”的经验规律，先用少量样品在试管中经数次试验后确定。溶剂的极性在很大程度上取决于介电常数，介电常数大的溶剂，极性也大，同时偶极矩也相应较大。因此，通过查阅文献，根据介电常数、偶极矩的数值，可为选择最适宜溶剂提供参考。某些常用有机溶剂的介电常数和偶极矩见表1-1。

表1-1　常用有机溶剂的介电常数和偶极矩

溶剂	温度/℃	介电常数（ε）	偶极矩/D	溶剂	温度/℃	介电常数（ε）	偶极矩/D
丙酮	25	20.7	2.88	氯仿	15	4.806	1.01
苯	25	2.274	0	环己烷	20	2.016	0
氯苯	20	5.621	1.69	四氯化碳	20	2.228	0

如果粗品溶解后有颜色，可用适量活性炭脱色。必须注意的是，活性炭一定要待溶液稍冷后再加，以免发生因冲料而引燃溶液的事故。

用单一溶剂重结晶未能获得理想结果时，可考虑使用复合溶剂，常用的有水-乙醇、水-二噁烷（1，4-二氧六环）、氯仿石油醚等，具体试剂的选择、组合及用量，事前需经小量、多次摸索确定。

如确切知道所含杂质的性质，可用适当的溶剂洗涤，例如，存在酸类杂质，可用稀碳酸钠溶液洗涤；胺类碱性杂质，用稀酸洗涤；醛类杂质，用亚硫酸氢钠洗涤。

由于结晶形成有一个再溶解的过程，若要得到较大的晶体，必须使用热的滤液，任其静置自然冷却，一般需要几十分钟，有的甚至需要数天。如果急于拿到结晶，采取急骤冷却，或加以搅拌，析出的晶体很细，表面积大，会吸附溶液中的杂质，影响产品纯度。遇此情况，可将其重新加热溶解，使之自然冷却，等待结晶。如果溶液经一段时间放置，仍未见结晶析出，可用玻璃棒摩擦器壁，由此形成的粗糙表面，可诱导结晶。或取出1～2滴溶液，滴在洁净的表面皿上，任其自然挥发，将析出的结晶取1～2颗作为晶种加到溶液中，加速晶核的形成。

笔记

升华

(三)升华

升华是固体物质受热后不经熔融直接转化为蒸气的过程。利用升华不仅可以分离挥发度不同的固态混合物，而且还可以除去难挥发杂质。由升华而得到的有机物一般纯度都较高，但并不是所有的固体化合物都可用升华的方法来纯化。

(四)常用色谱方法

色谱（又称层析）是一种物理的分离方法。它的分离原理是使混合物中各组分在两相间进行分配，其中一相是不动的，称为固定相；另一相是携带混合物流过此固定相的流体，称为流动相。当流动相中所含混合物经过固定相时，就会与固定相发生作用。由于各组分在性质和结构上有差异，与固定相发生作用的大小、强弱也有差异，因此在同一推动力作用下，不同组分在固定相中的滞留时间有长有短，从而按不同的次序从固定相中流出。这种借助在两相间分配差异而使混合物中各组分分离的技术，称为色谱法。

1. 薄层色谱

(1) 概述　薄层色谱（TLC）是一种简单实用的实验技术，属固液层析。一般薄层色谱的固定相是硅胶或氧化铝，属吸附层析。在层析过程中，吸附剂对样品中各组分的吸附力不同，当展开剂流过时，各组分被展开剂从吸附剂上解析下来的难易程度不同，从而造成各组分移动时的速度差别，而达到分离的目的。

MOOC—了解色谱　MOOC—TLC原理及应用　MOOC—TLC鉴别化合物　MOOC—薄层色谱实验　MOOC—薄层色谱和柱层析色谱

薄层色谱可以用来分离混合物，鉴定、精制化合物，测量混合物中各组分的含量，测定样品纯度。其展开时间短，几分钟就能达到分离目的。分离效率高，还可用于制备分离几毫克到几百毫克的样品。在药物合成实验中，还是一种非常有用的跟踪反应的手段。利用薄层色谱观察原料斑点的逐步消失来跟踪反应进程和确定反应的终点。薄层色谱也常用作柱色谱的先导，可用于柱色谱分离中展开剂的选择，也可监视柱色谱分离状况和效果。

笔记

（2）TLC操作方法工作流程（操作步骤）（准备展开剂→取薄层板→）画点样线→点样→展开→画展开剂前沿线→显色与检视→记录→计算 R_f 值→收集不同斑点的样品，进行纯化，或与原料斑点比较，判断反应进行程度。

① 画点样线：用铅笔画线。视点样板规格不同，点样线与底端距离不同，一般1~2cm。

② 点样：除另有规定外，用点样器点样于薄层板上，一般为圆点，样点直径为2~4mm（小薄层板为1~2mm），间距可视斑点扩散情况以不影响检出为宜，一般为1.0~2.0cm（高效薄层板可不小于5mm）。点样时必须注意勿损伤薄层板表面。

③ 展开：展开缸如需预先用展开剂饱和，可在缸中加入足够量的展开剂，必要时在壁上贴两条与缸一样高、宽的滤纸条，一端浸入展开剂中，密封顶盖，使系统平衡或按各品种项下的规定操作。

将点好供试品的薄层板放入展开缸中，浸入展开剂的深度为距薄层板底边0.5~1.0cm（切勿将样品点浸入展开剂中），密封顶盖，待展开至适宜的展距（如20cm的薄层板，展距一般为10~15cm；10cm高效薄层板，展距一般为5~8cm），取出薄层板，晾干，按各品种项下的规定检测。

展开可以单向展开，即向一个方向进行；也可以双向展开，即先向一个方向展开，取出，待展开剂完全挥发后，将薄层板转动90°，再用原展开剂或另一种展开剂进行展开，也可多次展开。

④ 显色与检视：荧光薄层板可用荧光猝灭法；普通薄层板，有色物质可直接检视，无色物质可用物理或化学方法检视。物理方法是检测出斑点的荧光颜色及强度；化学方法一般用化学试剂显色后，立即覆盖同样大小的玻璃板，检视。

（3）操作关键点　以硅胶 G_{254} 小薄层板（2.5cm×7.5cm）为例。

① 点样线距底端1cm。

② 用专用毛细管点样时需轻，否则固定相会粘到点样管下方，或划破固定相。

③ 一根点样管只能点一种样品，否则有交叉污染。

④ 样品点直径应不超过2mm。

⑤ 浸入展开剂的深度为距原点0.5cm为宜，展缸密闭。注意样品点决不能浸到展开剂中。

⑥ 展开剂离薄层板上缘约1cm时应停止展开，取出后快速画出溶剂前沿线，晾干。

⑦ 用紫外灯（254nm）检视。

⑧ 除另有规定外，杂质检查时，各杂质斑点的比移值 R_f 以0.2~0.8为宜。

（4）R_f 的计算　R_f 即指比移值，指从点样基线至展开斑点中心的距离（L）与从基线至展开剂前沿的距离（L_0）的比值。计算公式为：

$$R_f = L/L_0。$$

2. 柱层析色谱

柱层析色谱是通过层析柱来实现分离的，主要用于大量化合物的分离。柱层析是色谱法中分离有机化合物的方法之一，其原理是以分配原理为依据，分离过程涉及的两个相：一个相是固定的，称为固定相；另一个相是流动的，称为流动相。当流动相通过固定相时，混合物中各组分有着不同的分配系数，因而以不同的速度流经层析系统，从而达到分离的目的。

MOOC—柱色谱实验

（五）光学异构药物的拆分

目前医药工业生产上，拆分仍然是获得手性药物的重要方法。常用的光学异构药物的拆分方法包括：播种结晶法、形成非对映异构盐法、酶拆分法和色谱拆分法。

光学异构体拆分

（六）固体干燥

1. 概述

化工生产或实验室合成的固体药物或中间体（半成品）为便于储藏、使用或进一步加工的需要，须除去其中的湿分（水或有机溶剂）。如果含水过多，久藏将变质，或影响后续制剂产品的加工。因此，需要干燥以保证产品的使用质量。去除固体物料中湿分的方法有多种，包括以下几种。

MOOC—干燥和干燥剂

（1）机械去湿　当物料带水较多，可先用离心过滤（实验室用抽滤）等机械分离方法除去大量的水。

（2）吸附去湿　用某种平衡水汽分压很低的干燥剂（如 $CaCl_2$、硅胶等）与湿物料并存，使物料中的水分经气相而转入干燥剂内。

（3）供热干燥　向物料供热以汽化其中的水分，此种干燥常称为对流干燥，需要使用厢式干燥器（对流式干燥器），一般小型的称为烘箱（干燥箱），大型的称为烘房。本部分主要介绍厢式干燥器和干燥过程的物料衡算。

此外，含有固体溶质的溶液可借蒸发、结晶的方法脱除溶剂以获得固体产物。也可以将此溶液分散成滴，并与热气流接触，湿分汽化，从而获得粉粒状固体产物，湿分是在低于沸点条件下汽化的，工业上称为喷雾干燥。

2. 厢式干燥器

根据物料的性质、形状和操作方式，厢式干燥器分为如下几种。

（1）水平气流厢式干燥器　主要由许多长方形的浅盘、箱壳、

笔记

笔记

通风系统（包括风机、分风板和风管等）组成。干燥的热源多为蒸汽加热管道，干燥介质为自然空气及部分循环热风，小车上的烘盘装载被干燥物料，料层厚度一般为 10～100mm。这种干燥器结构简单、热效率低、干燥时间长。

（2）穿流气流厢式干燥器　对于颗粒状物料的干燥，可将各物料放在多孔的浅盘（网）上，铺成一薄层，气流垂直地通过物料层，以提高干燥速率。两层物料之间有倾斜的挡板，从一层物料中吹出的湿空气被挡住而不致再吹入另一层。这种干燥方法对粉状物料适当造粒后也可应用。实验表明穿流气流干燥速度比水平气流干燥速度快 2～4 倍。

这种干燥器的主要缺点是物料不能很好地分散，产品质量不稳定，热效率和生产效率低，干燥时间长，不能连续操作，劳动强度大，物料在装卸、翻动时易扬尘，环境污染严重。

（3）真空厢式干燥器　若所干燥的物料热敏性强、易氧化及易燃烧，或排出的尾气需要回收以防止污染环境，则在生产中往往使用真空厢式干燥器。其干燥室为钢制外壳，内部安装有多层空心隔板，分别与进气支管和冷凝液支管相接。干燥时用真空泵抽走物料中气化的水汽或其他蒸气，从而维持干燥器中的真空度，使物料在一定的真空度下达到干燥。真空厢式干燥器的热源为低压蒸汽或热水，热效率高，被干燥药物不受污染，设备结构和生产操作都较为复杂，相应的费用也较高。

3. 干燥过程的物料衡算

（1）干燥产品量 G_2　干燥产品是指离开干燥设备的物料，产品中含有物料、少量水分，也就是说，干燥产品是含水量低的湿物料。不计物料损失时，干燥前后，物料中的绝干物料量（G_e）不变，因此有：

$$G_e = G_1(1-x_1) = G_2(1-x_2) \tag{1}$$

$$G_2 = \frac{G_1(1-x_1)}{1-x_2} = \frac{G_e}{1-x_2} \tag{2}$$

式中　G_1、G_2——进干燥器的湿物料量和出干燥器的干燥产品量，kg/s

x_1、x_2——进、出干燥器物料的含水量，kg/kg 湿物料

（2）干燥除去的水分量 W　湿物料在干燥过程前后，含水量减小（从 x_1 干燥至 x_2），除去的水量 W 为：

$$W = G_1 - G_2 = G_1\frac{x_1-x_2}{1-x_2} = G_2\frac{x_1-x_2}{1-x_1} \tag{3}$$

固体产物分离技术活页笔记

1. 这一部分有什么收获、体会与建议？

2. 有哪些尚未解决的问题或疑惑？

学习成果考核

一、在线章节测验

请扫码完成在线测验。

酰化工艺检测　酰化反应测验　固体分离纯化测验　熔点测定测验

二、项目考核

（1）请按照附录 1 实操项目考核表和附录 2 实操考核标准进行考核。

（2）请将项目成果——结果与产率、单耗与成本表，以及产品照片上传学习通，同时提交实物，进行结果评价。

课后拓展——在线自主学习

（1）请扫码学习氧酰化反应在药物合成中的应用实例。

氧酰化应用　高效液相色谱仪操作流程　高效液相色谱仪基本操作　高效液相色谱法工作原理　高效液相色谱法定量分析方法　高效液相色谱法

（2）请扫码学习高效液相色谱法。

注：高效液相色谱相关链接来自智慧职教，如二维码无法识别，请登录官网：https://www.icve.com.cn/，搜索“高效液相色谱法”，即可出现多个微课，注册学习即可。

项目二 苯佐卡因的合成

笔记

项目概述

苯佐卡因属于芳香酸酯类局麻药，属于《中国药典》2015 版和 2020 版收载品种。2019 年底，国内苯佐卡因原料药生产企业 6 家。本品化学名为对氨基苯甲酸乙酯，化学结构式为：

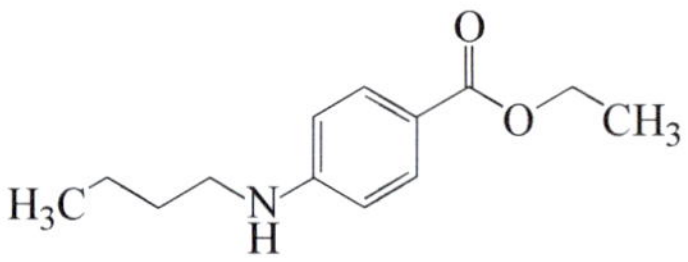

$C_9H_{11}NO_2$，165.19

本品为白色结晶或结晶性粉末，无臭，遇光色渐变黄。本品在乙醇、三氯甲烷或乙醚中易溶，在脂肪油中微溶，在水中极微溶解，熔点为 88~91℃。

本品以对硝基甲苯为原料，经氧化、酯化（*O*-酰化）、还原制得，反应式如下。

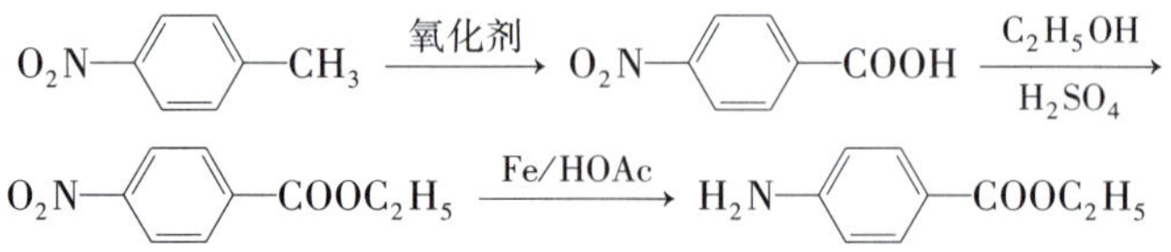

本教材分三个子项目介绍苯佐卡因的合成方法和合成反应的相关知识。

项目 2-1 对硝基苯甲酸的合成

实施准备

项目任务书

项目编号		项目名称			
子项目编号		学员姓名/学号			
起始时间		指导教师		班长	
项目组成员					
学习任务	完成对硝基苯甲酸合成与分离纯化任务,产品质量符合产品质量标准,计算产率、单耗和成本				
学习目标	知识目标 1. 掌握对硝基苯甲酸合成中氧化反应知识、合成原理和分离纯化的方法:抽滤、酸化、重结晶、干燥 2. 知道反应试剂、原料选择的原则;反应条件、反应时间和反应终点控制的原理 3. 知道计量器具、合成反应和分离纯化仪器、设备的使用、维护和保养方法 4. 知道对硝基苯甲酸合成操作过程中的安全隐患和控制方法 5. 掌握按照 GMP 要求填写对硝基苯甲酸合成操作记录和清场的方法 6. 知道对硝基苯甲酸产率、单耗、成本计算方法 7. 知道对硝基苯甲酸合成工作的真实生产流程 8. 掌握有机合成工中与药物合成有关的专业知识、技能和素质,为考取有机合成工职业资格和参加有机合成工技能大赛奠定基础 能力目标 通过对硝基苯甲酸的合成,能够: 1. 按照对硝基苯甲酸合成 SOP 的规定,正确佩戴和使用个人防护用品 2. 按照对硝基苯甲酸生产流程和 SOP,正确备料;正确使用各种衡器、量器具称量物料、正确投料;进行反应控制和产物分离纯化,产品符合要求 3. 用电热套控制反应温度 4. 做好个体防护,实现安全生产,采取适当的措施处理停水、断电等突发事件 5. 做好废水、废渣和其他废物的集中存放和处理,实现清洁生产 6. 正确计算对硝基苯甲酸的产率、单耗和成本 7. 如结果异常,根据对硝基苯甲酸反应式和反应过程分析影响产品质量和收率的主要因素 8. 能将学到的氧化反应知识和技能迁移至其他化学药物的合成操作中 思政目标 同项目 1-1					

工作内容与要求	
实施前	1. 填写项目任务书，明确任务目标、内容与要求
	2. 学习岗位操作规定(SOP)，明确生产流程和操作要点
	3. 回答引导问题、填写项目预习记录、拍照上传学习通
实施中	1. 穿戴整齐干净的实验服，佩戴乳胶手套、防毒口罩等防护用品
	2. 严格按 SOP 完成备料称量
	3. 严格按 SOP 完成投料、反应过程控制，初产物分离纯化、精制和干燥
	4. 严格按 SOP 完成产品熔点测定
	5. 按 GMP 要求清场
	6. 按 GMP 要求填写工作页记录
	7. 正确进行产品称量，产率与成本计算
实操结束	1. 拍照上传项目工作页和产品，提交纸质版，展示产品实物
	2. 在教师引导下总结项目要点，系统完成相关理论知识学习
	3. 完成产率、单耗、成本计算，拍照上传学习通，并提交纸质版
	4. 对工作页和工作成果进行互评

进度要求
1. 项目操作及相关记录，项目成果、项目现场考核在项目规定实操时间内完成
2. 理论学习在项目完成后两天内完成(含自学内容)

预习活页

项目名称		子项目名称	
学员姓名/学号		项目组成员	

引导问题
1. 本子项目涉及哪(几)个单元反应？ 2. 反应的试剂主要有哪些？ 3. 涉及的分离纯化方法是什么？ 4. 项目的关键点在哪里？

引导问题回答

项目预习记录

一、原料试剂和产物理化性质、主要危险性及个体防护措施						
序号	原料/试剂名称	相对分子质量	密度	b. p. /m. p.	主要危险性	个体防护措施
1						
2						
3						
4						
5						
6						
7						

二、实验操作注意事项

三、问题和建议

预习完成时间： 年 月 日

项目实施——岗位工作页

操作规程——SOP

题目：对硝基苯甲酸合成岗位操作规程

文件编号：SOP-HC-1021	生效日期：2019-09-01		审核期限：3 年	页码：
起草人：	第一审核人：	第二审核人：	批准人：	发布部门：
日期： 年 月 日	日期： 年 月 日	日期： 年 月 日	日期： 年 月 日	

笔记

1. 目的

建立对硝基苯甲酸合成岗位操作规程，规范本岗位的操作，确保生产安全和质量稳定。

2. 适用范围

适用于对硝基苯甲酸合成岗位。

3. 职责

指导教师负责和监督本规程有效实施，操作人员严格按照该规程要求进行操作。

4. 正文

4.1 主要原料试剂的规格、主要危险性及个体防护

4.1.1 对硝基甲苯（4-硝基甲苯）

（1）规格及主要理化性质　分析纯或化学纯。相对分子质量137.14，熔点 52 ~ 54℃，淡黄色结晶。不溶于水，易溶于醇、醚、苯。

（2）主要危险性

① 健康危害：对眼睛、呼吸道和皮肤有刺激作用。吸收进体内可引起高铁血红蛋白血症，出现紫绀，严重中毒可致死亡。

② 燃爆危险：易燃，遇明火、高热可燃。

（3）接触处理

① 皮肤接触：脱去被污染的衣物，立即用肥皂水和清水彻底冲洗皮肤至少 15min，必要时就医。

② 眼睛接触：提起眼睑，立即用大量流动清水或生理盐水彻底冲洗至少 15min，就医。

（4）个体防护　佩戴防护眼镜、自吸过滤式防毒面具（半面罩）、乳胶手套，穿纯棉防静电实验服。工作现场禁止吸烟、进食和饮水。

（5）消防措施

① 危险特性：易燃，遇明火、高热可燃。受高热分解放出有毒的气体。

② 灭火剂：泡沫、干粉、二氧化碳。

4.1.2 高锰酸钾

（1）规格及主要理化性质　分析纯或化学纯，相对分子质量158.03，加热到 240℃以上，分解放出氧气。深紫色细长斜方柱状结晶，有金属光泽。溶于水、碱液，微溶于甲醇、丙酮、硫酸。

（2）主要危险性

① 健康危害：吸入后可引起呼吸道损害。溅落眼睛内，刺激结

膜，重者致灼伤。刺激皮肤。浓溶液或结晶对皮肤有腐蚀性。口服腐蚀口腔和消化道，出现口内烧灼感、上腹痛、恶心、呕吐、口咽肿胀等。口服剂量大者，口腔黏膜呈棕黑色、肿胀糜烂，剧烈腹痛、呕吐、血便、休克，最后死于循环衰竭。

② 燃爆危险：本品助燃，具腐蚀性、刺激性，可致人体灼伤。

（3）接触处理

① 皮肤接触，脱去被污染的衣物，立即用大量流动清水冲洗至少 15min，就医。

② 眼睛接触，立即提起眼睑，用大量流动清水或生理盐水彻底冲洗至少 15min，就医。

（4）个体防护　佩戴防护眼镜、自吸过滤式防毒面具（半面罩）、乳胶手套。穿纯棉防静电实验服。工作场所禁止吸烟、进食和饮水。

（5）消防措施

① 危险特性：强氧化剂。遇硫酸、铵盐或过氧化氢能发生爆炸。遇甘油、乙醇能引起自燃。与有机物、还原剂、易燃物如硫、磷等接触或混合时有引起燃烧爆炸的危险。

② 起火时灭火剂：水、雾状水、砂土。

4.1.3　盐酸（氢氯酸）

（1）规格及主要理化性质　分析纯或化学纯，相对分子质量为 36.46，市售浓盐酸浓度 36%～38%，相对密度（水=1）1.20，沸点 108.6℃（20%）。无色或微黄色发烟液体，有刺鼻的酸味。与水混溶，溶于碱液。

（2）危险性

① 健康危害：接触其蒸气或烟雾，可引起急性中毒，出现眼结膜炎，鼻及口腔黏膜有烧灼感，鼻衄，齿龈出血，气管炎等。误服可引起消化道灼伤、溃疡形成，有可能引起胃穿孔、腹膜炎等。眼和皮肤接触可致灼伤。

② 本品不燃，具强腐蚀性、强刺激性，可致人体灼伤。

（3）接触处理

① 皮肤接触：脱去被污染的衣物，立即用大量流动清水冲洗至少 15min，必要时就医。

② 眼睛接触：立即用大量流动清水或生理盐水彻底冲洗至少 15min，就医。

（4）个体防护　实验室少量接触时，佩戴防护眼镜、自吸过滤式防毒面具（半面罩）、乳胶手套。穿纯棉防静电实验服。工作场所禁止吸烟、进食和饮水，饭前要洗手。

（5）消防措施

笔记

笔记

① 危险特性：能与一些活性金属粉末发生反应，放出氢气。遇氰化物能产生剧毒的氰化氢气体。与碱发生中和反应，并放出大量的热。具有较强的腐蚀性。

② 灭火剂：碱性物质如碳酸氢钠、碳酸钠、消石灰等中和，也可用大量水扑救。

4.1.4　氢氧化钠

见项目 1-1 SOP 部分 4.1.5 氢氧化钠，或扫码查看相关信息。

氢氧化钠

4.2　其他材料

ϕ7cm 定性滤纸 6 张。

4.3　仪器设备

机械搅拌器 1 台、500mL 电热套 1 个、0~150℃温度计 1 支、回流冷凝管 1 支、500mL 四颈瓶 1 个、200mL 烧杯 3 个、20mL 量筒 2 个、50mL 量筒 1 个、电子天平 1 台、500mL 抽滤瓶 1 个、ϕ8cm 布氏漏斗 1 个、玻璃棒 1 支、药匙 3 把、循环水真空泵 1 台、培养皿 1 套、干燥箱 1 个、熔点测定装置一套。

4.4　操作方法与要点

4.4.1　投料量及配比

原料名称	投料量	重量比(g/g)
对硝基甲苯	8.0g	1.00
高锰酸钾	22.0g	2.75
蒸馏水	200mL	25
浓盐酸	根据 pH 定	—
盐酸(18%)	50.0mL	—
氢氧化钠水溶液(5%)	70.0mL	—
活性炭(细粉状)	视粗品量而定	—

4.4.2　开工前准备

(1) 操作人员必须按规定穿戴工作服（实验服）、帽（长发者）、鞋、防毒口罩、乳胶手套，才能进入合成岗位。

(2) 检查房间是否挂有“待用、已清洁”标志。

(3) 检查仪器设备清洁状态，是否在清洁效期内，设备挂有设备状态标志。

(4) 检查所用反应仪器设备的清洁维护及运转情况，应符合要

笔记

求，并记录。

（5）检查衡器按置零键置零，是否在校验合格期内。

（6）检查设备完好证明与校验合格证，并且在校验期内。

（7）检查操作间与设备是否已换上生产状态标识牌。

（8）根据 GMP 认证管理制度，检查生产现场水、电是否达到生产要求。

（9）检查所用对硝基甲苯、高锰酸钾、蒸馏水、盐酸、氢氧化钠、活性炭是否符合要求，并做记录。

（10）做好检查记录，指导教师现场监控，并签名。

4.4.3　领料（备料）、配料

（1）领料（备料）　操作人员根据生产任务和对硝基苯甲酸合成方案，制订物料、仪器设备使用计划，领取物料，准备仪器设备，填写记录。

（2）配料　根据工艺要求配制 18%盐酸溶液 50.0mL、5%氢氧化钠溶液 70.0mL，填写操作记录。

4.4.4　投料、反应控制及分离纯化

4.4.4.1　投料

在装有搅拌棒、球形冷凝管、温度计的 500mL 四颈瓶中，加入对硝基甲苯 8.0g，蒸馏水 200mL，开动搅拌。

4.4.4.2　反应参数设定及反应过程控制

电热套加热至 85℃，分 3~4 次加入高锰酸钾 22.0g（每次不要太多，约 60min 加完），控制回流反应。加毕，继续回流搅拌反应 60min。

4.4.4.3　产物分离纯化

（1）初步分离纯化　停止反应，将反应液降至 50℃左右，抽滤，用 12mL 温水洗涤滤饼（二氧化锰）三次，将滤饼收集到废物桶中。将滤液放在冷水中冷却，用浓盐酸酸化直至溶液呈强酸性，至对硝基苯甲酸全部析出沉淀为止。抽滤，用少量冷水洗涤，尽量抽干，填写操作记录。

（2）精制　将粗品对硝基苯甲酸倒入 200mL 烧杯中，加 5%氢氧化钠溶液 70.0mL，温热溶解，在 50℃左右抽滤，滤液加入活性炭 0.5g 脱色（5~10min），趁热抽滤。滤液冷却到 25℃左右，在充分搅拌下，将滤液慢慢倒入 18%盐酸 50.0mL 中，抽滤，洗涤，得对硝基苯甲酸湿品，填写操作记录。

（3）干燥　将对硝基苯甲酸湿品放入培养皿平摊均匀，于

笔记

100℃干燥 2~3h，停机降温到 25℃左右，得对硝基苯甲酸成品。称重，测熔点，填写操作记录。

4.4.5 清场

检查生产使用的仪器、设备水电是否关闭，将剩余原料、生产记录本、设备运行记录等按照标准化管理要求，放到指定位置。清洗仪器，设备外表面擦拭干净，打扫卫生，垃圾和废物收集到指定位置。房间内挂上“待用、已清洁”状态标志。填写清场记录。

4.4.6 重点操作与复核

4.4.6.1 复核各原辅料的称量、计量，均应准确无误。
4.4.6.2 反应过程中，球形冷凝管中可能有白色针状的对硝基甲苯析出，可适当关小冷凝水，使其熔融。
4.4.6.3 分离对硝基苯甲酸粗品和粗品加 5%氢氧化钠精制时，将反应液降至 50℃左右抽滤，是防止对硝基苯甲酸钠结晶析出。
4.4.6.4 将反应液降至 50℃左右，抽滤、洗涤后，如果滤液显紫色，可加少量乙醇，温热片刻，紫色消失后，重新过滤。
4.4.6.5 抽滤操作确认

（1）滤纸须放整齐，大小合适，防止抽滤泄漏。

（2）反应器内需转料干净，必须有指导老师或班长复核签字。

4.5 对硝基苯甲酸质量标准

对硝基苯甲酸外观为淡黄色结晶性粉末，无臭。熔点 238~241℃。含量不低于 99.50%。干燥失重不超过 0.50%。

4.6 主要仪器设备的维护保养和使用

4.6.1 反应瓶每次使用后要冲洗干净，平时保持干燥。
4.6.2 真空循环水泵随用随开。
4.6.3 搅拌器电机要经常保持清洁，不允许有油垢灰尘，不允许用水清洗；使用时要经常注意负荷电流，不得超过其额定功率；要经常注意其外壳温度，不允许超过额定温度；要经常检查轴承发热泄漏等现象；电机要每年打开轴承重新加油；搅拌轴封如有泄漏，要及时调整。
4.6.4 电子秤的使用，按照《电子秤使用操作规程》执行。
4.6.5 电热套的使用，按照《调温电热套使用操作规程》执行。
4.6.6 温度计的使用，根据反应溶剂的沸点和反应控制温度范围确定，本反应中溶剂为水，反应温度控制在 80~90℃，所以要选用 0~150℃量程的温度计。注意轻拿轻放，水银球要插入液面下。不要被搅拌碰撞。

工作记录——操作与清场记录

岗位： 项目组成员： 指导教师：

项目编号		项目名称			
子项目编号		子项目名称			
生产日期		产品名称		批号	

领料(备料)

物料名称	规格	批号	单位	数量	单价
对硝基甲苯					
高锰酸钾					
浓盐酸(36%～38%)					
氢氧化钠(固体)					
活性炭(细粉状)					

操作人： 年 月 日 复核人： 年 月 日

开工前检查

检查内容	检查结果	检查人
操作人员是否按规定穿戴工作服(实验服)、帽(长发者)、鞋、防毒口罩、胶皮手套	是□ 否□	
是否有上一批产品的清场合格证“待用、已清洁”标志	有□ 无□	
检查仪器设备清洁状态，是否在清洁效期内；是否挂有设备状态标志	有□ 无□	
反应仪器设备清洁维护及运转情况	是□ 否□	
检查衡器按置零键置零，是否在校验合格期内	是□ 否□	
设备完好证明与校验合格证，并且在校验期内	有□ 无□	
操作间与设备是否已换上生产状态标识牌	是□ 否□	
生产现场水、电是否达到生产要求	是□ 否□	
所用对硝基甲苯、高锰酸钾、浓盐酸(36%～38%)、氢氧化钠、活性炭是否符合要求	是□ 否□	

审核(指导教师)： 年 月 日

称量

1. 复查原辅料名称、批号、数量、规格和外观质量，是否有异常
2. 称取固体物料时，要求取用重量在规定量的0.5%范围内

续表

物料名称	规格	批号	标准量	称取量	备注
对硝基甲苯					
高锰酸钾					
浓盐酸(36%~38%)					
盐酸(18%)					
氢氧化钠(固体)					
氢氧化钠(5%)					
活性炭(细粉状)					
操作人: 年 月 日			复核人: 年 月 日		
审核(指导教师): 年 月 日					
配料、投料、反应过程控制与粗品分离纯化 年 月 日					

操作步骤	时间		操作记录	现象/备注	操作人/复核人
	开始	结束			
量取浓盐酸 25.0mL,加水稀释至 50.0mL			浓盐酸______ mL 水______ mL		
称取氢氧化钠 3.5g,加水溶解并稀释至 70.0mL			氢氧化钠______ g 水______ mL		
在装有搅拌棒、球形冷凝管、温度计的 500mL 四颈瓶中,加入对硝基甲苯 8.0g,蒸馏水 200mL,开搅拌和冷凝水			对硝基甲苯______ g 蒸馏水______ mL 搅拌转速______ rpm		
电热套加热至 85℃,分 3~4 次加入高锰酸钾 22.0g(每次不要太多,约 60min 加完),控制回流反应。加毕,继续回流搅拌反应 60min*			电热套电压______ V 高锰酸钾______ g 加高锰酸钾____时____分 至____时____分,分______次加毕 温度 | 时间 (空白记录行 6 行) 最高____℃,最低____℃		
停止加热,将反应液温度降至 50℃左右			停止加热时______℃ 温度降至______℃		
抽滤**:安装抽滤装置;用冷水润湿滤纸,抽紧;将料液借助玻璃棒转入布氏漏斗,抽干(至布氏漏斗颈下端无液体滴下)			料液温度______℃		

续表

操作步骤	时间		操作记录	现象/备注	操作人/复核人
	开始	结束			
洗涤***:用 12mL 水洗涤滤饼三次;抽干,滤饼收集到废物桶中			三次洗涤用水______、______、______ mL		
酸化:将滤液放在冷水中冷却,用浓盐酸酸化直至溶液呈强酸性,对硝基苯甲酸全部析出			冷水温度______℃ 酸化后 pH ______ 料液外观______		
抽滤至干**(布氏漏斗颈下端无液体滴下)			料液温度______℃		
洗涤***:用少量冷水洗涤,尽量抽干,将滤液收集到废物桶中			洗涤用冷水量______ mL 产品外观______		
粗产物称重			产品湿重______ g		

* 保温反应过程中,每 30min 记录一次温度

* * 抽滤确认:(1)滤纸须放整齐,大小合适,防止抽滤泄漏;(2)反应器内转料应干净

操作人:　　　　年　月　日　　　　复核人:　　　　年　月　日

* * * 洗涤确认:洗涤水用量要适当,确保:(1)滤饼洗涤完全;(2)避免洗涤过度,造成产物损失

操作人:　　　　年　月　日　　　　复核人:　　　　年　月　日

备注:偏差及处理:

精制、干燥　　　　年　月　日

操作步骤	时间		操作记录	现象/备注	操作人/复核人
	开始	结束			
将粗品对硝基苯甲酸倒入 200mL 烧杯中,加 5% 氢氧化钠溶液 70.0mL,温热溶解			5%氢氧化钠____ mL 溶液颜色______		
抽滤*:50℃左右抽滤			抽滤时料液______℃		
脱色:滤液加入活性炭 0.5g 脱色(5~10min)			活性炭______ g 溶液温度______℃		
预热抽滤装置:将抽滤瓶和布氏漏斗放到热水中浸泡			热水温度______℃		
趁热抽滤*:停止回流脱色;安装热抽滤装置;将盛粗品溶液的仪器从水浴中取出;用热水润湿滤纸,抽紧;在开真空水泵的状态下趁热将料液倒入布氏漏斗			料液温度______℃		

续表

操作步骤	时间		操作记录	现象/备注	操作人/复核人
	开始	结束			
酸化：滤液冷却到25℃左右，在充分搅拌下，将滤液慢慢倒入18%盐酸50.0mL中			冷后滤液______℃ 18%盐酸______mL		
抽滤至干*（布氏漏斗颈下端无液体滴下）			料液温度______℃		
冷水洗涤**，用少量冷水洗涤，尽量抽干，将滤液收集到废物桶中，得对硝基苯甲酸			冷水用量______mL 产品外观______		
湿产物称重			产品湿重______g		
干燥：将对硝基苯甲酸湿品放入培养皿平摊均匀，放入干燥箱于100℃干燥2~3h，停机降温到25℃左右 （要求：①每小时巡检一次；②两次称重相差在0.5%以内停止干燥）			烘箱设定温度______℃ 巡检时间 | 烘箱温度 | 称重/g （空白记录行5行）		
称重			产品干重______g		

* 抽滤确认：(1)滤纸须放整齐，大小合适，防止抽滤泄漏；(2)反应器内转料应干净

操作人：　　　　年　月　日　　　　复核人：　　　　年　月　日

** 洗涤确认：冷水量要适当，确保(1)滤饼洗涤完全；(2)避免洗涤过度，造成产物损失

操作人：　　　　年　月　日　　　　复核人：　　　　年　月　日

备注：偏差及处理：

熔点测定　　　　年　月　日

操作步骤	时间		操作记录	现象/备注	操作人/复核人
	开始	结束			
研磨样品			样品______g	熔点仪型号：	
装毛细管			样高______mm		
参数设置			预设温度______℃ 升温速率______℃/min		

续表

<table>
<tr><th rowspan="2">操作步骤</th><th colspan="2">时间</th><th rowspan="2" colspan="3">操作记录</th><th rowspan="2">现象/备注</th><th rowspan="2">操作人/复核人</th></tr>
<tr><th>开始</th><th>结束</th></tr>
<tr><td rowspan="6">熔点测定
第一次：
第二次：
第三次：
要求三次取平均</td><td></td><td></td><td colspan="3">放入样品管时温度______℃</td><td rowspan="6"></td><td rowspan="6"></td></tr>
<tr><td></td><td></td><td>初熔 1</td><td>终熔 1</td><td>熔程℃</td></tr>
<tr><td></td><td></td><td></td><td></td><td rowspan="4">三次
平均：</td></tr>
<tr><td></td><td></td><td>初熔 2</td><td>终熔 2</td></tr>
<tr><td></td><td></td><td></td><td></td></tr>
<tr><td></td><td></td><td>初熔 3

</td><td>终熔 3

</td></tr>
<tr><td colspan="8">指导教师：　　　　　　　　　　　　　　　　年　月　日</td></tr>
</table>

<table>
<tr><th colspan="6">清场记录</th></tr>
<tr><td>基本要求</td><td colspan="5">1. 试剂、物料密封好，存放在指定位置
2. 台面、地面无杂物、无积粉、无污斑、无积液
3. 仪器清洗干净，放在指定位置；工器具、盛具清洁整齐摆放在指定位置
4. 设备外表面见本色，无油污、无残迹、无异物
5. 与下批生产无关的文件清理出现场
6. 生产垃圾及废物收集到指定的位置</td></tr>
<tr><td rowspan="8">清场项目</td><th>项目</th><th>合格（√）</th><th>不合格（×）</th><th>清场人</th><th>复核人</th></tr>
<tr><td>1. 仪器清洁；设备外表面擦拭干净</td><td></td><td></td><td></td><td></td></tr>
<tr><td>2. 物料存放在指定位置</td><td></td><td></td><td></td><td></td></tr>
<tr><td>3. 与下批生产无关文件清理出生产现场</td><td></td><td></td><td></td><td></td></tr>
<tr><td>4. 地面、台面清洁干净；生产垃圾及废物收集到指定位置</td><td></td><td></td><td></td><td></td></tr>
<tr><td>5. 工器具、洁具擦拭或清洗干净摆放在指定位置</td><td></td><td></td><td></td><td></td></tr>
<tr><td>6. 房间内挂上“待用、已清洁”状态标志</td><td></td><td></td><td></td><td></td></tr>
<tr><td>7. 水、电、窗户关好</td><td></td><td></td><td></td><td></td></tr>
<tr><td colspan="6">备注</td></tr>
<tr><td colspan="6">指导教师：　　　　　　　　　　　　　　　　年　月　日</td></tr>
</table>

项目成果

项目成果——结果与产率

产物名称	生产日期	批号	湿品重量/g	干品重量/g	熔点/℃	产率/%
备注：						
记录人：　　　年　月　日			计算人：　　　年　月　日			
任课教师：　　　年　月　日						

项目成果——单耗与成本

原料名称	单价/(元/g)	单耗/(g/g)	成本/(元/g)
对硝基甲苯			
高锰酸钾			
浓盐酸			
氢氧化钠(固体)			
活性炭			
总成本			
记录人：　　　年　月　日		计算人：　　　年　月　日	
任课教师：　　　年　月　日			

对硝基苯甲酸合成子项目活页笔记

1. 对子项目你有什么收获、体会与建议？

……………………………………………………………………………………

……………………………………………………………………………………

……………………………………………………………………………………

……………………………………………………………………………………

2. 你有哪些尚未解决的问题或疑惑？

……………………………………………………………………………………

……………………………………………………………………………………

……………………………………………………………………………………

……………………………………………………………………………………

3. 你认为有其他更好的氧化剂吗？

……………………………………………………………………………………

……………………………………………………………………………………

……………………………………………………………………………………

……………………………………………………………………………………

支撑知识　氧化反应与固体产物的分离纯化技术

笔记

一、氧化反应

氧化反应的概念及分类　　MOOC—氧化反应

(一)概述

1. 氧化反应的概念

广义的氧化反应可视为碳原子周围的电子云的密度降低，即碳原子氧化态升高的反应。狭义的氧化反应是指有机化合物分子中氧原子的增加、氢原子的消除或与二者有关。

2. 氧化反应的类型

根据反应所采用的氧化剂及操作方法不同，氧化反应分为：化学氧化、催化氧化、生物氧化。化学氧化是指在化学氧化剂的直接作用下完成的氧化反应。催化氧化是指在催化剂存在下，使用空气或氧气实现的氧化反应。生物氧化是指用微生物进行的氧化反应。

(二)常用氧化剂介绍

1. 锰化合物

(1) 高锰酸钾（$KMnO_4$）　高锰酸钾（$KMnO_4$）为强氧化剂，在酸性、中性或碱性条件下都有氧化作用，介质的 pH 不同，氧化能力不同。在中性或碱性介质中，$KMnO_4$ 被还原为 MnO_2，氧化能力弱，选择性好；在酸性介质中，高锰酸钾被还原为 Mn^{2+}，氧化能力较强。氧化反应通常在水介质中进行。烯烃、醇、芳烃侧链、芳环等均可被 $KMnO_4$ 氧化。

氧化剂概念及分类

(2) 二氧化锰（MnO_2）　二氧化锰（MnO_2）氧化剂有两种：二氧化锰-硫酸混合物和活性 MnO_2，前者常用。活性 MnO_2 一般是新鲜制备，使用前需要检查活性。

活性 MnO_2 检查活性的方法：一定量的新鲜制备的 MnO_2 和一定量的肉桂醇反应，再与一定量的 2，4-二硝基苯肼反应生成苯腙，根据苯腙的生成量来判断 MnO_2 活性大小。

无机氧化剂：锰化合物

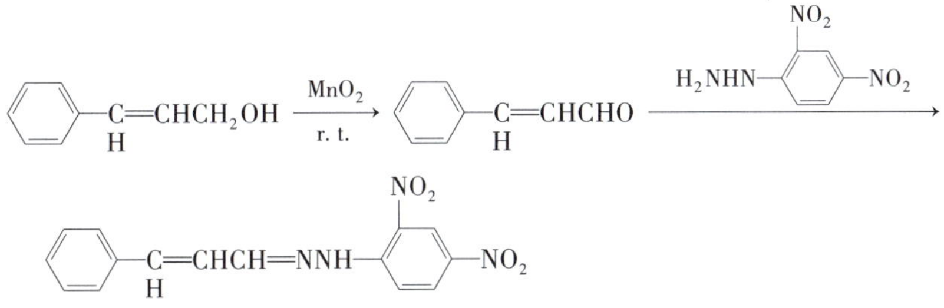

笔记

活性 MnO_2 是较缓和的选择性氧化剂，主要用来氧化 α, β-不饱和醇或苄醇，制备相应的醛或酮。反应条件温和，常在室温下进行，若反应缓慢，可加热回流，收率均较高。

2. 铬化合物

铬化合物过去主要用作氧化醇类，一般使用六价铬化合物，包括三氧化铬、重铬酸钠（$Na_2Cr_2O_7$）、氧化铬-吡啶配合物、铬酐-醋酐、氯铬酸吡啶盐（PFC）等。这些试剂在酸性条件下进行反应，可以使伯醇氧化成醛，仲醇氧化成酮。

（1）重铬酸盐　常用 $Na_2Cr_2O_7$。在硫酸介质中氧化能力较强。在中性或碱性介质中，氧化能力较弱。过去曾用 $Na_2Cr_2O_7$ 在硫酸催化下氧化醛制得布洛芬、萘普生等药物。

（2）三氧化铬-吡啶配合物　将三氧化铬加到过量的吡啶（质量比 1∶10）中即得三氧化铬-吡啶配合物的吡啶溶液，它可以氧化伯、仲醇为醛、酮，效果很好，对酸敏感的基团没有影响。也可将三氧化铬-吡啶配合物从吡啶溶液中分离出来，干燥后溶于二氯甲烷中使用，这样组成的溶液称为柯林斯（Collins）试剂。

（3）铬酐-醋酐（CrO_3-Ac_2O，乙铬混酐）　将三氧化铬分小量慢慢加到醋酐中，搅拌到全溶，即得乙铬混酐。过量的醋酐作为反应溶剂。该氧化剂主要用于氧化具有甲基侧链的芳烃成为醛，需要在 H_2SO_4 或 H_2SO_4/AcOH 混合介质中进行氧化反应。

（4）铬酰氯（CrO_2Cl_2）　铬酰氯又名二氯铬酰、埃塔（Etard）试剂。由 HCl、H_2SO_4 滴加到 CrO_3 中，蒸馏除水制得，可以氧化苄位甲基为醛。

3. 含卤氧化剂

（1）卤素　最常用的是氯气、次氯酸盐，其次为溴和碘及其含氧化合物。单质氧化活性：氯 > 溴 > 碘。

（2）次卤酸盐　常用次氯酸盐，把氯气通入碱性溶液中即得，用于氧化伯、仲醇为醛、酮。

其他含卤氧化剂有过卤酸、碘-羧酸银等。

4. 其他氧化剂

（1）过氧化氢（H_2O_2）　俗称双氧水，是比较温和的氧化剂。优点是反应后转变成水，无残留；缺点是不稳定，只能在低温下使用。

（2）有机过氧酸（RCOOOH）　简称过酸，酸性比相应羧酸弱。常用过酸有过氧甲酸、过氧乙酸、过氧三氟乙酸、过氧苯甲酸、过氧间氯苯甲酸、过氧邻苯二甲酸、过氧化苯甲酰等。性质不稳定，一般现用现配，使用或配制过程中易发生爆炸。

（3）四醋酸铅［$Pb(OAc)_4$］　选择性强的氧化剂，过去文献资料中常用。由氧化铅（有毒）和含少量醋酐的冰醋酸加热制得。性质不稳定，遇水立即分解，需在无水有机溶剂如冰醋酸、氯仿、二氯甲烷、乙腈等中进行。用于苄位烃基氧化、邻二醇的氧化、一元醇的选择性氧化等。

（4）二甲基亚砜（DMSO）及其类似物　实验室常用的极性非质子溶剂，是一种很有用的选择性氧化剂，用于氧化伯、仲醇及磺酸酯为相应的羰基化合物。

（5）高铁氰化钾（赤血盐钾）　为弱氧化剂，在碱性（氨水）下氧化。用于酚的氧化耦合、吲哚衍生物的合成、季铵盐和酰肼的氧化等。

其他氧化剂还有氯化铁、硝酸铈铵［$(NH_4)_2Ce(NO_3)_6$，CAN］、二氧化硒、四氧化锇、硝酸、硝酸银、氧化银、臭氧等。

（三）药物合成中常用的氧化反应

烃类、醇类、醛/酮等化合物都可以被氧化剂氧化，本节介绍项目中出现的氧化反应——烃类化合物的氧化反应。

1. 含烯键化合物的氧化反应

（1）烯键环氧化　烯键可被氧化成环氧化物，随烯键邻位结构的不同，选用的氧化剂不同。

① α，β-不饱和羰基化合物的环氧化　α，β-不饱和羰基化合物中与羰基共轭的烯键，一般在碱性条件下用过氧化氢或叔丁基过氧化氢（*t*-BuOOH）使之环氧化，得到α，β-环氧基酮。

反应通式：

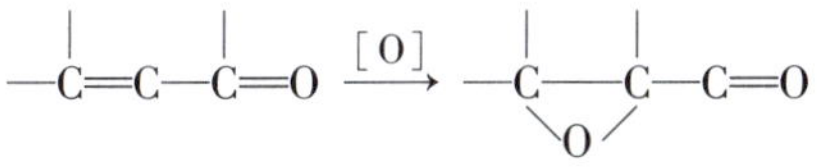

pH 不同，产物的结构可能不同。例如：

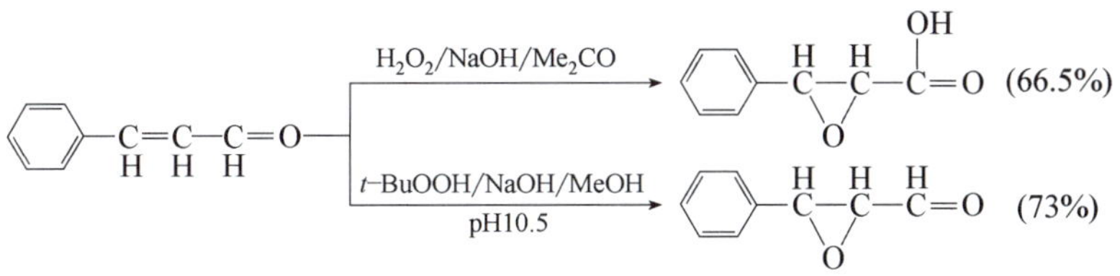

② 不与羰基共轭的烯键化合物环氧化。

反应通式：

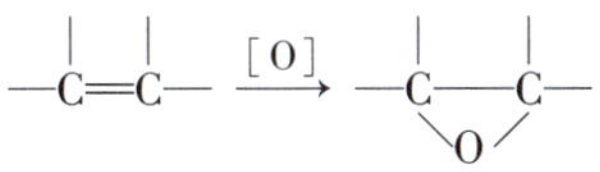

用过氧化氢或烷基过氧化氢氧化，在过渡金属配合物（矾、钼、锰）催化下进行氧化，或用有机过氧酸（一般用酸性弱的过氧苯甲酸、间氯过氧苯甲酸、单过氧邻苯二甲酸）氧化。例如：

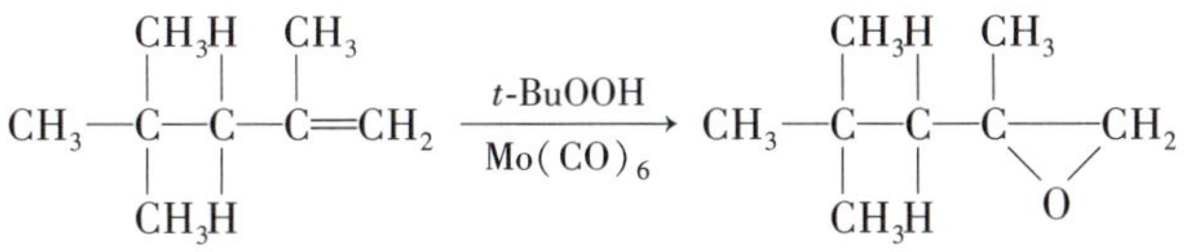

笔记

笔记

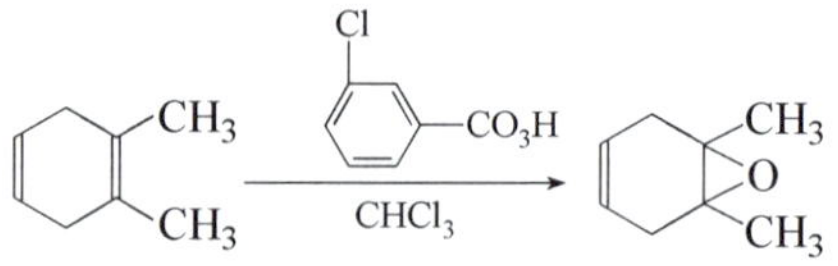

用过氧酸氧化时，会发生拜耳-魏立格（Baeyer-Villiger）氧化副反应。

（2）烯键被氧化成1,2-二醇　即烯键的全羟基化作用，在分子降解和全合成方面十分有用。

反应通式：

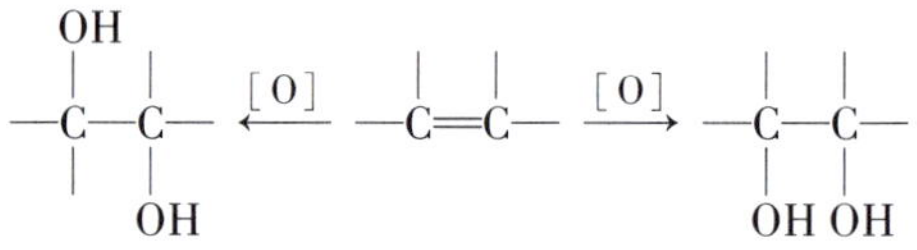

反式-1,2-二醇　　　　顺式-1,2-二醇

① 高锰酸钾：在中性或碱性条件下，氧化生成顺式-1，2-二醇。例如，油酸的全羟基化。

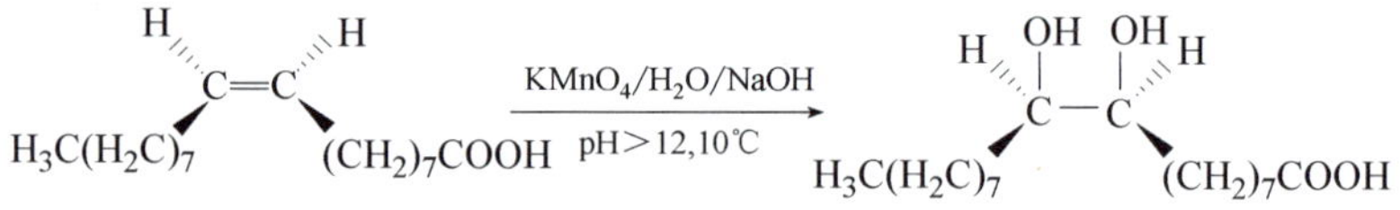

反应条件：计算高锰酸钾的量，浓度1%～3%，pH>12，低温反应。

副反应：烯键断裂，氧化成羧酸。

② I_2-羧酸银：1mol碘和2mol乙酸银或者苯甲酸银组成的试剂称为普雷沃斯特（Prevost）试剂。用于氧化烯键成1,2-二醇：有水存在，得到顺式单酯，水解成顺式-1,2-二醇［伍德沃德（Woodward）反应］；无水条件下，得到反式-1,2-二醇（Prevost反应）的双酯。

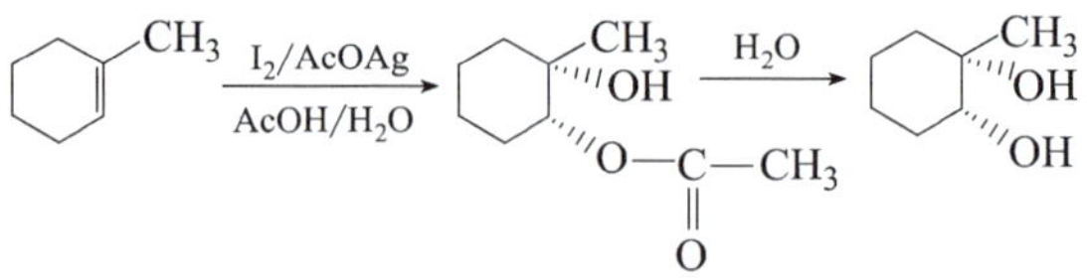

③ 有机过氧酸：氧化烯键成反式-1，2-二醇。

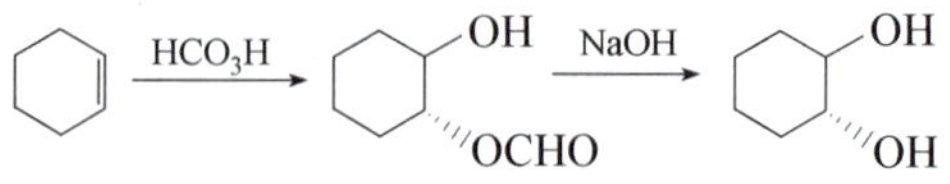

（3）烯键的断裂氧化

① 高锰酸钾：在中性或碱性条件下，氧化生成羰基物或羧酸。

$$C_6H_5HC{=}CHC_6H_5 \xrightarrow[\text{r. t.}]{Bu_4NCl,\ KMnO_4/Py} 2C_6H_5COOH$$

② 臭氧氧化分解：在三甲氧基磷作用下得到醛，在过氧酸作用下得到羧酸。

笔记

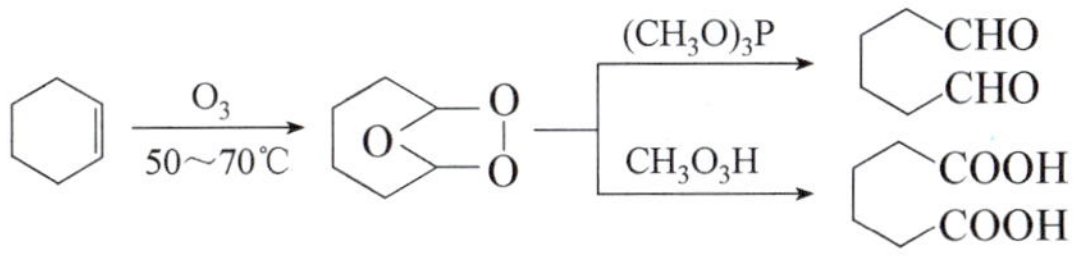

2. 苄位烃基的氧化

（1）氧化生成醇和酯　对于甲苯及其衍生物，常用的氧化剂有硝酸铈铵［$(NH_4)_2Ce(NO_3)_6$，CAN］、四醋酸铅［$Pb(OAc)_4$，LTA］和四氟醋酸铅［$Pb(OCOF_3)_4$］等。

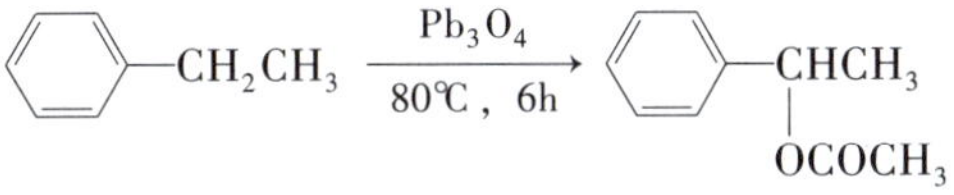
（63%）

生成的苄酯经水解得到苄醇。

CAN 对芳烃的苄位 C—H 键氧化有较好的选择性。

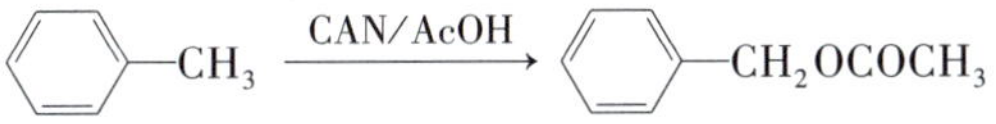
（90%）

某些芳环化合物结构中苄位碳原子上只有一个氢原子，则可以选择较强的氧化剂，且仅获得单一氧化物。

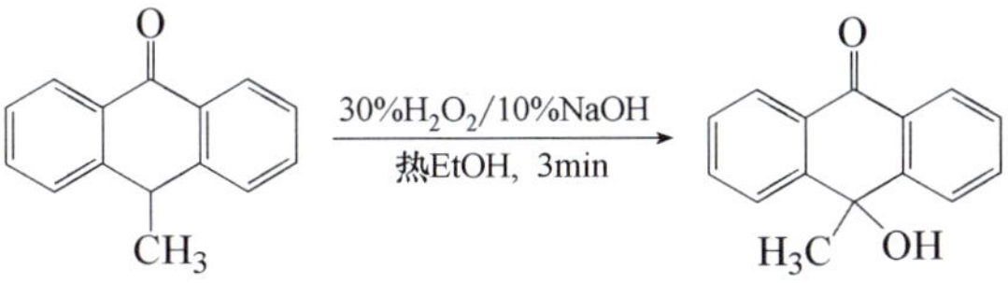
(67%)

（2）氧化成醛　苄位甲基用选择性氧化剂可以被氧化生成相应的醛基。较好的氧化剂有硝酸铈铵［$(NH_4)_2Ce(NO_3)_6$，CAN］、三氧化铬（铬酐）-醋酐（CrO_3-Ac_2O）、铬酰氯（CrO_2Cl_2）。

反应通式：

$$ArCH_3 \xrightarrow{[O]} ArCHO$$

① 硝酸铈铵氧化剂　硝酸铈铵对苄位 C—H 键的氧化选择性好，操作简便，收率高，反应在酸性介质中进行。

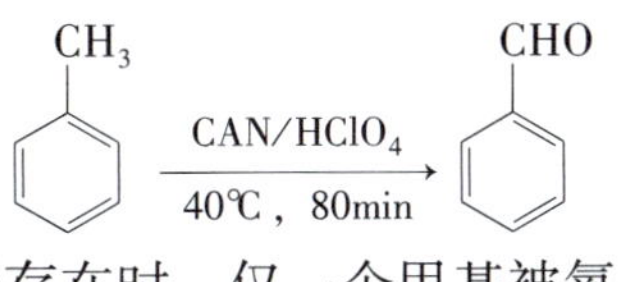
（92%）

多个甲基芳烃存在时，仅一个甲基被氧化。

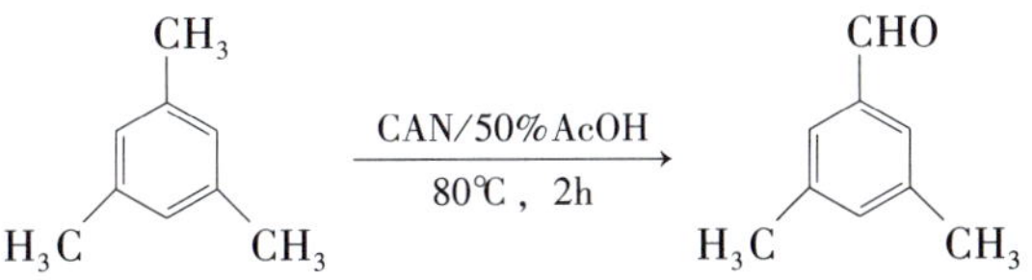

② 铬酐-醋酐氧化剂　铬酐-醋酐（CrO_3-Ac_2O）氧化剂氧化苄位甲基形成醛基，是制备芳香醛方法之一，需要在 H_2SO_4 或 H_2SO_4/AcOH 混合介质中进行，甲基先被转化成醛的二醋酸酯，再水解得醛。

笔记

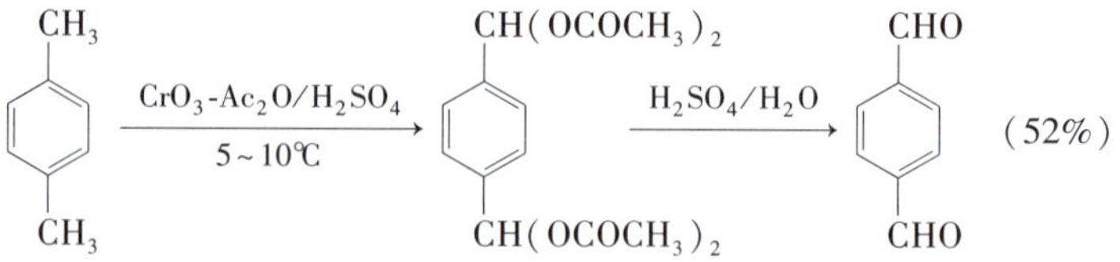

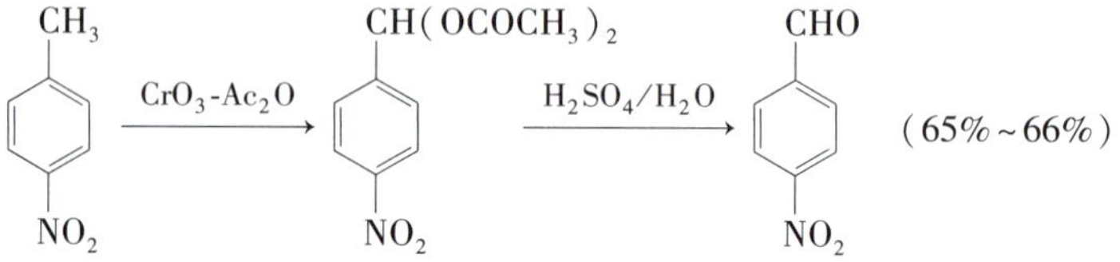

③ 铬酰氯氧化剂：铬酰氯（CrO_2Cl_2）又名二氯铬酰、艾塔得（Etard）试剂。芳环上有甲基或亚甲基的化合物，在惰性溶剂中与铬酰氯反应生成不溶物，过滤后水解得到芳香醛或酮的反应称为艾塔得（Etard）反应，是制备芳香醛的方法之一。

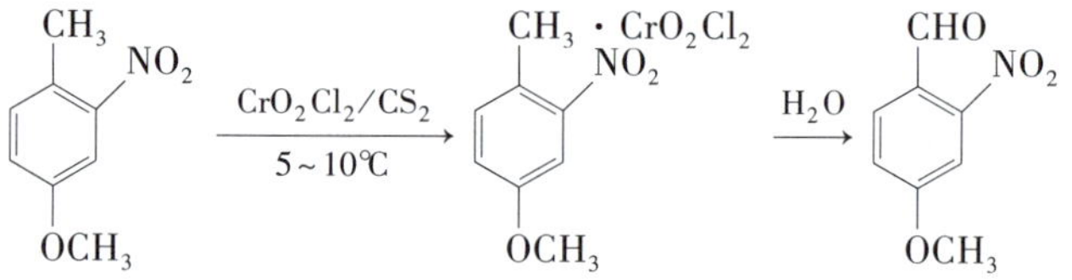

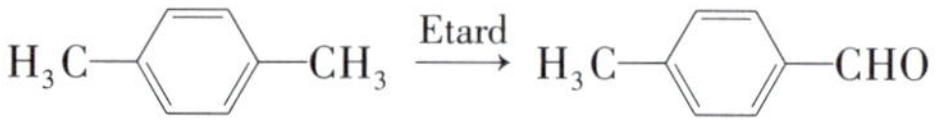

（3）氧化成酮　芳环上苄位亚甲基被氧化生成相应的酮。

反应通式：

$$ArCH_2CH_3 \xrightarrow{[O]} ArCCH_3 \ (\text{C=O})$$

① 化学氧化：芳环上有亚甲基的化合物，在 CAN、三氧化铬（CrO_3）、重铬酸钠（$Na_2Cr_2O_7$）、高锰酸钾（$KMnO_4$）、三氧化二铬（Cr_2O_3）、二氧化硒（SeO_2）和稀硝酸等氧化下得到芳酮。

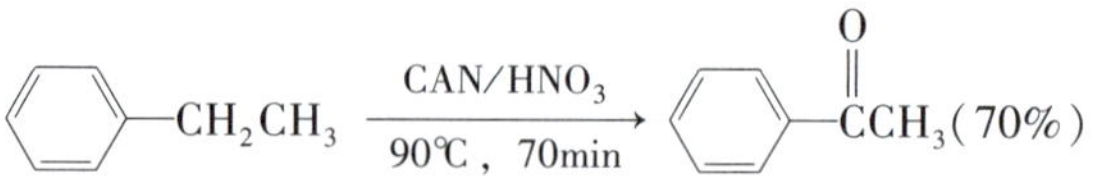

用 CAN 作氧化剂时，收率较高，用 CrO_3 作氧化剂时，收率略低。例如：

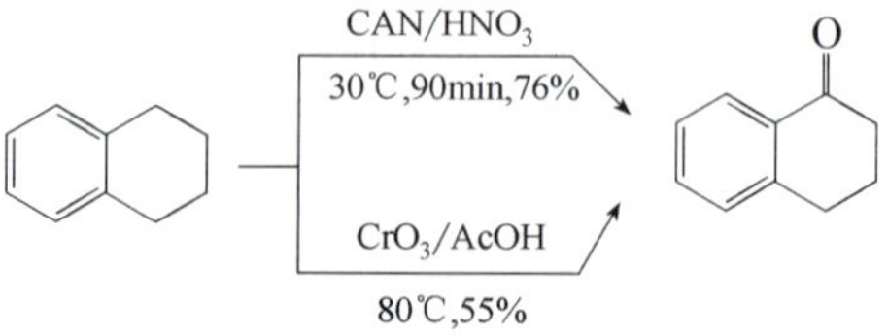

② 空气氧化（O_2）：芳基环上有亚甲基的化合物，在催化剂存在下，控制反应条件（如反应温度、压力）可以得到芳基酮。

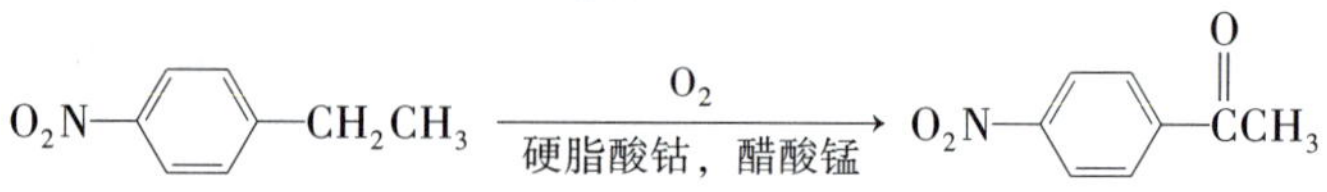

(4) 氧化成羧酸

① 化学氧化：很多氧化剂可氧化苄位甲基成相应的芳基烃甲酸。常用的氧化剂有：$Na_2Cr_2O_7$、$KMnO_4$、Cr_2O_3 和稀硝酸等。

反应通式：

$$ArCH_3 \xrightarrow{[O]} ArCOOH$$

例如：

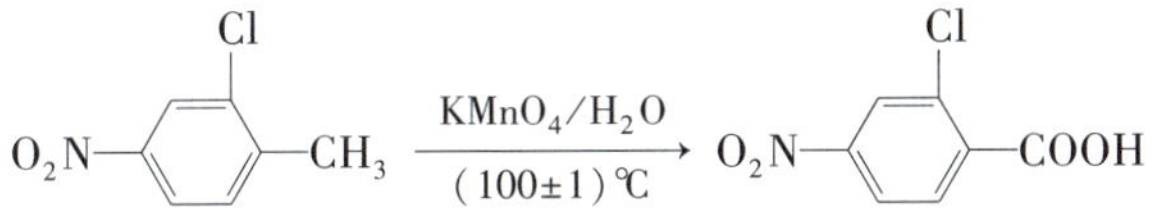

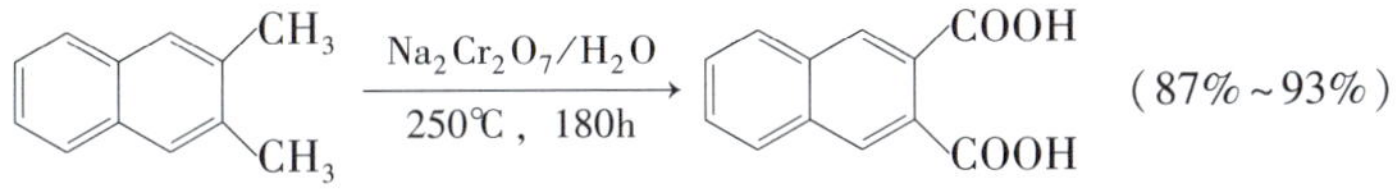

用 $KMnO_4$ 作氧化剂时，若芳环存在含 α-H 的侧链，不论侧链长短均被氧化成芳基烃甲酸，且较长的侧链比甲基更容易被氧化。杂环的侧链也可以被氧化成羧酸。

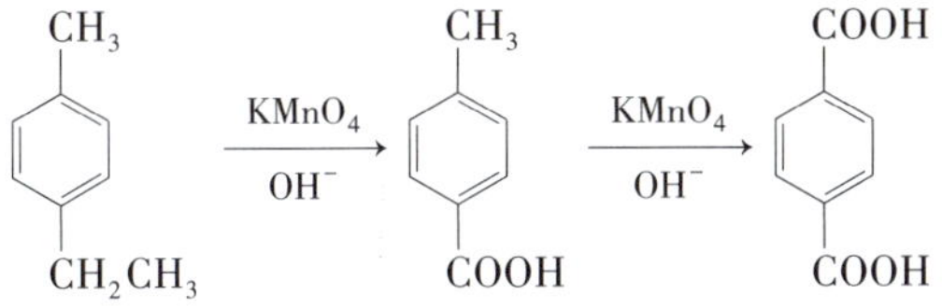

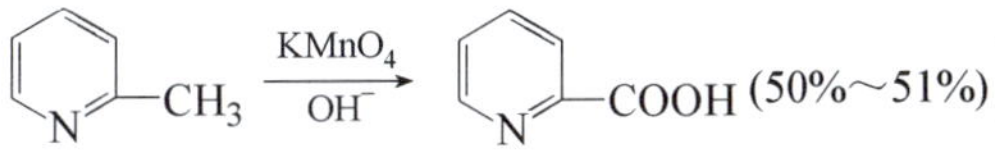

用 CAN 作氧化剂，在高温下反应，也可以将芳甲基氧化成羧酸。

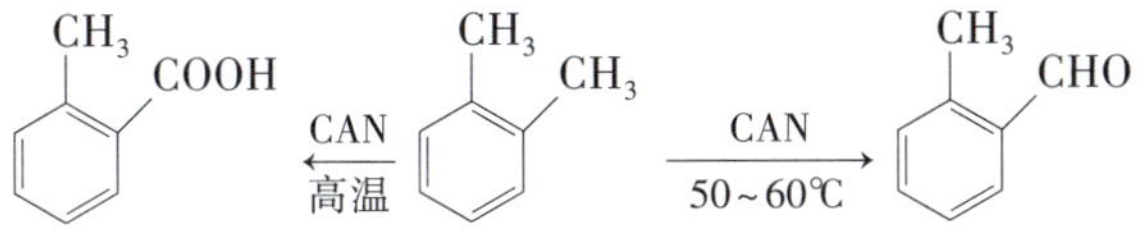

② 空气氧化（O_2）：在碱和钴盐存在下，空气氧化可使芳环上苄位甲基氧化成羧基。

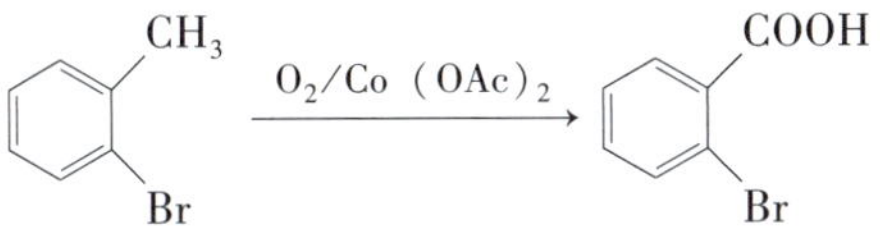

3. 羰基 α-位活性烃基的氧化

(1) 形成 α-位羟基酮　常用四醋酸铅［$Pb(OAc)_4$，LTA］或醋酸汞［$Hg(OAc)_2$］作为氧化剂，先在 α-位上引入乙酰氧基，然后水解生成 α-位羟基酮，三氟化硼（BF_3）起催化作用。

反应通式：

$$R-\overset{\overset{O}{\|}}{C}-CH_3 \xrightarrow{Pb(OAc)_4} R-\overset{\overset{O}{\|}}{C}-CH_2O-\overset{\overset{O}{\|}}{C}CH_3 \xrightarrow{H_2O} R-\overset{\overset{O}{\|}}{C}-CH_2OH$$

笔记

笔记

例如：

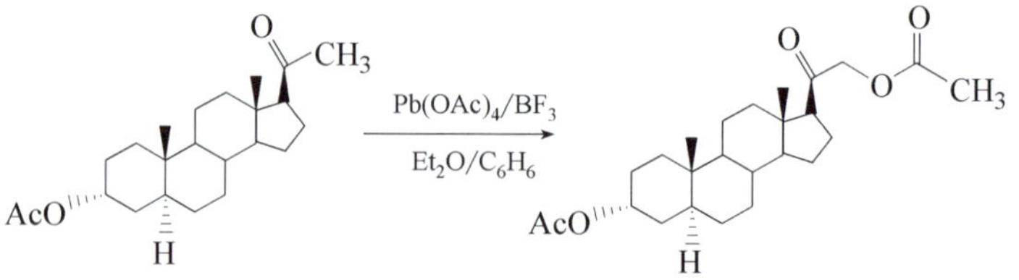

（2）生成 1，2-二羰基化合物　常用二氧化硒（SeO_2）或亚硒酸（H_2SeO_3）为氧化剂，二噁烷、乙酸、乙酐、乙腈作溶剂，一般 SeO_2 稍过量。若溶剂中存有少量水分，会使氧化反应加速，可能是 H_2SeO_3 在起作用。

反应通式：

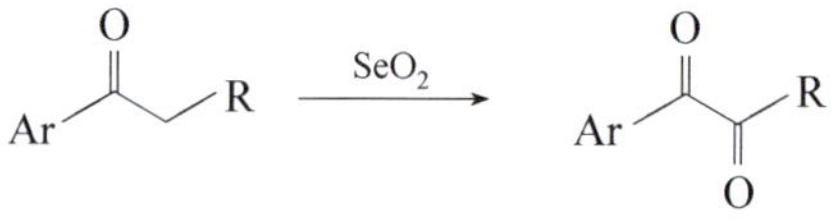

SeO_2 对羰基两边 α-活性 C—H 键的氧化缺乏选择性，所以，只有当羰基仅有一边存在 α-活性 C—H 键或两边的 α-活性 C—H 键处于相似的位置时，这类氧化才有合成意义。例如：

$$C_6H_5H_2C—\overset{O}{\overset{\|}{C}}—C_6H_5 \xrightarrow[89℃]{SeO_2/HOAc/H_2O} C_6H_5—\overset{O}{\overset{\|}{C}}—\overset{O}{\overset{\|}{C}}—C_6H_5$$

$$CH_3CH_2CHO \xrightarrow[\text{二氧六环}]{SeO_2} CH_3\overset{O}{\overset{\|}{C}}CHO$$

$$C_6H_5—\overset{O}{\overset{\|}{C}}—CH_3 \xrightarrow[\text{二氧六环}]{SeO_2} C_6H_5—\overset{O}{\overset{\|}{C}}—CHO$$

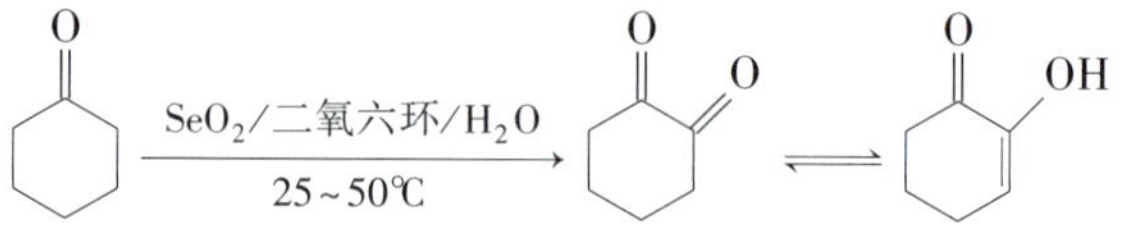

SeO_2 有剧毒且腐蚀皮肤，故其应用范围受到极大限制。

4. 烯丙位烃基的氧化反应

（1）用 SeO_2 氧化　生成相应的醇。

反应通式：

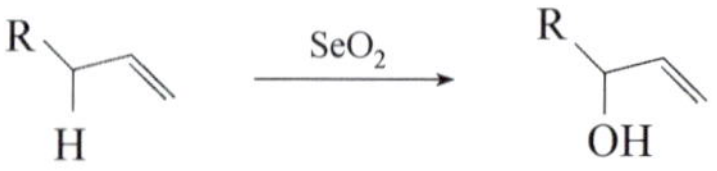

反应需要在乙酸或乙酸酐中进行，产物以醋酸酯形式分离，抑制进一步氧化，然后水解得到醇。否则可继续氧化生成相应的羰基化合物。

当化合物中有多个烯丙位活性 C—H 时，SeO_2 氧化的选择性如下。

① 优先氧化双键上取代基多的一侧的烯丙位，且产物以 *E*-烯丙

基醇或醛为主。例如：

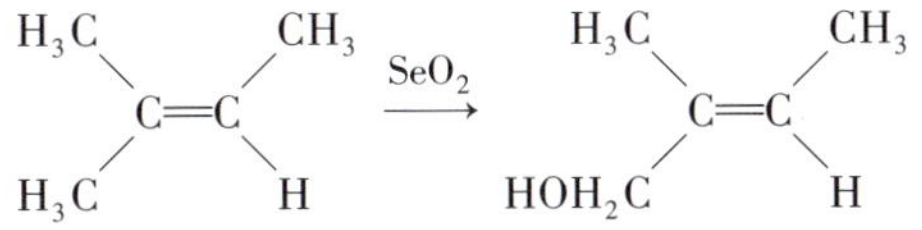

② 在不违背上述规则的条件下，氧化顺序是 $CH_2>CH_3>CHR_2$。例如：

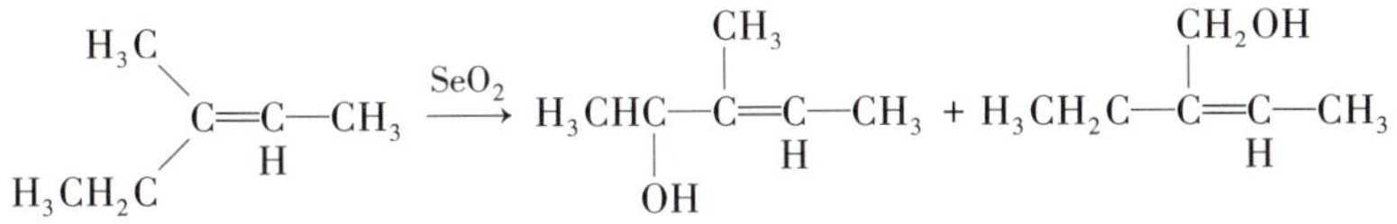

34　　　：　　　1

③ 当上述规则有矛盾时，一般遵循规则①。

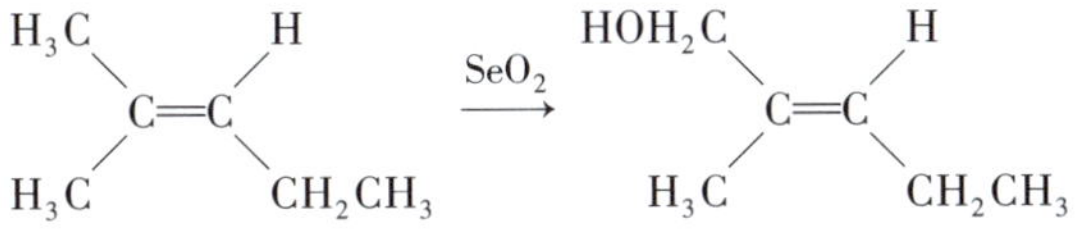

④ 双键在环内时，双键碳上取代基较多的一端连接环上的烯丙位 C—H 键被氧化。例如：

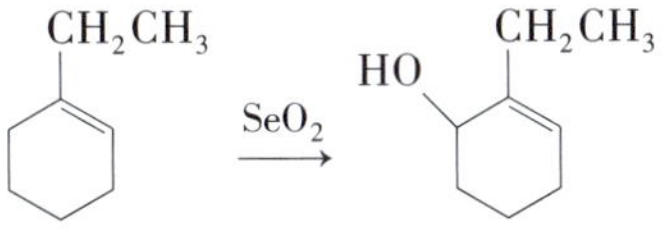

⑤ 末端双键在氧化时，常会发生烯丙位重排，羟基引入末端。例如：

$$CH_3CH_2CH_2CH_2CH{=}CH_2 \xrightarrow{SeO_2} CH_3CH_2CH_2CH{=}CHCH_2OH$$

(2) 用柯林斯（Collins）试剂和铬的其他配合物氧化　柯林斯（Collins）试剂是三氧化铬（Ⅵ）-吡啶配合物［$CrO_3(Py)_2$］和二氯甲烷组成的溶液，它和氯铬酸吡啶鎓盐（$C_5H_5NHCrO_2Cl$，PCC）在室温下可选择性地使烯丙位亚甲基氧化成相应的酮，对双键、硫醚等不作用。

反应通式：

例如：

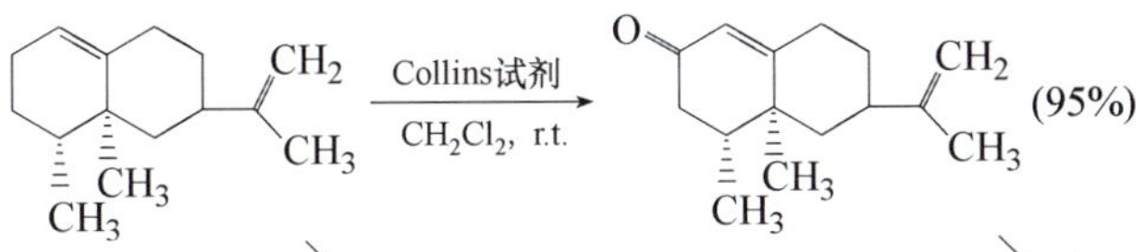

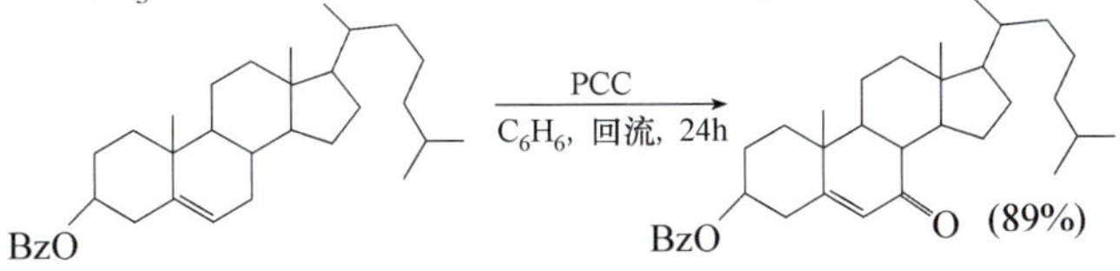

柯林斯（Collins）试剂和 PCC 同样适用于芳烃苄位基的氧化。另外，在一些反应中，用柯林斯（Collins）试剂氧化的同时会发生

笔记

笔记

烯丙双键的移位，例如：

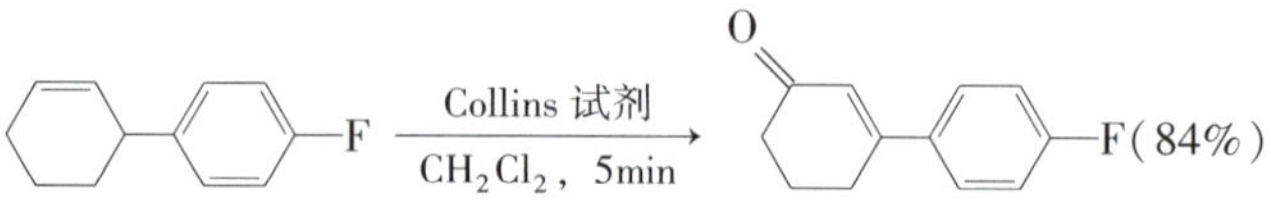

5. 芳烃的氧化

芳烃对于一般氧化剂是相对稳定的。多环芳烃比苯环容易被氧化，在不同氧化剂作用和不同条件下，可得到不同的氧化产物。例如：

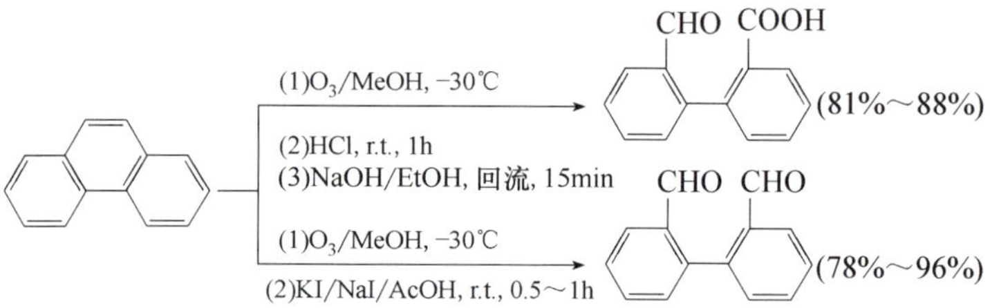

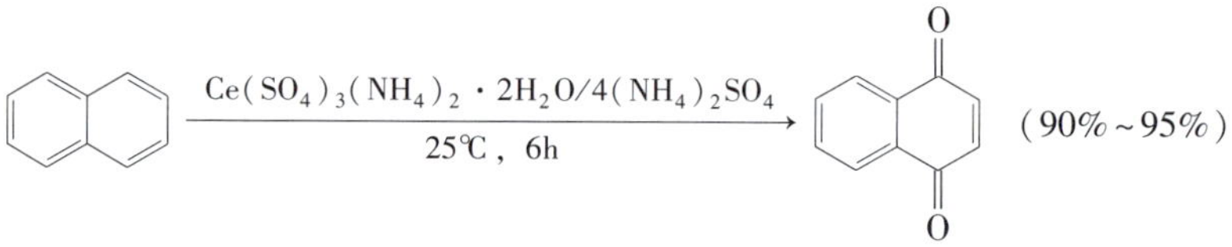

苯环上连有供电子基团时，易被氧化。

含杂原子的稠杂环化合物被氧化时，稠杂环中的一个苯环常被氧化开环成芳基杂环二甲酸。例如：

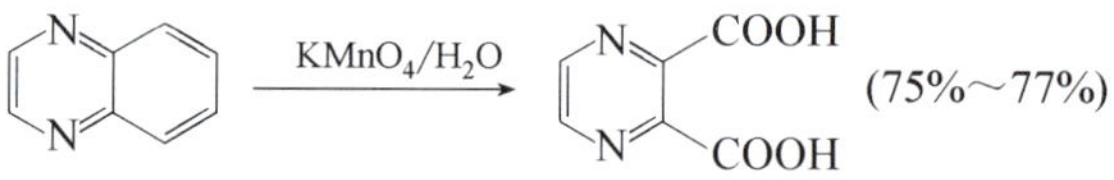

烃类氧化反应活页笔记

1. 这一部分你有什么收获、体会与建议？

2. 你有哪些尚未解决的问题或疑惑？

3. 请查找利用氧化反应进行绿色合成的案例，并做记录。

笔记

二、固体产物的分离纯化技术

重结晶、过滤、洗涤见项目 1-2“支撑知识”中的“二、固体产物的分离纯化技术”，以下介绍本工艺中的酸化法。

对硝基苯甲酸为中等强度的有机酸，利用强酸置换弱酸的原理，用强的无机酸盐酸（有时也用硫酸）使有机酸从钠盐溶液中结晶析出。

具体操作为：

（1）粗品制备，氧化反应结束，将抽滤得到的滤液放在冷水中冷却，用浓盐酸酸化直至溶液呈强酸性，对硝基苯甲酸全部析出沉淀为止。

（2）精制时，将粗品对硝基苯甲酸加 5% 氢氧化钠溶解、脱色，趁热抽滤后，滤液慢慢倒入 18% 盐酸 50.0mL 中，对硝基苯甲酸析出。

固体产物分离技术活页笔记

1. 又一次接触到固体产物分离，你有什么收获、体会与建议？

2. 你有哪些尚未解决的问题或疑惑？

学习成果考核

一、在线章节测验

扫码完成在线测验。

氧化工艺测验　氧化反应测验

二、项目考核

1. 请按照附录 1 实操项目考核表和附录 2 实操考核标准进行考核。

2. 请将项目成果——结果与产率、单耗与成本表，以及产品照片上传学习通，同时展示实物，进行结果评价。

课后拓展——在线自主学习

请扫码学习烃类化合物的氧化反应在药物合成中的应用。

烃类氧化反应的应用

项目 2-2 对硝基苯甲酸乙酯的合成

实施准备

项目任务书

项目编号		项目名称			
子项目编号		学员姓名/学号			
起始时间		指导教师		班长	
项目组成员					
学习任务	完成对硝基苯甲酸乙酯合成与分离纯化任务，产品质量符合产品质量标准。计算产率、单耗和成本				
学习目标	**知识目标** 1. 掌握对硝基苯甲酸乙酯合成中酰化反应知识、合成原理和分离纯化的方法：稀释、中和、抽滤、干燥 2. 知道反应试剂、原料选择的原则；反应条件、反应时间控制的原理 3. 知道原料、试剂主要性质及毒性防护 4. 知道对硝基苯甲酸乙酯合成操作过程中的安全隐患和控制方法 5. 知道计量器具、合成反应和分离纯化仪器、设备的使用、维护和保养方法 6. 掌握按照 GMP 要求填写对硝基苯甲酸乙酯合成操作记录和清场方法 7. 知道对硝基苯甲酸乙酯合成工作的真实生产流程 8. 知道对硝基苯甲酸乙酯产率、单耗、成本计算方法 9. 掌握有机合成工中与药物合成有关的专业知识、技能和素质，为考取有机合成工职业资格和参加有机合成工技能大赛奠定基础 **能力目标** 通过对硝基苯甲酸乙酯的合成，能够： 1. 按照对硝基苯甲酸乙酯生产流程和 SOP，正确备料；正确使用各种衡器、量器具称量物料、正确投料；进行反应控制和产物分离纯化，产品符合要求 2. 做好个体防护，实现安全生产；采取适当的措施处理停水、断电等突发事件 3. 做好废水、废渣和其他废物集中存放和处理，实现清洁生产 4. 按照 SOP 和 GMP 要求正确填写反应记录和清场 5. 正确计算对硝基苯甲酸乙酯的产率、单耗和成本 6. 如结果异常，根据对硝基苯甲酸乙酯反应式和反应过程分析影响产品质量和收率的主要因素 7. 能将学到的知识和技能迁移至其他化学药物的合成操作中 **思政目标** 同项目 1-1。				

工作内容与要求	
实施前	1. 填写项目任务书，明确任务目标、内容与要求
	2. 学习岗位操作规定（SOP），明确生产流程和操作要点
	3. 回答引导问题；填写项目预习记录；拍照上传学习通
实施中	1. 整齐穿戴干净、整洁的实验服；佩戴乳胶手套、防毒口罩等防护用品
	2. 严格按 SOP 完成备料称量
	3. 严格按 SOP 完成投料、反应过程控制、初产物分离纯化、精制和干燥
	4. 严格按 SOP 完成产品熔点测定
	5. 按 GMP 要求清场
	6. 按 GMP 要求填写工作页记录
	7. 正确进行产品称量，产率与成本计算
实操结束	1. 拍照上传项目工作页和产品电子版，提交纸质版，展示产品实物
	2. 在教师引导下总结项目要点，系统完成相关理论知识学习
	3. 完成收率、单耗、成本计算，拍照上传学习通，并提交纸质版
	4. 对工作页和工作成果进行互评
进度要求	
1. 项目操作及相关记录、项目成果、项目现场考核在项目规定实操时间内完成	
2. 理论学习在项目完成后两天内完成（含自学内容）	

预习活页

项目名称		子项目名称	
学员姓名/学号		项目组成员	

引导问题

1. 本子项目涉及哪（几）个单元反应？
2. 反应的试剂主要有哪些？
3. 涉及的分离纯化方法是什么？
4. 项目的关键点在哪里？

引导问题回答

项目预习记录

一、原料试剂和产物理化性质、主要危险性及个体防护措施						
序号	原料/试剂名称	相对分子质量	密度	b. p. /m. p.	主要危险性	个体防护措施
1						
2						
3						
4						
5						

二、实验操作注意事项

三、问题和建议

预习完成时间：　　年　月　日

项目实施——岗位工作页

操作规程——SOP

题目：对硝基苯甲酸乙酯合成岗位操作规程

文件编号：SOP-HC-1022	生效日期：2019-09-01		审核期限：3 年	页码：
起草人：	第一审核人：	第二审核人：	批准人：	发布部门：
日期：　年　月　日	日期：　年　月　日	日期：　年　月　日	日期：　年　月　日	

笔记

1. 目的

建立对硝基苯甲酸乙酯合成岗位操作规程，规范本岗位的操作，确保生产安全和质量稳定。

2. 适用范围

适用于对硝基苯甲酸乙酯合成岗位。

3. 职责

指导教师负责和监督本规程的有效实施；操作人员严格按照该规程要求进行操作。

4. 正文

4.1　主要原料试剂的规格、主要危险性及个体防护

4.1.1　对硝基苯甲酸（4-硝基苯甲酸）

（1）规格及主要理化性质　自制，外观为淡黄色结晶性粉末，无臭，能升华。相对分子质量 167.12，熔点 238~241℃。微溶于水，溶于乙醇。

（2）主要危险性

① 健康危害：本品对眼睛、皮肤、黏膜和上呼吸道有刺激作用。

② 燃爆危险：本品可燃，具刺激性。

（3）接触处理

① 皮肤接触，脱去被污染的衣物，立即用大量流动清水冲洗至少 15min，必要时就医。

② 眼睛接触，提起眼睑，用流动清水或生理盐水彻底冲洗，就医。

（4）个体防护　佩戴防护眼镜、自吸过滤式防毒面具（半面罩）、乳胶手套，穿纯棉防静电实验服。工作现场禁止吸烟、进食和饮水。

（5）消防措施

① 危险特性：遇明火、高热可燃。受热分解放出有毒的氧化氮烟气。

② 灭火剂：雾状水、泡沫、干粉、二氧化碳、砂土。

4.1.2　浓硫酸

（1）规格及主要理化性质　分析纯或化学纯。相对分子质量 98.08，98%的浓硫酸相对密度（水=1）1.83，沸点 330℃。纯品为无色透明黏稠油状液体，与水混溶，溶解时放出大量的热。

（2）主要危险性

① 健康危害：对皮肤、黏膜等组织有强烈的刺激和腐蚀作用。蒸气或雾可引起结膜炎、结膜水肿、角膜浑浊，以致失明；引起呼

笔记

吸道刺激，重者发生呼吸困难和肺水肿；高浓度引起喉痉挛或声门水肿而窒息死亡。口服后引起消化道烧伤以致溃疡形成；严重者可能有胃穿孔、腹膜炎、肾损害、休克等。皮肤灼伤轻者出现红斑、重者形成穿孔、溃疡，愈后瘢痕收缩影响功能。溅入眼内可造成灼伤，甚至角膜炎全眼炎以致失明。

② 燃爆危险：本品助燃，具强腐蚀性、强刺激性，可致人体灼伤。

（3）接触处理措施

① 皮肤接触，脱去被污染的衣物，立即用大量流动清水冲洗至少 15min。就医（如果仅有少量接触皮肤，迅速用干布拭去，用大量流动水冲洗 15min 以上，再用 3%~5%碳酸氢钠冲洗，严重时应立即送医院。不能用氢氧化钠溶液，否则会因碱性太强，造成二次伤害）。

② 眼睛接触：立即提起眼睑，用大量流动清水或生理盐水彻底冲洗至少 15min，就医。

（4）个体防护　佩戴防护眼镜、自吸过滤式防毒面具（半面罩）、乳胶手套，穿纯棉防静电实验服。工作场所禁止吸烟、进食和饮水。

（5）消防措施

① 危险特性：遇水大量放热可发生沸溅。与易燃物（如苯）和可燃物（如糖、纤维素等）接触会发生剧烈反应，甚至引起燃烧。遇电石、高氯酸盐、雷酸盐、硝酸盐、三硝基苯酚味酸盐、金属粉末等猛烈反应，发生爆炸或燃烧。有强烈的腐蚀性和吸水性。

② 灭火剂：干粉、二氧化碳、砂土。避免水流冲击物品，以免遇水会放出大量热量发生喷溅而灼伤皮肤。

4.1.3　碳酸钠

（1）规格及主要理化性质　分析纯或化学纯。白色粉末或细颗粒（无水纯品），味涩，有吸湿性。长期露置空气中逐渐吸收水分和二氧化碳，变质结块，遇酸分解。相对分子质量 105.99，熔点 851℃，400℃时开始失去二氧化碳，水溶液呈强碱性，pH11.6。易溶于水，不溶于乙醇、乙醚等。

（2）主要危险性

① 健康危害：具有刺激性和腐蚀性。直接接触可引起皮肤和眼灼伤。误服可造成消化道灼伤、黏膜糜烂、出血和休克。

② 燃爆危险：本品不燃，具腐蚀性、刺激性，可致人体灼伤。

（3）接触处理

① 皮肤接触，脱去被污染的衣物，立即用大量流动清水冲洗至少 15min，必要时就医。

② 眼睛接触，立即用大量流动清水或生理盐水彻底冲洗至少

笔记

15min，就医。

（4）个体防护　必要时戴乳胶手套，穿纯棉防静电实验服，工作场所禁止吸烟、进食和饮水。

（5）消防措施

① 危险特性：具有腐蚀性，未有特殊的燃烧爆炸特性。

② 灭火剂：水幕、水雾。

4.1.4　乙醇（无水）

见项目 1-2 SOP 部分 4.1.3 乙醇，或扫码查看相关信息。

乙醇

4.2　其他材料

ϕ7cm 定性滤纸 6 张、广泛 pH 试纸一板。

4.3　仪器设备

机械搅拌器 1 台、0～100℃ 温度计 1 支、回流冷凝管 1 支、100mL 四颈瓶 1 个、200mL 烧杯 3 个、500mL 抽滤瓶 1 个、ϕ8cm 布氏漏斗 1 个、玻璃棒 1 支、乳钵 1 个、10mL 量筒 2 个、50mL 量筒 1 个、电子天平 1 台、氯化钙干燥管 1 支、100mL 电热套 1 个、胶头滴管 1 个、药匙 2 把、循环水真空泵 1 台、培养皿 1 套、真空干燥箱 1 个、熔点测定装置一套。

4.4　操作方法与要点

4.4.1　投料量及配比

原料名称	投料量	重量比(g/g)
对硝基苯甲酸	6.0g	1.00
无水乙醇	24.0mL(18.9g)	3.15
浓硫酸	2.0mL	—
碳酸钠(固体)	0.5g	0.83
碳酸钠(5%)	10mL	—

4.4.2　开工前准备

（1）操作人员必须按规定穿戴工作服（实验服）、帽（长发者）、鞋、防毒口罩、乳胶手套，才能进入合成岗位。

（2）检查房间是否挂有“待用、已清洁”标志。

（3）检查仪器设备清洁状态，是否在清洁效期内，设备挂有设

笔记

备状态标志。

（4）检查所用反应仪器设备的清洁维护及运转情况，应符合要求，并记录。

（5）检查衡器按置零键置零，是否在校验合格期内。

（6）检查设备完好证明与校验合格证，并且在校验期内。

（7）检查操作间与设备是否已换上生产状态标识牌。

（8）根据GMP认证管理制度，检查生产现场水、电是否达到生产要求。

（9）检查所用对硝基苯甲酸、无水乙醇、浓硫酸、碳酸钠是否符合要求，并做记录。

（10）做好检查记录，指导教师现场监控，并签名。

4.4.3 领料（备料）、配料

（1）领料（备料） 操作人员根据生产任务和对硝基苯甲酸乙酯合成方案，制定物料、仪器设备使用计划，领取物料，准备仪器设备。填写记录。

（2）配料 根据工艺要求配制5%碳酸钠溶液10.0mL（由0.5g碳酸钠和10.0mL水配成），填写记录。

4.4.4 投料、反应控制及分离纯化

4.4.4.1 投料

在干燥的100mL四颈瓶中加入对硝基苯甲酸6.0g，无水乙醇24.0mL，逐渐加入浓硫酸2.0mL，振摇使混匀。球形冷凝器上方连接氯化钙干燥管装，开动机械搅拌。

4.4.4.2 反应参数设定及反应过程控制

电热套加热回流90min，反应完毕。

4.4.4.3 产物分离纯化

（1）抽滤洗涤 停止加热和搅拌，稍冷，取下反应瓶，将反应液倾入100.0mL水中，抽滤；滤渣移至乳钵中，研细，加入5%碳酸钠溶液10.0mL。研磨5min，测pH（检查反应物是否呈碱性），抽滤，滤饼用少量水洗涤至中性。填写操作记录。

（2）干燥 将对硝基苯甲酸乙酯湿品放入培养皿平摊均匀，放入真空干燥箱于45℃干燥2~3h，停机降温到25℃左右，得对硝基苯甲酸乙酯成品。称重，测熔点，填写操作记录。

4.4.5 清场

检查生产使用的仪器、设备水电是否关闭，将剩余原料、生产记录本、设备运行记录等按照标准化管理要求，放到指定位置。

清洗仪器；设备外表面擦拭干净；打扫卫生；垃圾和废物收集

到指定位置。房间内挂上“待用、已清洁”状态标志，填写清场记录。

4.4.6 重点操作与复核

4.4.6.1 复核各原辅料的称量、计量，均应准确无误。
4.4.6.2 酯化反应须在无水条件下进行，如有水进入反应系统中，收率将降低。要点：原料干燥无水；所用仪器、量具干燥无水；反应期间避免水进入反应瓶。
4.4.6.3 加浓硫酸一定要缓慢，以防乙醇被炭化或脱水。
4.4.6.4 抽滤操作确认：
（1）滤纸须放整齐，大小合适，防止抽滤泄漏。
（2）反应器内需转料干净，必须有指导老师或班长复核签字。
4.4.6.5 洗涤操作确认：水量要适当，确保以下几点。
（1）滤饼洗涤完全。
（2）避免洗涤过度，造成产物损失。必须有指导老师或班长复核签字。

4.5 对硝基苯甲酸乙酯质量标准

对硝基苯甲酸乙酯外观为无色或浅黄色针状结晶。熔点 57℃，含量 98.0%。

4.6 主要仪器设备的维护保养和使用

4.6.1 反应瓶每次使用后要冲洗干净，平时保持干燥。
4.6.2 真空循环水泵随用随开。
4.6.3 搅拌器电机要经常保持清洁，不允许有油垢灰尘，不允许用水清洗；使用时要经常注意负荷电流，不得超过其额定功率；要经常注意其外壳温度，不允许超过额定温度；要经常检查轴承发热泄漏等现象；电机要每年打开轴承重新加油；搅拌轴封如有泄漏，要及时调整。
4.6.4 电子秤的使用，按照《电子秤使用操作规程》执行。
4.6.5 电热套的使用，按照《调温电热套使用操作规程》执行。
4.6.6 温度计的使用，根据反应溶剂的沸点和反应控制温度范围确定，本反应用无水乙醇作溶剂，回流反应，所以要选用 0~100℃ 量程的温度计。注意轻拿轻放，水银球要插入液面下。不要被搅拌碰撞。

笔记

工作记录——操作记录与清场记录

岗位：　　　　　　　　项目组成员：　　　　　　　　指导教师：

项目编号		项目名称			
子项目编号		子项目名称			
生产日期		产品名称		批号	

领料（备料）

物料名称	规格	批号	单位	数量	单价
对硝基苯甲酸					
浓硫酸					
碳酸钠					
无水乙醇					

操作人：　　　　年　月　日　　复核人：　　　　年　月　日

开工前检查

检查内容	检查结果	检查人
操作人员是否按规定穿戴工作服（实验服）、帽（长发者）、鞋、防毒口罩、胶皮手套	是□ 否□	
是否有上一批产品的清场合格证："待用、已清洁"标志	有□ 无□	
检查仪器设备清洁状态，是否在清洁效期内，挂有设备状态标志	有□ 无□	
反应仪器设备的清洁维护及运转情况，是否按照规定处于待机状态（绿色待机）	是□ 否□	
检查衡器按置零键置零，是否在校验合格期内	是□ 否□	
设备完好证明与校验合格证，并且在校验期内	有□ 无□	
操作间与设备是否已换上生产状态标识牌	是□ 否□	
生产现场水、电是否达到生产要求	是□ 否□	
所用对硝基苯甲酸、浓硫酸、碳酸钠、无水乙醇是否符合要求	是□ 否□	

审核（指导教师）：　　　　年　月　日

称量

1. 复查原辅料名称、批号、数量、规格和外观质量，是否有异常
2. 称取固体物料时，要求取用重量在规定量的 0.5%范围内

续表

物料名称	规格	批号	标准量	称取量	备注
对硝基苯甲酸					
浓硫酸					
碳酸钠					
无水乙醇					
操作人：		年 月 日	复核人：		年 月 日
审核(指导教师)：					年 月 日

投料、反应过程控制与粗品分离纯化　　年 月 日

操作步骤	时间		操作记录	现象/备注	操作人/复核人
	开始	结束			
配制5%碳酸钠溶液10.0mL			碳酸钠____g；水____mL		
安装回流反应装置、使用机械搅拌；球形冷凝器上方连接氯化钙干燥管			室温____℃		
在干燥的100mL四颈瓶中加入对硝基苯甲酸6.0g，无水乙醇24.0mL，逐渐加入浓硫酸2.0mL，振摇使混合均匀，开冷凝水，开动搅拌			对硝基苯甲酸____g 无水乙醇____mL 浓硫酸____mL 搅拌转速____rpm		
电热套加热回流90min*，反应完毕			电热套电压____V 起始____℃，升至____℃ 温度 / 时间 ____ / ____ ____ / ____ ____ / ____ ____ / ____ 最高____℃，最低____℃		
停止加热和搅拌，稍冷，将反应液倾入盛有100.0mL水的250mL烧杯中			停止加热时____℃ 加水时____℃ 水____mL		
抽滤**：安装抽滤装置；用冷水润湿滤纸，抽紧；将料液借助玻璃棒转入布氏漏斗，抽干			料液温度____℃		
滤渣移至乳钵中，研细；加入5%碳酸钠溶液10.0mL，研磨5min，测pH(检查反应物是否呈碱性)			5%碳酸钠____mL 研磨后pH____ 研磨时长____		

续表

<table>
<tr><th rowspan="2">操作步骤</th><th colspan="2">时间</th><th rowspan="2">操作记录</th><th rowspan="2">现象/备注</th><th rowspan="2">操作人/复核人</th></tr>
<tr><th>开始</th><th>结束</th></tr>
<tr><td>抽滤**，滤饼用少量水洗涤***至中性</td><td></td><td></td><td>水用量______mL
洗涤后 pH______
产品外观______</td><td></td><td></td></tr>
<tr><td>粗产物称重</td><td></td><td></td><td>产品湿重______g</td><td></td><td></td></tr>
</table>

*保温反应过程中，每 30min 记录一次温度

**抽滤确认：(1)滤纸须放整齐，大小合适，防止抽滤泄漏

(2)反应器内需转料干净

操作人：　　年　月　日　　复核人：　　年　月　日

***洗涤确认：洗涤用水量要适当，确保：(1)滤饼洗涤完全；(2)避免洗涤过度，造成产物损失

操作人：　　年　月　日　　复核人：　　年　月　日

备注：偏差及处理：

干燥　　年　月　日

<table>
<tr><th rowspan="2">操作步骤</th><th colspan="2">时间</th><th rowspan="2">操作记录</th><th rowspan="2">现象/备注</th><th rowspan="2">操作人/复核人</th></tr>
<tr><th>开始</th><th>结束</th></tr>
<tr><td>干燥：将对硝基苯甲酸乙酯湿品放入培养皿平摊均匀，放入干燥箱于 45℃ 干燥 2~3h，停机降温到 25℃ 左右(要求：①每小时巡检一次；②两次称重相差在 0.5% 以内停止干燥)</td><td></td><td></td><td>烘箱设定温度______℃
<table><tr><th>巡检时间</th><th>烘箱温度</th><th>称重/g</th></tr><tr><td></td><td></td><td></td></tr><tr><td></td><td></td><td></td></tr><tr><td></td><td></td><td></td></tr><tr><td></td><td></td><td></td></tr><tr><td></td><td></td><td></td></tr></table></td><td></td><td></td></tr>
<tr><td>称重</td><td></td><td></td><td>产品干重______g</td><td></td><td></td></tr>
</table>

备注：偏差及处理：

熔点测定　　年　月　日

<table>
<tr><th rowspan="2">操作步骤</th><th colspan="2">时间</th><th rowspan="2" colspan="3">操作记录</th><th rowspan="2">现象/备注</th><th rowspan="2">操作人/复核人</th></tr>
<tr><th>开始</th><th>结束</th></tr>
<tr><td>研磨样品</td><td></td><td></td><td colspan="3">样品______g</td><td rowspan="3">熔点仪型号：</td><td></td></tr>
<tr><td>装毛细管</td><td></td><td></td><td colspan="3">样高______mm</td><td></td></tr>
<tr><td>参数设置</td><td></td><td></td><td colspan="3">预设温度______℃
升温速率______℃/min</td><td></td></tr>
<tr><td>熔点测定</td><td></td><td></td><td colspan="3">放入样品管时温度：______℃</td><td rowspan="5"></td><td rowspan="5"></td></tr>
<tr><td>第一次：</td><td></td><td></td><td>初熔 1</td><td>终熔 1</td><td>熔程℃</td></tr>
<tr><td>第二次：</td><td></td><td></td><td>初熔 2</td><td>终熔 2</td><td rowspan="3">三次平均：</td></tr>
<tr><td>第三次：</td><td></td><td></td><td>初熔 3</td><td>终熔 3</td></tr>
<tr><td>要求三次取平均：</td><td></td><td></td><td></td><td></td></tr>
</table>

指导教师：　　年　月　日

续表

<table>
<tr><td colspan="6">清场记录</td></tr>
<tr><td>基本要求</td><td colspan="5">1. 试剂、物料密封好，存放在指定位置
2. 台面、地面无杂物、无积粉、无污斑、无积液
3. 仪器清洗干净，放在指定位置；工器具、盛具清洁整齐摆放在指定位置
4. 设备外表面见本色，无油污、无残迹、无异物
5. 与下批生产无关的文件清理出现场
6. 生产垃圾及废物收集到指定的位置</td></tr>
<tr><td rowspan="8">清场项目</td><td>项目</td><td>合格（√）</td><td>不合格（×）</td><td>清场人</td><td>复核人</td></tr>
<tr><td>1. 仪器清洁，设备外表面擦拭干净</td><td></td><td></td><td></td><td></td></tr>
<tr><td>2. 物料存放在指定位置</td><td></td><td></td><td></td><td></td></tr>
<tr><td>3. 与下批生产无关文件清理出生产现场</td><td></td><td></td><td></td><td></td></tr>
<tr><td>4. 地面、台面清洁干净，生产垃圾及废物收集到指定位置</td><td></td><td></td><td></td><td></td></tr>
<tr><td>5. 工器具、洁具擦拭或清洗干净摆放在指定位置</td><td></td><td></td><td></td><td></td></tr>
<tr><td>6. 房间内挂上“待用、已清洁”状态标志</td><td></td><td></td><td></td><td></td></tr>
<tr><td>7. 水、电、窗户关好</td><td></td><td></td><td></td><td></td></tr>
<tr><td colspan="6">备注</td></tr>
<tr><td colspan="6">指导教师签字：　　　　年　月　日</td></tr>
</table>

项目成果

项目成果——结果与产率

<table>
<tr><th>产物名称</th><th>生产日期</th><th>批号</th><th>湿品重量/g</th><th>干品重量/g</th><th>熔点/℃</th><th>产率/%</th></tr>
<tr><td></td><td></td><td></td><td></td><td></td><td></td><td></td></tr>
<tr><td colspan="7">产物外观：</td></tr>
<tr><td colspan="7">备注：</td></tr>
<tr><td colspan="3">记录人：　　　　年　月　日</td><td colspan="4">计算人：　　　　年　月　日</td></tr>
<tr><td colspan="7">任课教师：　　　　年　月　日</td></tr>
</table>

项目成果——单耗与成本

<table>
<tr><th>原料名称</th><th>单价/（元/g）</th><th>单耗/（g/g）</th><th>成本/（元/g）</th></tr>
<tr><td>对硝基苯甲酸</td><td></td><td></td><td></td></tr>
<tr><td>浓硫酸</td><td></td><td></td><td></td></tr>
<tr><td>碳酸钠</td><td></td><td></td><td></td></tr>
<tr><td>无水乙醇</td><td></td><td></td><td></td></tr>
<tr><td>总成本</td><td></td><td></td><td></td></tr>
<tr><td colspan="2">记录人：　　　　年　月　日</td><td colspan="2">计算人：　　　　年　月　日</td></tr>
<tr><td colspan="4">任课教师：　　　　年　月　日</td></tr>
</table>

对硝基苯甲酸乙酯合成子项目活页笔记

1. 这个子项目你有什么收获、体会与建议?

2. 你有哪些尚未解决的问题或疑惑?

3. 反应完毕,将反应液倾入水中的目的是什么?原理是什么?

支撑知识 酰化反应与固体产物的分离纯化技术

笔记

一、酰化反应

见项目 1-2“支撑知识”中的“一、酰化反应”。

氧原子的酰化反应

二、固体产物的分离纯化技术

重结晶、过滤、洗涤见项目 1-2“支撑知识”中的“二、固体产物的分离纯化技术”。以下介绍本工艺中的稀释法和中和法。

(一)稀释法

对硝基苯甲酸乙酯及少量未反应的对硝基苯甲酸均溶于乙醇,但均不溶于水。反应完毕,将反应液倾入 100.0mL 水中,乙醇的浓度降低,对硝基苯甲酸乙酯及对硝基苯甲酸便会析出。

(二)中和法

反应物对硝基苯甲酸为有机酸,产物对硝基苯甲酸乙酯为中性酯,利用其酸性不同,用稀释法得到沉淀后,抽滤;滤渣移至乳钵中,加入 5%碳酸钠溶液研磨 5min,使呈碱性钠盐溶解在水溶液中,而产物则不溶,抽滤,滤饼用少量水洗涤至中性,得到产物对硝基苯甲酸乙酯。

固体产物分离技术活页笔记

1. 又一次接触到固体产物分离，你有什么收获、体会与建议？

2. 你有哪些尚未解决的问题或疑惑？

学习成果考核

一、在线章节测验

请扫码完成在线测验。

酰化工艺及单元反应测验

酰化反应测验

二、项目考核

1. 请按照附录 1 实操项目考核表和附录 2 实操考核标准进行考核。

2. 请将项目成果——结果与产率、单耗与成本表，以及产品照片上传学习通，同时展示实物，进行结果评价。

课后拓展——在线自主学习

1. 请扫码学习氮酰化、碳酰化及其在药物合成中的应用实例。

氮酰化及应用

氮酰化

碳酰化及应用

活性酯和活性酰胺酰化剂

技术前沿——酯化反应新型催化剂 1

技术前沿——酯化反应新型催化剂 2

2. 请扫码学习活性酯和活性酰胺酰化剂、酯化反应新型催化剂。

项目2-3　苯佐卡因的合成

实施准备

项目任务书

项目编号		项目名称			
子项目编号		学员姓名/学号			
起始时间		指导教师		班长	
项目组成员					
学习任务	完成苯佐卡因合成与分离纯化任务，产品质量符合产品质量标准，计算产率、单耗和成本				
学习目标	知识目标 1. 掌握苯佐卡因合成中酰化反应知识、合成原理和分离纯化的方法：中和、抽滤、重结晶、干燥 2. 知道反应试剂、原料选择的原则，反应条件、反应时间控制的原理 3. 知道原料、试剂主要性质及毒性防护 4. 知道苯佐卡因合成操作过程中的安全隐患和控制方法 5. 知道计量器具、合成反应和分离纯化仪器、设备使用、维护和保养方法 6. 掌握按照 GMP 要求填写苯佐卡因合成操作记录和清场的方法 7. 知道苯佐卡因合成工作的真实生产流程 8. 知道苯佐卡因产率、单耗、成本计算方法 9. 掌握有机合成工中与药物合成有关的专业知识、技能和素质，为考取有机合成工职业资格和参加有机合成工技能大赛奠定基础 能力目标 通过苯佐卡因的合成，能够： 1. 按照苯佐卡因生产流程和 SOP，正确备料；正确使用各种衡器、量器具称量物料、正确投料；进行反应控制和产物分离纯化，产品符合要求 2. 做好个体防护，实现安全生产；采取适当的措施处理停水、断电等突发事件 3. 做好废水、废渣和其他废物集中存放和处理，实现清洁生产 4. 按照 SOP 和 GMP 要求正确填写反应记录和清场 5. 正确计算苯佐卡因的产率、单耗和成本 6. 如结果异常，根据苯佐卡因反应式和反应过程分析影响产品质量和收率的主要因素 7. 能将学到的知识和技能迁移至其他化学药物的合成操作中 思政目标 同项目 1-1。					

工作内容与要求	
实施前	1. 填写项目任务书，明确任务目标、内容与要求
	2. 学习岗位操作规定(SOP)，明确生产流程和操作要点
	3. 回答引导问题，填写项目预习记录，拍照上传学习通
实施中	1. 穿戴整齐干净的实验服，佩戴乳胶手套、防毒口罩等防护用品
	2. 严格按 SOP 完成备料称量
	3. 严格按 SOP 完成投料、反应过程控制、初产物分离纯化、精制和干燥
	4. 严格按 SOP 完成产品熔点测定
	5. 按 GMP 要求清场
	6. 按 GMP 要求填写工作页记录
	7. 正确进行产品称量，产率与成本计算
实操结束	1. 拍照上传项目工作页和产品，提交纸质版和产品实物
	2. 在教师引导下总结项目要点，系统完成相关理论知识学习
	3. 完成收率、单耗、成本计算，拍照上传学习通，并提交纸质版
	4. 对工作页和工作成果进行互评
进度要求	
1. 项目操作及相关记录、项目成果、项目现场考核，应在项目规定实操时间内完成	
2. 理论学习在项目完成后两天内完成(含自学内容)	

预习活页

项目名称		子项目名称	
学员姓名/学号		项目组成员	

引导问题

1. 本子项目涉及哪(几)个单元反应？
2. 反应的试剂主要有哪些？
3. 涉及的分离纯化方法是什么？
4. 项目操作的关键点在哪里？

引导问题回答

项目预习记录

一、原料试剂和产物理化性质、主要危险性及个体防护措施						
序号	原料/试剂名称	相对分子质量	密度	b. p. /m. p.	主要危险性	个体防护措施
1						
2						
3						
4						
5						
6						

二、实验操作注意事项

三、问题和建议

预习完成时间：　　年　月　日

项目实施——岗位工作页

操作规程——SOP

题目：苯佐卡因合成岗位操作规程

文件编号：SOP-HC-1023	生效日期：2019-09-01		审核期限：3 年	页码：
起草人：	第一审核人：	第二审核人：	批准人：	发布部门：
日期：　年　月　日	日期：　年　月　日	日期：　年　月　日	日期：　年　月　日	

笔记

1. 目的

建立苯佐卡因合成岗位操作规程，规范本岗位的操作，确保生产安全和质量稳定。

2. 适用范围

适用于苯佐卡因合成岗位。

3. 职责

指导教师负责和监督本规程的有效实施，操作人员严格按照该规程要求进行操作。

4. 正文

4.1　主要原料试剂的规格、主要危险性及个体防护

4.1.1　对硝基苯甲酸乙酯（4-硝基苯甲酸乙酯）

（1）规格及主要理化性质　自制，外观为无色或浅黄色针状结晶。相对分子质量 195.17，熔点 56~59℃。易溶于乙醇和乙醚，不溶于水。

（2）危险性

① 健康危害：吞咽有害。

② 燃爆危险：可燃。

（3）接触处理

① 皮肤接触：脱去污染的衣物，用肥皂水和清水彻底冲洗皮肤15min。如有不适感，就医。

② 眼睛接触：分开眼睑，用流动清水或生理盐水冲洗至少15min。立即就医。

（4）个体防护　佩戴防护眼镜、自吸过滤式防毒面具（半面罩）、乳胶手套。穿纯棉防静电实验服。工作场所禁止吸烟、进食和饮水。

（5）消防措施　危险特性：燃烧或高温下产生毒烟。灭火剂：雾状水、干粉、泡沫或二氧化碳灭火剂。

4.1.2　乙酸（冰醋酸）

（1）规格及主要理化性质　分析纯或化学纯。相对分子质量60.05，纯品为无色透明吸湿性液体，有刺激性气味。凝固点为16.7℃，凝固后为无色晶体。相对密度（水=1）1.05，熔点 16.7℃，沸点 117~118℃。溶于水、醚、甘油，不溶于二硫化碳。凝固时体积微缩。

（2）主要危险性

① 健康危害：吸入本品蒸气对鼻、喉和呼吸道有刺激性。对眼有强烈刺激作用。皮肤接触，轻者出现红斑，重者引起化学灼伤。

笔记

误服浓乙酸，口腔和消化道可产生糜烂，重者可因休克而致死。

② 燃爆危险：本品易燃，具腐蚀性、强刺激性，可致人体灼伤。

（3）接触处理

① 皮肤接触：脱去被污染的衣物，立即用大量流动清水冲洗至少 15min，必要时就医。

② 眼睛接触：立即用大量流动清水或生理盐水彻底冲洗至少 15min，就医。

（4）个体防护　佩戴防护眼镜、自吸过滤式防毒面具（半面罩）、乳胶手套，穿纯棉防静电实验服。工作场所禁止吸烟、进食和饮水，饭前要洗手。

（5）消防措施

① 危险特性：易燃，其蒸气与空气可形成爆炸性混合物，遇明火、高热能引起燃烧爆炸。与铬酸、过氧化钠、硝酸或其他氧化剂接触，有爆炸危险。具有腐蚀性。

② 灭火剂：雾状水、抗溶性泡沫、干粉、二氧化碳。

4.1.3　铁粉

（1）规格及主要理化性质　分析纯或化学纯。相对分子质量：55.85，银灰色金属或灰色粉末，具延展性。熔点 1535℃，不溶于水。

（2）主要危险性

① 健康危害：短期暴露，吸入铁粉或氧化铁烟粉尘刺激呼吸道，引起咽喉发炎、咳嗽、呼吸短促、疲劳、寒战、出汗、肌肉和关节疼痛；皮肤接触热金属会灼伤，眼睛接触粉尘可导致发炎和灼伤；食入可导致昏睡、呆滞、心跳和呼吸加速、休克、吐血、腹泻。

② 燃爆危险：本品属于易燃固体类别 1。

（3）个体防护　佩戴自吸过滤式防毒面具（半面罩）、乳胶手套。穿纯棉防静电实验服。工作场所禁止吸烟、进食和饮水，饭前要洗手。

（4）接触处理

① 皮肤接触：用肥皂和大量的水冲洗。

② 眼睛接触：用大量水冲洗 15min，就医。

（5）消防措施

① 危险特性：灰尘可能与空气形成爆炸性或可燃性混合物。

② 灭火剂：水雾，抗乙醇泡沫，干粉或二氧化碳。

4.1.4　乙醇

见项目 1-2 SOP 部分 4.1.3 乙醇，或扫码查看相关信息。

乙醇

4.1.5　碳酸钠

见项目 2-2 SOP 部分 4.1.3 碳酸钠，或扫码查看相关信息。

碳酸钠

4.1.6　活性炭

见项目 1-2 SOP 部分 4.1.5 活性炭，或扫码查看相关信息。

活性炭

笔记

4.2　其他材料

ϕ7cm 定性滤纸 6 张、广泛 pH 试纸 1 板。

4.3　仪器设备

机械搅拌器 1 台、0～150℃ 温度计 1 支、回流冷凝管 1 支、250mL 四颈瓶 1 个、100mL 圆底烧瓶 1 个、200mL 烧杯 3 个、500mL 抽滤瓶 1 个、ϕ8cm 布氏漏斗 1 个、玻璃棒 1 支、10mL 量筒 2 个、50mL 量筒 3 个、电子天平 1 台、250mL 电热套 1 个、胶头滴管 1 个、药匙 3 把、循环水真空泵 1 台、培养皿 1 套、干燥箱 1 个、熔点测定装置一套。

4.4　操作方法与要点

4.4.1　投料量及配比

原料名称	投料量	重量比(g/g)
对硝基苯甲酸乙酯	6.0g	1.00
铁粉	8.6g	1.43
水	35mL	5.83
冰醋酸	2.5mL(2.62g)	0.44
乙醇(95%)	35mL(26.25g)	4.38
碳酸钠	3.0g	0.50
乙醇(50%)	视粗品量而定	—
活性炭(细粉状)	视粗品量而定	—

注：重量比是指以最主要的反应物对硝基苯甲酸乙酯为 1，其他的原料试剂的重量与它的重量相比。

4.4.2　开工前准备

（1）操作人员必须按规定穿戴工作服（实验服）、帽（长发者）、鞋、防毒口罩、乳胶手套，才能进入合成岗位。

（2）检查房间是否挂有“待用、已清洁”标志。

笔记

(3) 检查仪器设备清洁状态，是否在清洁效期内，设备挂有设备状态标志。

(4) 检查所用反应仪器设备的清洁维护及运转情况，应符合要求，并记录。

(5) 检查衡器按置零键置零，是否在校验合格期内。

(6) 检查设备完好证明与校验合格证，并且在校验期内。

(7) 检查操作间与设备是否已换上生产状态标识牌。

(8) 根据 GMP 认证管理制度，检查生产现场水、电是否达到生产要求。

(9) 检查所用对硝基苯甲酸乙酯、铁粉、95%乙醇、乙酸、碳酸钠、活性炭是否符合要求，并做记录。

(10) 做好检查记录，指导教师现场监控，并签名。

4.4.3 领料（备料)、配料

(1) 领料（备料） 操作人员根据生产任务和苯佐卡因合成方案，制订物料、仪器设备使用计划，领取物料，准备仪器设备，填写记录。

(2) 配料 根据工艺要求配制饱和碳酸钠溶液 30.0mL 和 50%乙醇 50mL，填写操作记录。

4.4.4 投料、反应控制及分离纯化

4.4.4.1 投料

在装有机械搅拌、温度计及球形冷凝管的 250mL 四颈瓶中，加入 35.0mL 水，冰醋酸 2.5mL 和试剂级铁粉 8.6g。开动搅拌，打开冷凝水，加热至 95~98℃反应 5min，稍冷，缓慢加入对硝基苯甲酸乙酯 6.0g 和 95%乙醇 35.0mL。填写投料记录。

4.4.4.2 反应参数设定及反应过程控制

在激烈搅拌下，于 85℃左右回流反应 90min，填写记录。

4.4.4.3 产物分离纯化

(1) 初步分离纯化 停止加热，稍冷，在搅拌下，分次加入温热的碳酸钠饱和溶液（由碳酸钠 3.0g 和水 30.0mL 配成)，搅拌片刻，立即趁热抽滤（布氏漏斗、抽滤瓶需预热)，滤液冷却后析出结晶，抽滤至干，得粗品，填写操作记录。

(2) 精制 将粗品置于装有球形冷凝管的 100mL 圆底烧瓶中，每克粗品加入 10~15mL 50%乙醇，在水浴上加热溶解。稍冷，加活性炭脱色（活性炭用量视粗品颜色而定)，加热回流 20min，趁热抽滤（布氏漏斗、抽滤瓶应预热)。将滤液趁热转移至烧杯中，自然冷却，待结晶完全析出后，抽滤，用少量 50%乙醇洗涤两次，压干，填写操作记录。

（3）干燥 将苯佐卡因湿品放入培养皿平摊均匀，放入干燥箱于75℃干燥2~3h，停机降温到25℃左右，得苯佐卡因成品。称重，测熔点，填写操作记录。

笔记

4.4.5 清场

检查生产使用的仪器、设备、水电是否关闭，将剩余原料、生产记录本、设备运行记录等按照标准化管理要求，放到指定位置。清洗仪器，设备外表面擦拭干净，打扫卫生，垃圾和废物收集到指定位置。房间内挂上“待用、已清洁”状态标志，填写清场记录。

4.4.6 重点操作与复核

4.4.6.1 复核各原辅料的称量、计量，均应准确无误。
4.4.6.2 因铁粉相对密度大，沉于瓶底，必须将其搅拌起来，才能使反应顺利进行，故充分激烈搅拌是铁粉还原反应的重要因素。
4.4.6.3 抽滤操作确认
（1）滤纸须放整齐，大小合适，防止抽滤泄漏。
（2）反应器内需转料干净。必须有指导老师或班长复核签字。
4.4.6.4 洗涤操作确认：乙醇量要适当，确保（1）滤饼洗涤完全；（2）避免洗涤过度，造成产物损失。必须有指导老师或班长复核签字。

4.5 苯佐卡因质量标准

苯佐卡因外观为白色结晶性粉末，无臭，遇光色渐变黄。熔点88~91℃，含量99.0%。

4.6 主要仪器设备的维护保养和使用

4.6.1 反应瓶每次使用后要冲洗干净，平时保持干燥。
4.6.2 真空循环水泵随用随开。
4.6.3 搅拌器电机要经常保持清洁，不允许有油垢灰尘，不允许用水清洗；使用时要经常注意负荷电流，不得超过其额定功率；要经常注意其外壳温度，不允许超过额定温度；要经常检查轴承发热泄漏等现象；电机要每年打开轴承重新加油；搅拌轴封如有泄漏，要及时调整。
4.6.4 电子秤的使用，按照《电子秤使用操作规程》执行。
4.6.5 电热套的使用，按照《调温电热套使用操作规程》执行。
4.6.6 温度计的使用，根据反应溶剂的沸点和反应控制温度范围确定，本反应回流温度控制在95~98℃，所以要选用0~150℃量程的温度计。注意轻拿轻放，水银球要插入液面下，不要被搅拌碰撞。

工作记录——操作与清场记录

岗位： 项目组成员： 指导教师：

<table>
<tr><td>项目编号</td><td></td><td>项目名称</td><td colspan="3"></td></tr>
<tr><td>子项目编号</td><td></td><td>子项目名称</td><td colspan="3"></td></tr>
<tr><td>生产日期</td><td></td><td>产品名称</td><td></td><td>批号</td><td></td></tr>
<tr><td colspan="6">领料(备料)</td></tr>
</table>

物料名称	规格	批号	单位	数量	单价
对硝基苯甲酸乙酯					
乙酸(冰醋酸)					
铁粉					
乙醇(95%)					
碳酸钠					
活性炭(细粉状)					
操作人： 年 月 日			复核人： 年 月 日		

开工前检查

检查内容	检查结果	检查人
操作人员是否按规定穿戴工作服(实验服)、帽(长发者)、鞋、防毒口罩、胶皮手套	是□ 否□	
是否有上一批产品的清场合格证:“待用、已清洁”标志	有□ 无□	
检查仪器设备清洁状态,是否在清洁效期内,设备挂有设备状态标志	有□ 无□	
反应仪器设备的清洁维护及运转情况	是□ 否□	
检查衡器按置零键置零,是否在校验合格期内	是□ 否□	
设备完好证明与校验合格证,并且在校验期内	有□ 无□	
操作间与设备是否已换上生产状态标识牌	是□ 否□	
生产现场水、电是否达到生产要求	是□ 否□	
所用对硝基苯甲酸乙酯、乙酸(冰醋酸)、铁粉、乙醇(95%)、浓盐酸(36%~38%)、活性炭是否符合要求	是□ 否□	
审核(指导教师)： 年 月 日		

称量

1. 复查原辅料名称、批号、数量、规格和外观质量,是否有异常
2. 称取固体物料时,要求取用重量在规定量的0.5%范围内

续表

物料名称	规格	批号	标准量	称取量	备注
对硝基苯甲酸乙酯					
乙酸(冰醋酸)					
铁粉					
乙醇(95%)					
碳酸钠					
活性炭(细粉状)					

操作人：　　　　　年　月　日	复核人：　　　　　年　月　日
审核(指导教师)：　　　　　年　月　日	

投料、反应过程控制与粗品分离纯化　　　　　年　月　日

操作步骤	时间		操作记录	现象/备注	操作人/复核人
	开始	结束			
配制饱和碳酸钠 30.0mL			碳酸钠____g，水____mL		
配制 50%乙醇 50.0mL			95%乙醇____mL，水____mL		
安装回流反应装置、使用机械搅拌			室温____℃		
在 250mL 四颈瓶中，加入 35.0mL 水，冰醋酸 2.5mL 和试剂级铁粉 8.6g，开冷凝水			水____mL 冰醋酸____mL 铁粉____g		
开动搅拌，加热至 95~98℃反应 5min，稍冷			起始____℃，升至____℃ 搅拌转速____rpm		
缓慢加入对硝基苯甲酸乙酯 6.0g 和 95%乙醇 35.0mL			加料时温度____℃ 对硝基苯甲酸乙酯____g 95%乙醇____mL		
在激烈搅拌下，于 85℃左右回流反应 90min*			搅拌速率____rpm 时间 | 温度 | 时间 | 温度 最高℃ | 最低℃ | 室温℃ |		
停止加热，稍冷			停止加热时____℃		
在搅拌下，分次加入温热碳酸钠饱和溶液(由碳酸钠 3.0g 和水 30.0mL 配成)，搅拌片刻			产品冷却至____℃ 碳酸钠饱和液____mL		

续表

操作步骤	时间		操作记录	现象/备注	操作人/复核人
	开始	结束			
预热抽滤装置：布氏漏斗、抽滤瓶放入热水中			热水温度______℃		
立即趁热抽滤**			抽滤时料液______℃		
冷却结晶：将滤液趁热转移至烧杯中，自然冷却，待结晶完全析出			热料液温度______℃ 冷料液温度______℃		
抽滤**：安装抽滤装置；用冷水润湿滤纸，抽紧；将料液借助玻璃棒转入布氏漏斗，抽干（至布氏漏斗颈下端无液体滴下）将滤液收集到废物桶中			料液温度______℃		
洗涤**：滤饼用 15～20mL 50%乙醇洗涤 2 次，抽干			乙醇用量_____、_____ mL 产品外观______		
粗产物称重			产品湿重______ g		

* 保温反应过程中，每 30min 记录一次温度

* * 抽滤确认：(1)滤纸须放整齐，大小合适，防止抽滤泄漏；(2)反应器内需转料干净

操作人：　　　　年　月　日　　　　复核人：　　　　年　月　日

* * * 洗涤确认：稀乙醇洗涤量要适当，确保：(1)滤饼洗涤完全；(2)避免洗涤过度，造成产物损失

操作人：　　　　年　月　日　　　　复核人：　　　　年　月　日

备注：偏差及处理：

精制、干燥　　　　年　月　日

操作步骤	时间		操作记录	现象/备注	操作人/复核人
	开始	结束			
加入粗品：将粗品置于装有球形冷凝管的 100mL 圆底烧瓶中			室温______℃		
粗品溶解：按每克粗品加入 10～15mL 50%乙醇，在水浴上加热溶解			粗品______ g 50%乙醇______ mL 水浴温度______℃ 溶液温度______℃		
稍冷：将盛粗品溶液的仪器从水浴中取出			稍冷后溶液______℃		
脱色：根据粗品颜色加活性炭（粗品量 2%～5%），仪器放回水浴中，微沸状态加热回流 10min			活性炭______ g 水浴温度______℃ 溶液温度______℃		
预热抽滤装置：将抽滤瓶和布氏漏斗放到热水中			热水温度______℃		

续表

操作步骤	时间		操作记录	现象/备注	操作人/复核人
	开始	结束			
趁热抽滤*:停止回流脱色;安装热抽滤装置;将盛粗品溶液的仪器从水浴中取出;用热水润湿滤纸,抽紧;在开真空水泵的状态下趁热将料液倒入布氏漏斗中			料液温度______℃		
冷却结晶:将滤液趁热转移至烧杯中,自然冷却,待结晶完全析出			热料液______℃ 冷料液______℃		
抽滤至干(布氏漏斗颈下端无液体滴下)*			料液温度______℃		
洗涤**:滤饼用少量50%乙醇洗涤两次,抽干			乙醇用量____、____mL 产品外观______		
湿产物称重			产品湿重______g		
干燥:将苯佐卡因湿品放入培养皿平摊均匀,放入干燥箱于75℃干燥2~3h,停机降温到25℃左右 (要求:①每小时巡检一次;②两次称重相差在0.5%以内停止干燥)			烘箱设定温度______℃ 巡检时间 | 烘箱温度 | 称重/g | | | | | | | |		
称重			产品干重______g		

*抽滤确认:(1)滤纸须放整齐,大小合适,防止抽滤泄漏;(2)反应器内需转料干净

操作人: 年 月 日 复核人: 年 月 日

**洗涤确认:乙醇洗涤用量要适当,确保:(1)滤饼洗涤完全;(2)避免洗涤过度,造成产物损失

操作人: 年 月 日 复核人: 年 月 日

备注:偏差及处理:

熔点测定 年 月 日

操作步骤	时间		操作记录	现象/备注	操作人/复核人
	开始	结束			
研磨样品			样品______g	熔点仪型号:	
装毛细管			样高____、____、____mm		
参数设置			预设温度______℃ 升温速率______℃/min		

续表

<table>
<tr><th rowspan="2">操作步骤</th><th colspan="2">时间</th><th rowspan="2" colspan="3">操作记录</th><th rowspan="2">现象/备注</th><th rowspan="2">操作人/复核人</th></tr>
<tr><th>开始</th><th>结束</th></tr>
<tr><td>熔点测定</td><td></td><td></td><td colspan="3">放入样品管时温度：____℃</td><td rowspan="7"></td><td rowspan="7"></td></tr>
<tr><td>第一次：</td><td></td><td></td><td>初熔 1</td><td>终熔 1</td><td>熔程℃</td></tr>
<tr><td>第二次：</td><td></td><td></td><td></td><td></td><td rowspan="5">三次
平均：</td></tr>
<tr><td>第三次：</td><td></td><td></td><td>初熔 2</td><td>终熔 2</td></tr>
<tr><td>三次平均：</td><td></td><td></td><td></td><td></td></tr>
<tr><td></td><td></td><td></td><td>初熔 3</td><td>终熔 3</td></tr>
<tr><td></td><td></td><td></td><td></td><td></td></tr>
</table>

指导教师：　　　　　　　　　　年　月　日

清场记录

基本要求

1. 试剂、物料密封好，存放在指定位置
2. 台面、地面无杂物、无积粉、无污斑、无积液
3. 仪器清洗干净，放在指定位置；工器具、盛具清洁整齐摆放在指定位置
4. 设备外表面见本色，无油污、无残迹、无异物；设备内表面每三批进行清洗
5. 与下批生产无关的文件清理出现场
6. 生产垃圾及废物收集到指定的位置

清场项目

项目	合格（√）	不合格（×）	清场人	复核人
1. 仪器清洁，设备外表面擦拭干净				
2. 物料存放在指定位置				
3. 与下批生产无关文件清理出生产现场				
4. 地面、台面清洁干净，生产垃圾及废物收集到指定位置				
5. 工器具、洁具擦拭或清洗干净摆放在指定位置				
6. 房间内挂上“待用、已清洁”状态标志				
7. 水、电、窗户关好				

备注

指导教师：　　　　　　　　　　年　月　日

项目成果

项目成果——结果与产率

产物名称	生产日期	批号	湿品重量/g	干品重量/g	熔点/℃	产率/%
产物外观：						
备注：						
记录人： 年 月 日			计算人： 年 月 日			
任课教师： 年 月 日						

项目成果——单耗与成本

原料名称	单价/(元/g)	单耗/(g/g)	成本/(元/g)
对硝基苯甲酸乙酯			
乙酸(冰醋酸)			
铁粉			
乙醇(95%)			
碳酸钠			
活性炭			
总成本			
记录人： 年 月 日		计算人： 年 月 日	
任课教师： 年 月 日			

苯佐卡因合成子项目活页笔记

1. 这个子项目你有什么收获、体会与建议？

2. 你有哪些尚未解决的问题或疑惑？

3. 你认为除了铁粉外，还有其他还原剂吗？哪种还原剂最适宜实现清洁生产？

支撑知识　还原反应与固体产物的分离纯化技术

笔记

一、还原反应

MOOC—还原反应原理与类型

(一)还原反应的概念和类型

1. 还原反应的概念

化学反应中，使有机物分子中碳原子总的氧化态降低的反应称为还原反应。即在还原剂的作用下，能使有机分子得到电子或使参加反应的碳原子上的电子云密度增高的反应。直观地讲可视为在有机分子中加氢或减少氧的反应。

2. 还原反应的类型

根据反应所采用的还原剂及操作方法不同，还原反应分为：化学还原、催化氢化、生物还原和电解还原。

（1）化学还原　使用化学物质作为还原剂进行的反应。

（2）催化氢化　包括催化加氢和催化氢解。催化加氢指在催化剂存在下，反应底物与分子氢进行加氢反应，如氢分子加成到双键或三键上的反应；催化氢解是指在催化剂的存在下，有机物与氢气反应，使碳-杂键（或碳-碳键）断裂，由氢取代离去的杂原子（碳原子）或基团而生成烃的反应，常见的有：脱卤氢解、脱苄氢解、脱硫氢解和开环氢解。

（3）生物还原　生物还原是指使用微生物或活性酶进行底物中特定结构的还原反应。

（4）电解还原　电解还原是指从电解槽的阴极上获得电子而完成的还原反应。

这里只介绍项目相关的含氮化合物的还原。

(二)含氮化合物的还原

有机含氮化合物是一类非常重要的化合物。许多有机含氮化合物具有生物活性，如生物碱；有些是生命活动不可缺少的物质，如氨基酸等；不少药物、染料等也都是有机含氮化合物。含氮化合物通过还原反应生成胺是制备胺类化合物最重要的方法。

硝基化合物还原

1. 硝基化合物的还原

硝基化合物还原成胺，通常是通过亚硝基、羟胺、偶氮化合物等中间过程，因而用于还原硝基化合物成胺的方法，也适用于上述中间过程各化合物的还原。还原硝基化合物常用的方法有活泼金属还原法、含硫化合物还原法、催化氢化法以及金属复合氢化物还原法。

笔记

（1）活泼金属为还原剂　活泼金属在酸性、碱性或中性盐类电解质的水溶液中具有强的还原能力，可将芳香族硝基、脂肪族硝基或其他含氮氧官能团（如亚硝基、羟胺等）还原成相应的氨基。

① 反应通式

$$R—NO_2 \xrightarrow{\text{活泼金属}} R—NH_2$$

② 反应机理：活泼金属为还原剂的反应，其还原机理为电子转移过程。电子从金属表面转移到被还原基团形成负离子，继而与反应介质水、醇或酸提供的质子结合，从而使不饱和键得到还原。还原硝基化合物常用的活泼金属有铁、锌、锡等。

a. 金属铁为还原剂：用铁粉为还原剂，可将硝基还原为氨基，在还原过程中氰基、卤素和烯键可不受影响。由于铁粉价格低廉、工艺简单、适用范围广、副反应少、对反应设备要求低，国内外曾长期采用该法生产苯胺。

（a）基本原理：以铁粉为还原剂时，其还原机理为硝基化合物在铁粉表面进行电子转移，铁粉为电子供体。还原过程及中间体比较复杂，但总的结果是，1mol 硝基化合物应得到 6 个电子才可以被还原成氨基化合物。铁粉给出电子后若转化为 Fe^{2+}，则还原 1mol 硝基化合物需要 3mol 铁，若转化为 Fe^{3+}，则还原 1mol 硝基化合物需要 2mol 铁，但实际反应中，生成既有 Fe^{2+} 又有 Fe^{3+} 的四氧化三铁（俗称铁泥），因此 1mol 硝基化合物还原成氨基化合物，理论上需要 2. 25mol 的铁。

$$4ArNO_2+9Fe+4H_2O \longrightarrow 4ArNH_2+3Fe_3O_4$$

（b）影响因素

ⓐ 被还原物的结构：对于不同的硝基化合物，采用铁粉还原时，反应条件有差异。在还原芳香族硝基化合物时，若芳基环上有吸电子基存在，硝基中氮原子上电子云密度降低，亲电能力增强，使还原反应容易进行，还原反应的温度可较低；反之，若芳基环上有供电子基存在，硝基中氮原子上电子云密度增高，亲电能力降低，使还原反应较难进行，还原反应的温度可较高，常在加热沸腾状态下进行。

ⓑ 铁粉的质量：一般采用干净、质软的灰色铸铁粉，因为它含有较多的碳，并含有硅、锰、硫、磷等元素，在含有电解质的水溶液中能形成许多微电池，促进铁的电化学腐蚀，有利于还原反应的进行。另外，灰色铸铁粉质脆，搅拌时容易被粉碎，增加了与被还原物的接触表面。铁粉的粒度以 60~100 目为宜。

ⓒ 铁粉的用量：理论上 1mol 硝基化合物需要 2. 25mol 的铁粉，实际上用量为 3~4mol，过量多少与铁粉质量、粒度大小有关。

ⓓ 电解质：在硝基还原为氨基时，需要有电解质存在，并保持介质的 pH3. 5~5，使溶液中有铁离子存在。电解质的作用是增加水

笔记

溶液的导电性，加速铁的电化学腐蚀。通常是先在水中放入适量的铁粉和稀盐酸，加热一定时间进行铁的预蚀，除去铁粉表面的氧化膜，并生成亚铁离子作为电解质。

ⓔ 反应温度：反应温度随被还原物结构的不同而不同。若还原芳基环上含有给电子基的硝基化合物时，反应温度一般是95～102℃。铁粉还原是强烈的放热反应，如果加料太快，反应过于激烈，会导致暴沸溢料。

ⓕ 反应器：铁粉的相对密度比较大，容易沉在反应器的底部，因此所用反应器是衬有耐酸砖的平底钢槽和铸铁制作的慢速耙式搅拌器，并用直接水蒸气加热。

（c）铁粉还原的特点：选择性高，只还原硝基，还原能力强，成本低，操作方便。缺点是产生大量铁泥，难以处理，对环境不利。

b. 其他金属为还原剂：在盐酸中，Sn和$SnCl_2$是还原硝基化合物的常用还原剂。Zn可在酸性、中性或碱性条件下还原硝基化合物生成相应的胺。

（2）含硫化合物为还原剂　含硫化合物包括硫化物（硫化钠、硫氢化物和多硫化物）和含氧硫化物（如连二亚硫酸钠、亚硫酸钠）。

① 硫化物为还原剂：反应在水或醇介质中进行，硫化物是电子供给体，水或醇是质子供给体。反应后，硫化物被氧化成硫代硫酸盐。

使用硫化钠反应后有氢氧化钠生成，使反应液碱性增大，易产生双分子还原产物，而且产物中常带入有色杂质。为避免此副反应的发生，可在反应液中添加氯化铵以中和生成的碱，也可加入过量还原剂，使反应迅速进行，不致停留在中间体阶段。以二硫化钠还原可避免产生氢氧化钠。多硫化钠还原虽无碱生成，但易析出胶体硫使分离困难。

以硫化物为还原剂可选择性还原二硝基苯衍生物中的一个硝基，得到硝基苯胺衍生物。

② 含氧硫化物为还原剂：含氧硫化物还原能力强，但性质不稳定，受热或在中性、酸性溶液中易分解，往往在碱性条件下配制使用。连二亚硫酸钠还原能力强，可还原硝基、偶氮化合物及醌基等。

（3）金属复合氢化物为还原剂　氢化铝锂或氢化铝锂与氯化铝混合物均能有效还原脂肪族硝基化合物为氨基化合物。芳香族硝基化合物用氢化铝锂还原时，通常得偶氮化合物，如与氯化铝使用则仍可还原成胺。

硝基化合物一般不被硼氢化钠所还原，若在催化剂如硅酸盐、钯、二氯化钴等存在下，则可被还原成胺。硫代硼氢化钠是还原芳香族硝基十分有效的还原剂，分子中存在的氰基、卤素和烯键不受影响。

氢化铝锂、硼氢化钠均能使叠氮化合物还原为胺。通常，用氢化铝锂还原时，反应较易进行，而硼氢化钠还原时，反应选择性较好。

笔记

金属复氢化物通常不能还原偶氮化合物。

(4) 催化氢化还原　催化氢化法是还原硝基化合物常用的方法，具有价廉、反应条件温和、后处理操作简便且无“三废”污染等优点。它既可用于实验室制备，又适合于大规模工业生产。

① 反应通式

$$R—NO_2 \xrightarrow{\text{催化氢化}} R—NH_2$$

② 基本过程及反应机理　催化氢化法还原硝基化合物的反应机理与还原烯烃类似，为多相催化氢化机理，反应大致归纳为三个基本过程：(a) 底物向催化剂界面的扩散、物理吸附和化学吸附。(b) 吸附配合物之间进行化学反应。(c) 产物分子由催化剂表面解吸和扩散，离开催化剂表面。

以硝基苯还原为例，基本过程可如下所示。

$$\left.\begin{array}{l} H_2+\text{催化剂} \xrightarrow{(1)} H_2\cdot\text{催化剂} \\ ArNO_2+\text{催化剂} \xrightarrow{(1)} ArNO_2\cdot\text{催化剂} \end{array}\right\} \xrightarrow{(2)} ArNH_2\cdot\text{催化剂} \xrightarrow{(3)} ArNH_2+\text{催化剂}$$

③ 催化剂：活性镍、钯、二氧化铂、钯-碳等均是常用催化剂。通常，使用活性镍时，氢压和温度要求较高，而钯和铂可在较温和的条件下进行。

④ 选择性还原：由于催化氢化还原活性与催化剂及反应条件有关，因而可根据需要，调控反应活性，使反应停留在中间阶段。如选择合适的氢化条件，可使硝基苯的还原反应停留在生成 *N*-羟基苯胺阶段，然后在酸性条件下转位得对氨基酚。这是生产解热镇痛药对乙酰氨基酚中间体对氨基酚的最简捷路线。

2. 其他含氮化合物的还原

(1) 肟和亚甲胺的还原　肟或亚甲胺，均可被还原为胺。还原硝基化合物为胺的还原剂（如金属复合氢化物、硼烷、催化氢化或活泼金属等），多数能还原肟和亚甲胺。

其他含氮化合物的还原

① 反应通式

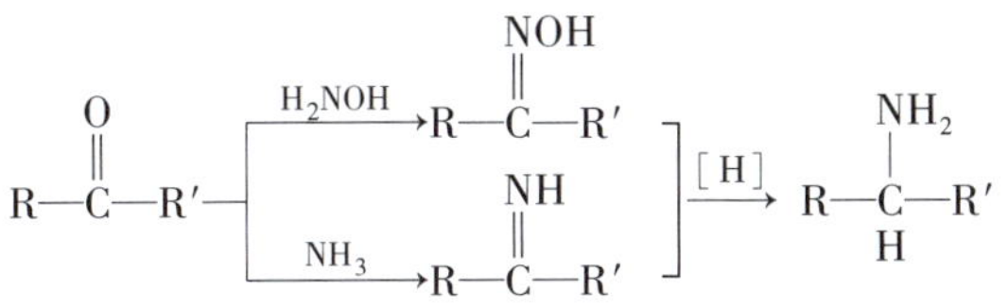

② 反应机理：利用金属复氢化物、硼烷、催化氢化和活泼金属来还原肟或亚甲胺的反应，分别为氢负离子转移的亲核反应、硼烷的亲电加成、催化氢化和电子转移还原机理。

(2) 腈的还原　腈可由卤代烃制备，易水解为羧酸或被还原为伯胺，是间接引入羧基及氨基的常用方法之一。

① 反应通式

$$R—CN \xrightarrow{[H]} R—CH_2NH_2$$

② 还原剂：腈的还原主要使用催化氢化和金属氢化物还原。由于腈易水解，故而不宜用活泼金属与酸的水溶液作为还原体系。催化氢化还原可在常温下用钯或铂为催化剂，或在加压下用活性镍作催化剂，还原产物主要为伯胺。

还原反应活页笔记

1. 这部分你有什么收获、体会与建议？

2. 你有哪些尚未解决的问题或疑惑？

二、固体产物的分离纯化技术

重结晶、过滤、洗涤、干燥见项目 1-2“支撑知识”中的“二、固体产物的分离纯化技术”，以下介绍本工艺中涉及的中和法。

对硝基苯甲酸乙酯还原过程中，会有少量对硝基苯甲酸乙酯水解产生对硝基苯甲酸，还原反应结束，反应液稍冷，在搅拌下，分次加入温热的碳酸钠饱和溶液，搅拌片刻，碳酸钠溶液与对硝基苯甲酸发生中和作用，变成对硝基苯甲酸钠溶于水而除去。

固体产物的分离纯化技术活页笔记

1. 这部分你有什么收获、体会与建议？

2. 你有哪些尚未解决的问题或疑惑？

学习成果考核

一、在线章节测验

请扫码完成在线测验。

还原工艺和还原反应测验

二、项目考核

1. 请按照附录 1 实操项目考核表和附录 2 考核标准进行考核。

2. 请将项目成果——结果与产率、单耗与成本表，以及产品照片上传学习通，同时提交实物，进行结果评价。

课后拓展——在线自主学习

请扫码学习不饱和烃的还原、催化氢化反应及其在药物合成中的应用实例。

不饱和烃还原　　催化氢化及应用

项目三 乙二胺四醋酸的合成

笔记

项目概述

乙二胺四醋酸，也称为乙二胺四乙酸、依地酸，简称 EDTA，其用途广泛，是《中国药典》2015 版和 2020 版收载的重金属解毒药和药物辅料螯合剂依地酸钙钠的关键中间体，以及《中国药典》2015 版和 2020 版金属盐类药物含量测定和溶出度检查用滴定剂乙二胺四醋酸二钠、药物辅料螯合剂依地酸二钠（化学名：乙二胺四醋酸二钠）的关键中间体，也是抗肿瘤药亚胺-154 的关键中间体。2019 年底，国内依地酸钙钠原料药生产企业有 7 家。EDTA 是螯合剂的代表性物质，广泛用于水处理剂、洗涤用添加剂、照明化学品、造纸化学品、油田化学品、锅炉清洗剂及分析试剂。其化学结构式为：

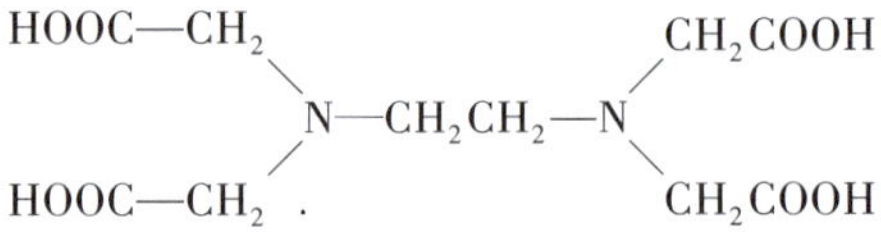

$C_{10}H_{16}N_2O_8$，292. 24

本品为白色结晶性粉末，无臭，无味，高温分解，微溶于冷水，可溶于沸水，不溶于醇及一般有机溶剂，可与碱金属的氢氧化物反应，熔点 250℃（分解），其碱金属盐能溶于水。

据《化学之书》（［美］德里克 · B · 罗威）记载，生产 EDTA 及其钠盐依据所使用的原料不同，分为三种生产工艺，即氯乙酸法、氢氰酸法和氰化钠法。目前国内生产厂家大都采用氯乙酸法，只有能力较大的厂用氰化钠法，与国外基本采用氰化钠法的情况不同。

氰化物属于剧毒化学品，管理难度和安全隐患大；氯乙酸法在低温下缩合反应周期长，需要 13h，作为实验课程无法实现，故本教材选用氯乙酸法，采用回流反应，以缩短反应时间。具体制备方法可由乙二胺与一氯醋酸在碱性溶液中经 *N*-烃化反应缩合得到，合成路线如下。

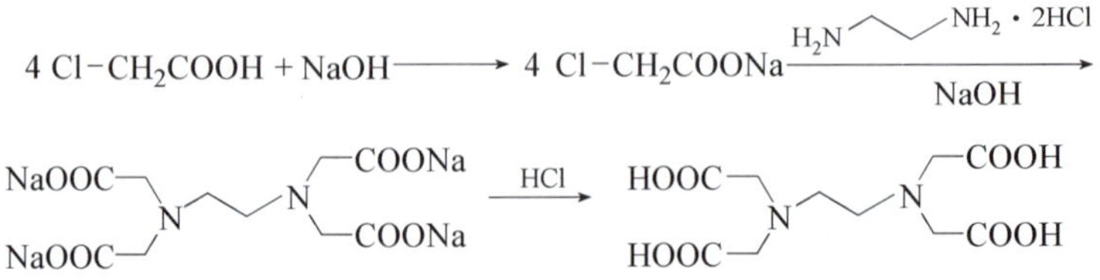

以下介绍其合成方法和合成反应的相关知识。

实施准备

项目任务书

项目编号		项目名称			
子项目编号		学员姓名/学号			
起始时间		指导教师		班长	
项目组成员					
学习任务	完成乙二胺四醋酸合成与分离纯化任务,产品质量符合产品质量标准。计算产率、单耗和成本				
学习目标	知识目标 1. 掌握乙二胺四醋酸(EDTA)合成中烃化反应知识、合成原理和分离纯化的方法:稀释、中和、抽滤、干燥 2. 知道反应试剂、原料选择的原则;反应条件、反应时间和反应终点控制的原理 3. 知道计量器具、合成反应和分离纯化仪器、设备的使用、维护和保养方法 4. 知道 EDTA 合成操作过程中的安全隐患和控制方法 5. 掌握按照 GMP 要求填写 EDTA 合成操作记录和清场的方法 6. 知道 EDTA 产率、单耗、成本计算方法 7. 知道 EDTA 合成工作的真实生产流程 8. 掌握有机合成工中与药物合成有关的专业知识、技能和素质,为考取有机合成工职业资格和参加有机合成工技能大赛奠定基础 能力目标 通过 EDTA 的合成,能够: 1. 按照 EDTA 合成 SOP 规定,正确佩戴和使用个体防护用品 2. 按照 EDTA 生产流程和 SOP 正确备料;正确使用各种衡器、量器具称量物料,正确投料;进行反应控制和产物分离纯化,产品符合要求 3. 用电热套控制反应温度 4. 做好个体防护,实现安全生产;采取适当的措施处理停水、断电等突发事件 5. 做好废水、废渣和其他废物集中存放和处理,实现清洁生产 6. 正确计算 EDTA 的产率、单耗和成本 7. 如结果异常,根据 EDTA 反应式和反应过程分析影响产品质量和收率的主要因素 8. 能将学到的烃化反应知识和技能迁移至其他化学药物的合成操作中 思政目标 同项目 1-1。				

工作内容与要求	
实施前	1. 填写项目任务书,明确任务目标、内容与要求
	2. 学习岗位操作规定(SOP),明确生产流程和操作要点
	3. 回答引导问题,填写项目预习记录,拍照上传学习通
实施中	1. 穿戴整齐干净的实验服,佩戴乳胶手套、防毒口罩等防护用品
	2. 严格按 SOP 完成备料称量
	3. 严格按 SOP 完成投料、反应过程控制、初产物分离纯化、精制和干燥
	4. 严格按 SOP 完成产品熔点测定
	5. 按 GMP 要求清场
	6. 按 GMP 要求填写工作页记录
	7. 正确进行产品称量,产率与成本计算
实操结束	1. 拍照上传项目工作页和产品,提交纸质版和产品实物
	2. 在教师引导下总结项目要点,系统完成相关理论知识学习
	3. 完成收率、单耗、成本计算,拍照上传学习通,并提交纸质版
	4. 对工作页和工作成果进行互评

进度要求
1. 项目操作及相关记录、项目成果、项目现场考核在项目规定实操时间内完成
2. 理论学习在项目完成后两天内完成(含自学内容)

预习活页

项目名称		子项目名称	
学员姓名/学号		项目组成员	

引导问题
1. 本子项目涉及哪(几)个单元反应? 2. 反应的试剂主要有哪些? 3. 涉及的分离纯化方法是什么? 4. 项目的关键点在哪里?

引导问题回答

项目预习记录

一、原料试剂和产物理化性质、主要危险性及个体防护措施						
序号	原料/试剂名称	相对分子质量	密度	b. p. /m. p.	主要危险性	个体防护措施
1						
2						
3						
4						
5						

二、实验操作注意事项

三、问题和建议

预习完成时间： 年 月 日

项目实施——岗位工作页

操作规程——SOP

题目：乙二胺四醋酸合成岗位操作规程

文件编号： SOP-HC-1031	生效日期:2019-09-21		审核期限:3 年	页码：
起草人：	第一审核人：	第二审核人：	批准人：	发布部门：
日期： 年 月 日	日期： 年 月 日	日期： 年 月 日	日期： 年 月 日	

1. 目的

建立乙二胺四醋酸合成岗位操作规程，规范本岗位的操作，确保生产安全和质量稳定。

2. 适用范围

适用于乙二胺四醋酸合成岗位。

3. 职责

指导教师负责和监督本规程的有效实施，操作人员严格按照该规程要求进行操作。

笔记

4. 正文

4.1 主要原料试剂的规格、主要危险性及个体防护

4.1.1 氯乙酸（一氯醋酸）

（1）规格及主要理化性质　化学纯，外观为无色或白色斜方晶系棱柱状晶体，有潮解性。相对分子质量 94.50。相对密度（水＝1）1.58，熔点 61~63℃，沸点 188℃。易溶于水，溶于苯、乙醇和乙酸等。

（2）主要危险性

① 健康危害：接触氯乙酸烟雾，可有眼部疼痛、流泪、羞明、结膜充血等症状及上呼吸道刺激症状。皮肤接触本品溶液后，出现水疱伴有剧痛，随后水疱吸收，出现过度角化，经数次脱皮治愈。经常接触本品酸雾者有头痛、头晕现象。经呼吸道、消化道及皮肤吸收。

② 燃爆危险：本品可燃，具腐蚀性、刺激性，可致人体灼伤。

（3）接触处理

① 皮肤接触：脱去污染的衣物，并用大量清水冲洗污染皮肤至少 15min，就医。

② 眼睛接触：立即提起眼睑，用大量流动清水或生理盐水彻底冲洗至少 15min，就医。

（4）个体防护　实验室少量使用时，佩戴防护眼镜、自吸过滤式防毒面具（半面罩）、乳胶手套。穿纯棉防静电实验服。工作场所禁止吸烟、进食和饮水，饭前要洗手。

（5）消防措施

① 危险特性：遇明火、高热可燃。受高热分解产生有毒的腐蚀性烟气。与强氧化剂接触可发生化学反应。遇潮时对大多数金属、橡胶和软木塞有强腐蚀性。

② 灭火剂：雾状水、泡沫、二氧化碳。

4.1.2 乙二胺盐酸盐（乙二胺二盐酸盐）

（1）规格及主要理化性质　化学纯，外观为白色结晶性粉末，有吸湿性。相对分子质量 133.02，熔点>300℃（分解）。易溶于水，水溶液呈中性，几乎不溶于乙醇。

（2）主要危险性　健康危害：吞咽有害，有刺激性。可能造成皮肤过敏反应和严重眼刺激。吸入可能导致过敏或哮喘病症状或呼吸困难，造成呼吸道刺激。

（3）接触处理　皮肤接触，用肥皂和大量水冲洗至少 15min。眼睛接触，用大量水彻底冲洗至少 15min，就医。

（4）个体防护　佩戴防护眼镜、自吸过滤式防毒面具（半面罩）、乳胶手套。穿纯棉防静电实验服。工作场所禁止吸烟、进食和饮水，饭前要洗手。

（5）消防措施　危险特性：隐含火灾、爆炸危害。灭火剂：水

笔记

雾、耐醇泡沫、干粉或二氧化碳。

4.1.3　盐酸（氢氯酸）

见项目 2-1 SOP 部分 4.1.3 盐酸（氢氯酸），或扫码查看相关信息。

盐酸

4.1.4　氢氧化钠

见项目 1-1 SOP 部分 4.1.4 氢氧化钠，或扫码查看相关信息。

氢氧化钠

4.1.5　活性炭

见项目 1-2 SOP 部分 4.1.5 活性炭，或扫码查看相关信息。

活性炭

4.2　其他材料

ϕ7cm 定性滤纸 6 张、广泛 pH 试纸 1 板。

4.3　仪器设备

机械搅拌器 1 台、0～150℃ 温度计 1 支、回流冷凝管 1 支、250mL 四颈瓶 1 个、100mL 圆底烧瓶 1 个、100mL 滴液漏斗 1 个、200mL 烧杯 2 个、500mL 烧杯 1 个、500mL 抽滤瓶 1 个、ϕ8cm 布氏漏斗 1 个、玻璃棒 1 支、20mL 量筒 1 个、50mL 量筒 1 个、100mL 量筒 1 个、电子天平 1 台、250mL 电热套 1 个、胶头滴管 1 个、药匙 3 把、循环水真空泵 1 台、培养皿 1 套、干燥箱 1 个、熔点测定装置一套。

4.4　操作方法与要点

4.4.1　投料量及配比

原料名称	投料量	重量比(g/g)
氯乙酸	22.5g	1.00
乙二胺(二)盐酸盐*	9.1g	0.40
氢氧化钠	22.0g	0.98
水	45mL+60mL	—
浓盐酸	适量(以 pH 确定量)	—
活性炭(细粉状)	视粗品量而定	—

注：如果用乙二胺（单）盐酸盐，则需要重新计算投料量。

4.4.2　开工前准备

（1）操作人员必须按规定穿戴工作服（实验服）、帽（长发者）、鞋、防毒口罩、乳胶手套，才能进入合成岗位。

（2）检查房间是否挂有“待用、已清洁”标志。

（3）检查仪器设备清洁状态，是否在清洁效期内，设备挂有设

笔记

备状态标志。

（4）检查所用反应仪器设备的清洁维护及运转情况，应符合要求，并记录。

（5）检查衡器按置零键置零，是否在校验合格期内。

（6）检查设备完好证明与校验合格证，并且在校验期内。

（7）检查操作间与设备是否已换上生产状态标识牌。

（8）根据 GMP 认证管理制度，检查生产现场水、电是否达到生产要求。

（9）检查所用一氯醋酸、乙二胺（二）盐酸盐、氢氧化钠、盐酸、活性炭是否符合要求，并做记录。

（10）做好检查记录，指导教师现场监控，并签名。

4.4.3 领料（备料）、配料

（1）领料（备料） 操作人员根据生产任务和乙二胺四醋酸合成方案，制订物料、仪器设备使用计划，领取物料，准备仪器设备，填写记录。

（2）配料 根据工艺要求配制两份氢氧化钠溶液，一份在 200mL 烧杯中由固体氢氧化钠 22.0g 和水 60mL 配成；另一份配成 30% 氢氧化钠，供调 pH 用，填写操作记录。

4.4.4 投料、反应控制及分离纯化

4.4.4.1 投料

（1）在装有温度计、搅拌器、球形冷凝器及滴液漏斗的 250mL 四颈瓶中，投入一氯醋酸 22.5g，加 45mL 水，开动搅拌，使溶解。

（2）向上述配好的氢氧化钠溶液的烧杯中加入乙二胺（二）盐酸盐 9.1g，混匀，转于滴液漏斗中。

（3）在搅拌下将滴液漏斗中的混合溶液滴加到四颈瓶内的一氯醋酸溶液中（1~2min），填写投料记录。

4.4.4.2 反应参数设定及反应过程控制

（1）混合液滴加完毕后，温度自动上升至 102~106℃，并开始回流，测 pH 约为 9。

（2）取下滴液漏斗，将对应的瓶口用塞子塞住，用电热套给反应瓶加热，维持 102~106℃ 搅拌保温 2h。于前半小时内，分次测定反应液的 pH。当 pH 低于 9 时，补加少量 30% 氢氧化钠，使 pH 维持 9 左右。填写操作记录。

4.4.4.3 产物分离纯化

（1）脱色 保温 2h 后，停止反应，移开电热套，让反应液稍冷，向四颈瓶内加入活性炭，用电热套加热脱色 5min。

（2）趁热抽滤　滤液放冷至室温，用盐酸酸化至 pH1，放置，自然冷却，析出结晶。

（3）抽滤　滤饼用少量蒸馏水洗涤 4 次以上，至无氯离子检出，抽干，填写操作记录。

（4）干燥　将乙二胺四醋酸湿品放入培养皿平摊均匀，放入干燥箱于 100℃ 干燥 2～3h，停机降温到 25℃左右，得乙二胺四醋酸成品，称重，测熔点，填写操作记录。

4.4.5　清场

检查生产使用的仪器、设备水电是否关闭，将剩余原料、生产记录本、设备运行记录等按照标准化管理要求，放到指定位置。

清洗仪器，设备外表面擦拭干净，打扫卫生，垃圾和废物收集到指定位置，房间内挂上“待用、已清洁”状态标志，填写清场记录。

4.4.6　重点操作与复核

4.4.6.1　复核各原辅料的称量、计量，均应准确无误。

4.4.6.2　将滴液漏斗中的混合溶液滴加到四颈瓶内的一氯醋酸溶液中时控制好速度，1～2min 加完，如果速度太快，会因放热反应激烈导致冲料；如果速度太慢，温度上升不到 102℃，影响反应效果。

4.4.6.3　抽滤操作确认

（1）滤纸须放整齐，大小合适，防止抽滤泄漏。

（2）反应器内需转料干净，必须有指导老师或班长复核签字。

4.4.6.4　洗涤操作确认：水量要适当，确保滤饼洗涤完全；避免洗涤过度，造成产物损失。必须有指导老师或班长复核签字。

4.5　乙二胺四醋酸质量标准

乙二胺四醋酸外观为白色结晶性粉末。熔点 250℃（分解），含量不低于 98.0%。

4.6　主要仪器设备的维护保养和使用

4.6.1　反应瓶每次使用后要冲洗干净，平时保持干燥。

4.6.2　真空循环水泵随用随开。

4.6.3　搅拌器电机要经常保持清洁，不允许有油垢灰尘，不允许用水清洗；使用时要经常注意负荷电流，不得超过其额定功率；要经常注意其外壳温度，不允许超过额定温度；要经常检查轴承发热泄漏等现象；电机要每年打开轴承重新加油；搅拌轴封如有泄漏，要及时调整。

4.6.4　电子秤的使用，按照《电子秤使用操作规程》执行。

4.6.5　电热套的使用，按照《调温电热套使用操作规程》执行。

4.6.6　温度计的使用，根据反应溶剂的沸点和反应控制温度范围确定，本反应回流温度控制在 102～106℃，所以要选用 0～150℃量程的温度计。注意轻拿轻放，水银球要插入液面下，不要被搅拌碰撞。

笔记

工作记录——操作与清场记录

岗位：　　　　　　　　项目组成员：　　　　　　　　指导教师：

项目编号		项目名称			
子项目编号		子项目名称			
生产日期		产品名称		批号	

领料(备料)					
物料名称	规格	批号	单位	数量	单价
一氯醋酸					
乙二胺(二)盐酸盐					
氢氧化钠(固体)					
浓盐酸					
活性炭(细粉状)					
操作人：　　年　月　日			复核人：　　年　月　日		

开工前检查		
检查内容	检查结果	检查人
操作人员是否按规定穿戴工作服(实验服)、帽(长发者)、鞋、防毒口罩、胶皮手套	是☐ 否☐	
是否有上一批产品的清场合格证："待用、已清洁"标志	有☐ 无☐	
检查仪器设备清洁状态，是否在清洁效期内，设备挂有设备状态标志	有☐ 无☐	
反应仪器设备的清洁维护及运转情况	是☐ 否☐	
检查衡器按置零键置零，是否在校验合格期内	是☐ 否☐	
设备完好证明与校验合格证，并且在校验期内	有☐ 无☐	
操作间与设备是否已换上生产状态标识牌	是☐ 否☐	
生产现场水、电是否达到生产要求	是☐ 否☐	
所用一氯醋酸、乙二胺(二)盐酸盐、氢氧化钠、盐酸、活性炭是否符合要求	是☐ 否☐	
审核(指导教师)：　　年　月　日		

称量
1. 复查原辅料名称、批号、数量、规格和外观质量，是否有异常 2. 称取固体物料时，要求取用重量在规定量的0.5%范围内

续表

物料名称	规格	批号	标准量	称取量	备注
一氯醋酸					
乙二胺(二)盐酸盐					
氢氧化钠(固体)					
水					
浓盐酸					
活性炭(细粉状)					

操作人：　　　　　年　月　日	复核人：　　　　　年　月　日
审核(指导教师)：　　　　　年　月　日	
投料、反应过程控制与粗品分离纯化　　　　　年　月　日	

<table>
<tr><th rowspan="2">操作步骤</th><th colspan="2">时间</th><th rowspan="2">操作记录</th><th rowspan="2">现象/备注</th><th rowspan="2">操作人/复核人</th></tr>
<tr><th>开始</th><th>结束</th></tr>
<tr><td>配制 30% 氢氧化钠溶液 50.0mL</td><td></td><td></td><td>氢氧化钠______ g
水______ mL</td><td></td><td></td></tr>
<tr><td>安装回流反应装置，使用机械搅拌</td><td></td><td></td><td>室温______℃</td><td></td><td></td></tr>
<tr><td>250mL 四颈瓶中，投入一氯醋酸 22.5g，加 45mL 水，开动搅拌使溶解，开冷凝水</td><td></td><td></td><td>一氯醋酸______ g
水______ mL
搅拌转速______ rpm</td><td></td><td></td></tr>
<tr><td>向 200mL 烧杯中加 22.0g 固体氢氧化钠，加水 60mL 搅拌使溶解，再加入乙二胺(二)盐酸盐 9.1g，混匀，转到滴液漏斗中</td><td></td><td></td><td>氢氧化钠______ g
水______ mL
氢氧化钠______ g
乙二胺(二)盐酸盐______ g</td><td></td><td></td></tr>
<tr><td>在搅拌下将滴液漏斗中的混合溶液滴加到四颈瓶内的一氯醋酸溶液中(1～2min)，测溶液 pH</td><td></td><td></td><td>滴加时温度______℃
加毕溶液温度______℃
pH ______</td><td></td><td></td></tr>
<tr><td>取下滴液漏斗，将对应的瓶口用塞子塞住，用电热套给反应瓶加热，维持 102～106℃搅拌保温 2h*，于前半小时内，分次测定反应液的 pH，当 pH 低于 9 时，补加少量 30% 氢氧化钠，使 pH 维持 9 左右</td><td></td><td></td><td>电热套电压______ V
起始____℃，升至____℃
<table>
<tr><th>pH</th><th>补 30% NaOH</th><th>补后 pH</th></tr>
<tr><td></td><td></td><td></td></tr>
<tr><td></td><td></td><td></td></tr>
<tr><td></td><td></td><td></td></tr>
</table>
<table>
<tr><th>温度/℃</th><th>时间</th><th>温度/℃</th><th>时间</th></tr>
<tr><td></td><td></td><td></td><td></td></tr>
<tr><td></td><td></td><td></td><td></td></tr>
<tr><td></td><td></td><td></td><td></td></tr>
</table>
</td><td></td><td></td></tr>
</table>

续表

操作步骤	时间		操作记录	现象/备注	操作人/复核人
	开始	结束			
停止加热,移开电热套,让反应液稍冷,向四颈瓶内加入活性炭,用电热套加热脱色5min			停止加热时______℃ 活性炭______g 加炭时______℃		
趁热抽滤**:停止回流脱色,安装热抽滤装置,将盛粗品溶液的仪器从水浴中取出,用热水润湿滤纸,抽紧,在开真空水泵的状态下趁热将料液倒入布氏漏斗			料液温度______℃		
滤液放冷至室温,用盐酸酸化到 pH 为 1			加酸时____℃ 盐酸____mL pH ____		
放置,自然冷却,析出结晶					
抽滤**:安装抽滤装置,用冷水润湿滤纸,抽紧;将料液借助玻璃棒转入布氏漏斗,抽干(至布氏漏斗颈下端无液体滴下)			料液温度______℃		
洗涤***:滤饼用少量蒸馏水洗涤 4 次以上,至无氯离子检出,抽干			洗涤______次 水量______mL 产品外观______		
湿产物称重			产品湿重______g		

*保温反应过程中,每 30min 记录一次温度

**抽滤确认:(1)滤纸须放整齐,大小合适,防止抽滤泄漏;(2)反应器内需转料干净

操作人: 年 月 日 复核人: 年 月 日

***洗涤确认:水量要适当,确保:(1)滤饼洗涤完全;(2)避免洗涤过度,造成产物损失

操作人: 年 月 日 复核人: 年 月 日

备注:偏差及处理:

干燥 年 月 日

续表

操作步骤	时间		操作记录	现象/备注	操作人/复核人
	开始	结束			
干燥：将 EDTA 湿品放入培养皿平摊均匀，放入干燥箱于100℃干燥 2～3h，停机降温到25℃左右（要求：①每小时巡检一次；②两次称重相差在0.5%以内停止干燥）			烘箱设定温度______℃ 巡检时间 | 烘箱温度 | 称重/g | | | | | | | |		
称重			产品干重______g		
备注：偏差及处理：					

熔点测定　　　　年　月　日

操作步骤	时间		操作记录			现象/备注	操作人/复核人
	开始	结束					
研磨样品			样品______g			熔点仪型号：	
装毛细管			样高______mm				
参数设置			预设温度______℃ 升温速率______℃/min				
熔点测定			放入样品管时温度：______℃				
第一次：			初熔 1	终熔 1	熔程℃		
第二次：							
第三次：			初熔 2	终熔 2	三次平均：		
三次平均：							
			初熔 3	终熔 3			

指导教师：　　　　年　月　日

清场记录	
基本要求	1. 试剂、物料密封好，存放在指定位置 2. 台面、地面无杂物、无积粉、无污斑、无积液 3. 仪器清洗干净，放在指定位置，工器具、盛具清洁整齐摆放在指定位置 4. 设备外表面见本色，无油污、无残迹、无异物，设备内表面每三批进行清洗 5. 将与下批生产无关的文件清理出现场 6. 生产垃圾及废物收集到指定的位置

续表

	项目	合格（√）	不合格（×）	清场人	复核人
清场项目	1. 仪器清洁，设备外表面擦拭干净				
	2. 物料存放在指定位置				
	3. 与下批生产无关文件清理出生产现场				
	4. 地面、台面清洁干净，生产垃圾及废物收集到指定位置				
	5. 工器具、洁具擦拭或清洗干净摆放在指定位置				
	6. 房间内挂上“待用、已清洁”状态标志				
	7. 水、电、窗户关好				
备注					
指导教师：					年 月 日

项目成果

项目成果——结果与产率

产物名称	生产日期	批号	湿品重量/g	干品重量/g	熔点/℃	产率/%
产物外观：						
备注：						
记录人： 年 月 日			计算人：			年 月 日
任课教师：						年 月 日

项目成果——单耗与成本

原料名称	单价/(元/g)	单耗/(g/g)	成本/(元/g)
一氯醋酸			
乙二胺(二)盐酸盐			
氢氧化钠(固体)			
浓盐酸			
活性炭			
总成本			
记录人： 年 月 日		计算人：	年 月 日
任课教师：			年 月 日

乙二胺四醋酸合成子项目活页笔记

1. 这个子项目有什么收获、体会与建议？

2. 有哪些尚未解决的问题或疑惑？

支撑知识　烃化反应与固体产物的分离纯化技术

一、烃化反应

MOOC—烃化反应

N-烃化反应

笔记

(一) 烃化反应的概念及分类

1. 概念

用烃基取代有机分子中的氢原子，包括某些官能团（如羟基、氨基、巯基等）或碳架上的氢原子得到烃化产物的反应都称为烃化反应。

引入的烃基包括：饱和、不饱和、脂肪、芳香以及有各种取代基的烃基。烃基的引入方式主要通过取代反应，也可以通过双键加成。

常用的烃化剂有卤代烃（RX）、硫酸酯、磺酸酯、醇、烯烃、环氧烷（发生羟乙基化）、重氮甲烷（CH_2N_2）、甲醛等。

2. 反应分类

(1) 按形成键的形式分类　按照烃基引入C、N、O原子的不同分为碳原子上的烃化、氮原子上的烃化、氧原子上的烃化。

(2) 按反应历程分类　按反应历程不同分为亲核取代（S_N1、S_N2），亲电取代、双键加成。本节讨论项目涉及*N*-烃化反应。

(二) 氮原子上的烃化反应

氮原子上的烃化反应是指氨、脂肪族或芳香族胺类氨基中氢原子被烃基取代，或者通过直接加成而在氮原子上引入烃基的反应。

笔记

其中氨、脂肪族胺的碱性较强，亲核能力也较强，比羟基容易进行烃化反应，而芳香胺氮原子的碱性较弱，发生 *N*-烷基化需要更强的条件。

1. 卤代烃为烃化剂

卤代烃与氨、胺反应可以在氮原子上引入烃基，得到伯、仲、叔胺，但由于氨及胺分子中含有多个活泼氢，易得混合物。可通过选择烃化剂种类、原料配比、反应溶剂、添加剂等分别制备伯、仲、叔胺。

（1）反应通式与反应机理

$$RX + NH_3 \longrightarrow \left[H_3N\cdots C \cdots X \right] \longrightarrow R\overset{\oplus}{N}H_3\overset{\ominus}{X} \xrightleftharpoons{NH_3} RNH_2 + NH_4X$$

$$RX + RNH_2 \longrightarrow R_2\overset{\oplus}{N}H_2\overset{\ominus}{X} \xrightleftharpoons{NH_3} R_2NH + NH_4X$$

$$RX + R_2NH \longrightarrow R_3\overset{\oplus}{N}H\overset{\ominus}{X} \xrightleftharpoons{NH_3} R_3N + NH_4X$$

$$RX + R_3N \longrightarrow R_4\overset{\oplus}{N}\overset{\ominus}{X}$$

（2）影响因素

① 物料配比

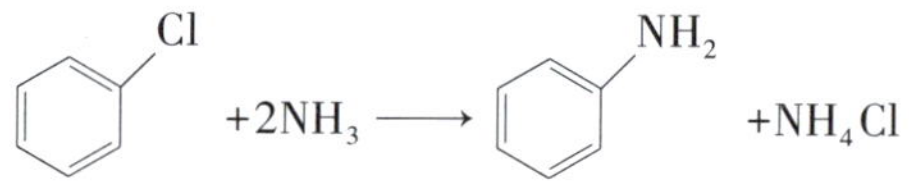

理论上原料 1∶2（实际 1∶5~6）

② 溶剂：常用水、醇、苯、甲苯、环己烷、DMF、NH_4Cl、NH_4NO_3、NH_4Ac 等。

③ RX 活性：R 相同时，活性顺序一般为 RI>RBr>RCl>RF。一般活性不够强的溴代烃（RBr）、卤代烃（RCl）加入碘化钾（KI），使 Br 和 Cl 被置换成碘，从而增强 RBr 和 RCl 的反应活性。

X 相同时，卤代丙烯、卤苄>卤代烷>卤代芳烃（ArX），ArX 活性低，一般不反应，当芳环上 X 邻对位有吸电子基团存在时，反应可以发生。

（3）应用实例

① 伯胺的制备

a. 过量的氨与卤代烃反应，主要产品为伯胺。

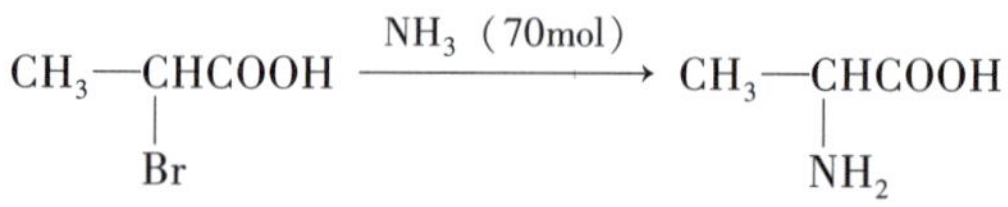

b. 盖布瑞尔（Gabriel）反应：邻苯二甲酰亚胺与氢氧化钾的乙醇溶液作用转变为邻苯二甲酰亚胺盐，此盐和卤代烷反应生成 *N*-烷基邻苯二甲酰亚胺，然后在酸性或碱性条件下水解得到一级胺和邻

笔记

苯二甲酸，这是制备纯净的一级胺的一种方法。

反应式：

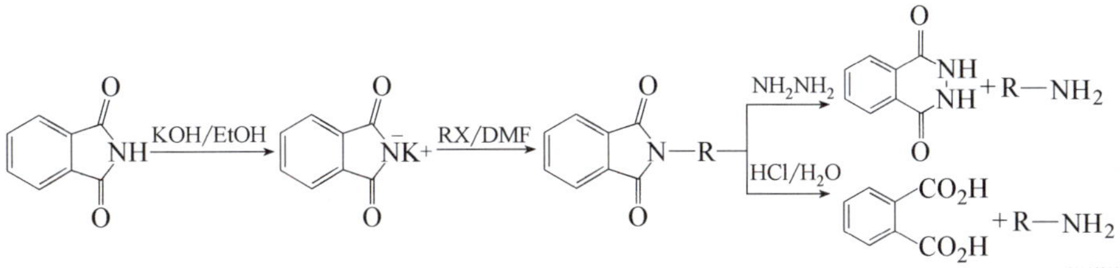

应用范围较广，除少数活性较差的卤代芳烃之外，适于各种伯卤代烃的取代基。例如：

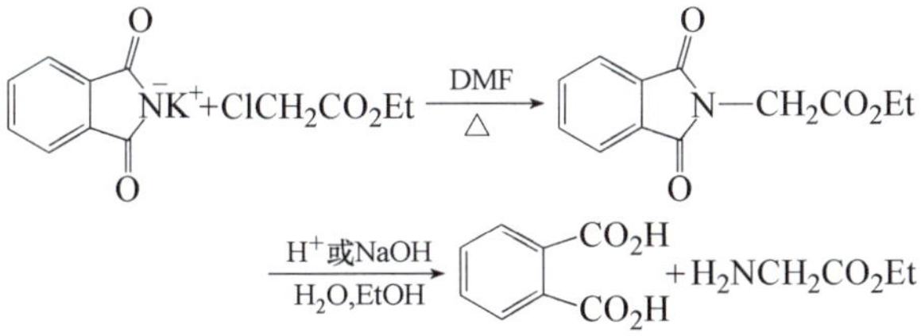

c. 德来番（Délépine）反应　卤代烃与乌洛托品反应生成季铵盐，在醇中进行酸性水解生成伯胺。

反应式：

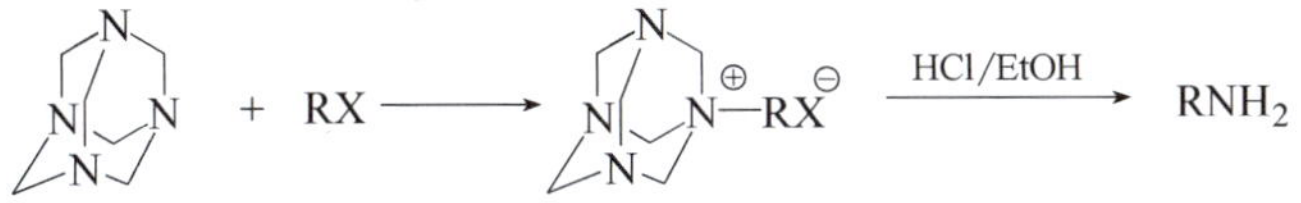

环六亚甲基四胺
(乌洛托品)

例如：

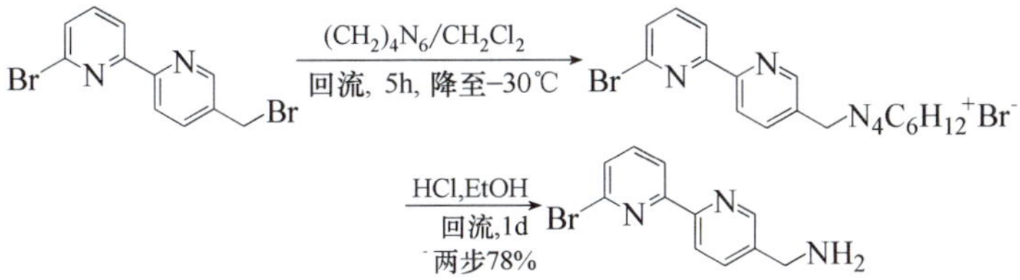

② 仲胺的制备

a. 伯胺与卤代烃反应可以制备仲胺。例如：

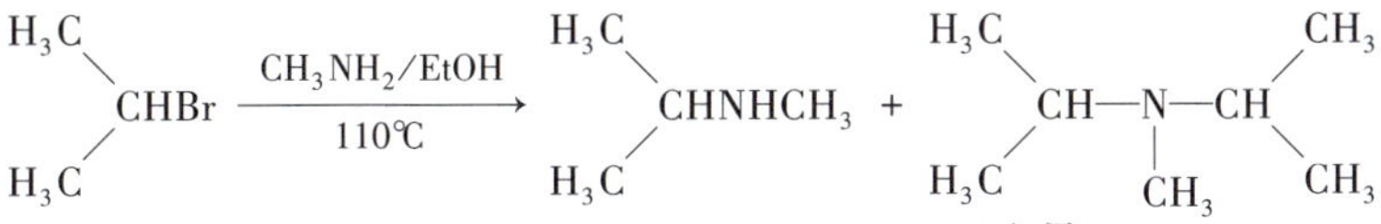

（78%）　　（少量）

b. 乌尔曼（Ullmann）反应：芳香伯胺与卤代芳烃在铜或铜（Ⅰ价）盐催化下完成偶联反应。例如：

笔记

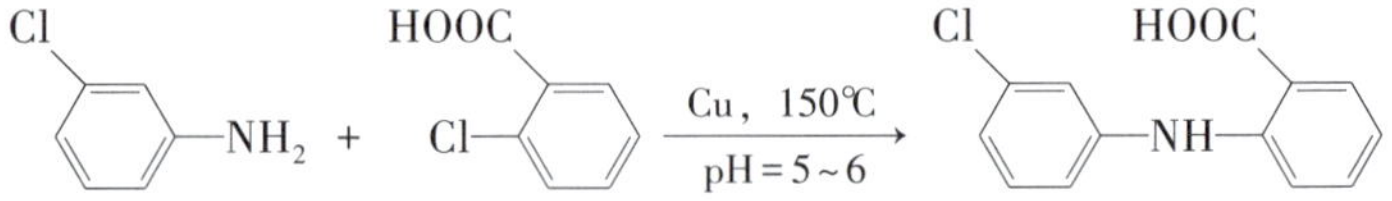

③ 叔胺的制备：仲胺与卤代烃反应可以制备叔胺。例如：

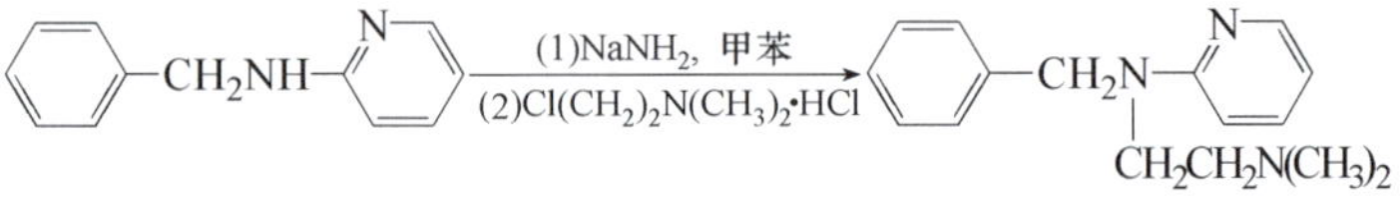

2. 酯类为烃化剂

（1）硫酸酯、芳磺酸酯类　硫酸酯类主要有硫酸二甲酯和硫酸二乙酯。氮原子亲核活性大，容易反应。

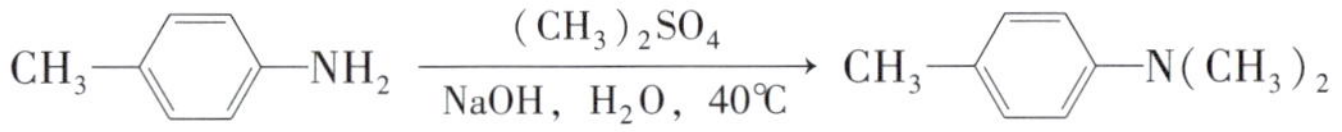

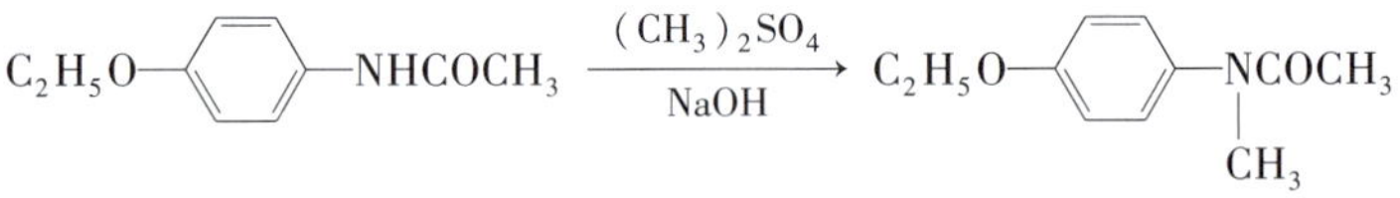

如果分子中既有氨基又有羟基，选择合适的溶剂或 pH，可以选择性烃化。例如：

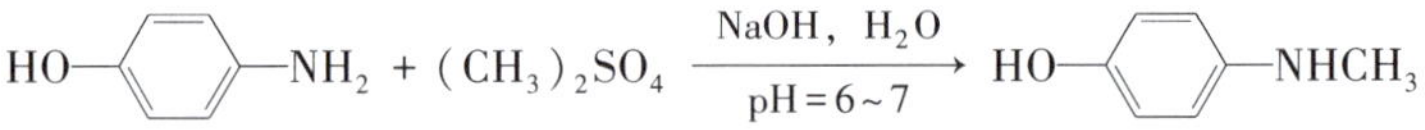

芳磺酸酯作烃化剂进行 *N*-烃化与 *O*-烃化情况类似，常用于引入分子质量较大的烃基。

（2）原甲酸乙酯烃化剂　芳香伯胺可于硫酸存在下，用原甲酸乙酯烃化，先得 *N*-乙基甲酰苯胺类化合物，再水解为 *N*-乙基苯胺。例如 *N*-乙基对氯苯胺的制备。

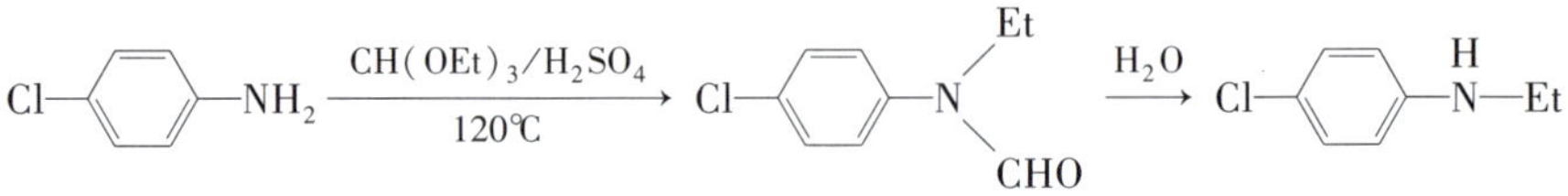

3. 环氧乙烷类烃化剂

环氧乙烷及其衍生物与氨或胺的反应机制属于 S_N2 反应。反应难易程度取决于氮原子碱性的强弱，碱性越强，亲核能力越大，反应越容易进行。脂肪胺碱性较强，较容易发生羟乙基化反应；芳胺的碱性较弱，羟乙基化反应需要加入酸性催化剂。

利用环氧乙烷对胺类进行烃化应注意两个问题：①开环规律同醇的羟乙基化反应。②注意控制配料比，以免发生多聚副反应。例如：

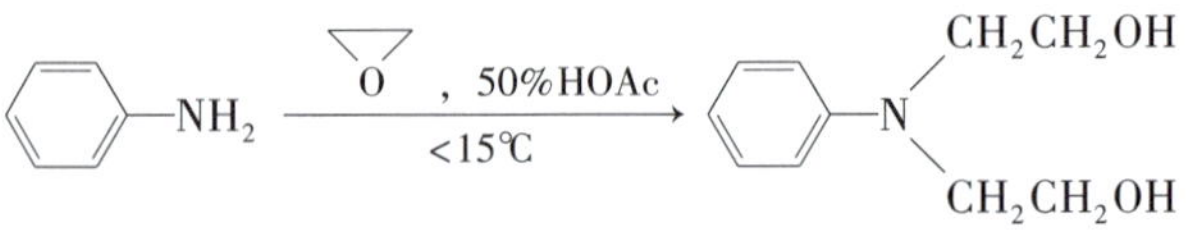

4. 其他烃化剂

（1）还原烃化　醛或酮在还原剂存在下与 NH_3、伯胺、仲胺反应，在氮上引入烷基的反应，芳香醛的还原烃化效果好。

笔记

还原烃化具有以下特点：①还原剂常用催化氢化、Na/EtOH、Na-Hg/EtOH、Zn-Hg/HCl、HCOOH、金属复合氢化合物 $LiAlH_4$、$NaBH_4$；其中以催化氢化和甲酸最常用。②N 上引入的碳数与醛酮的碳数一致。③操作简单，不产生季铵盐。④反应活性：醛>酮，脂肪族>芳香族，无立体位阻>有立体位阻。

当用甲酸及其铵盐对醛酮进行还原烃化，该反应称为洛伊卡特/沃勒克（Leuckart-Wallach）反应。用雷尼（Raney）镍还原时得到收率较低的芳基烷基酮，改用此法可得到收率较高的胺。伯胺或仲胺用甲醛及甲酸还原甲基化也可以用于制备叔胺，这一反应称为 Eschweiler-Clarke 反应，是埃斯维勒-克拉克（Leuckart-Wallach）反应的特例。利用还原烃化可以制备伯胺、仲胺和叔胺。

① 反应通式

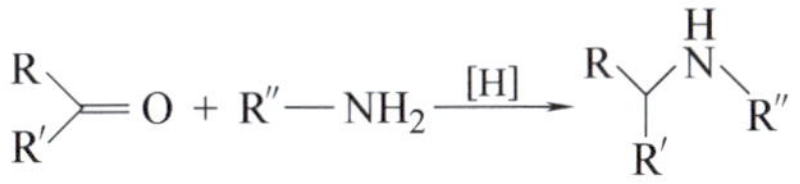

② 反应机理　氨或胺对醛或酮的羰基进行亲核进攻，再经脱水生成亚胺，然后亚胺在催化还原下生成相应的 *N*-烃化产物。

③ 应用实例　可以制备伯、仲、叔胺。

a. 伯胺的制备

$$NH_3+PhCHO \xrightarrow[C_2H_5OH]{H_2/Raney\ Ni} PhCH_2NH_2+(PhCH_2)_2NH$$

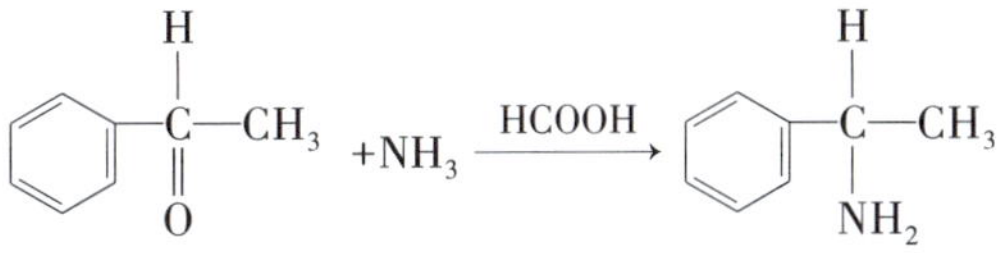

b. 仲胺的制备：当芳香醛与氨的摩尔比为 2∶1 时，以 Raney 镍为还原剂主要得仲胺。

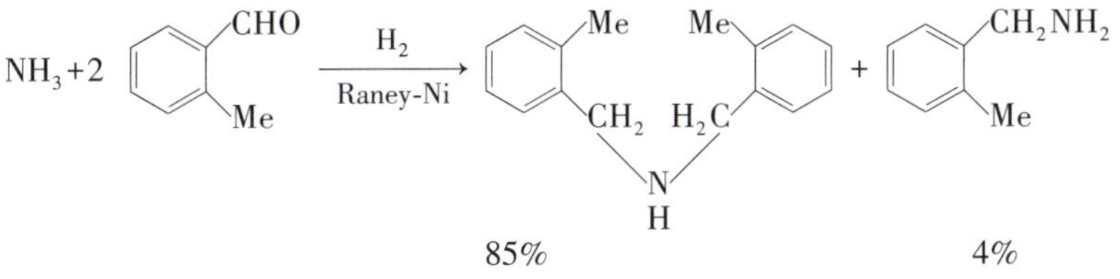

c. 叔胺的制备

$$HN(CH_2CH_2OH)_2 \xrightarrow[95\sim100℃]{HCHO,\ HCOOH} CH_3N(CH_2CH_2OH)_2$$

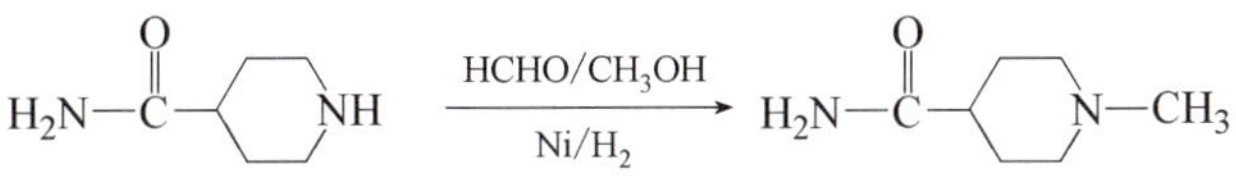

（2）烯烃类烃化剂　NH_3 或胺易与丙烯腈发生加成。

$$R—NH_2+CH_2═CHCN \longrightarrow RNHCH_2CH_2CN$$

笔记

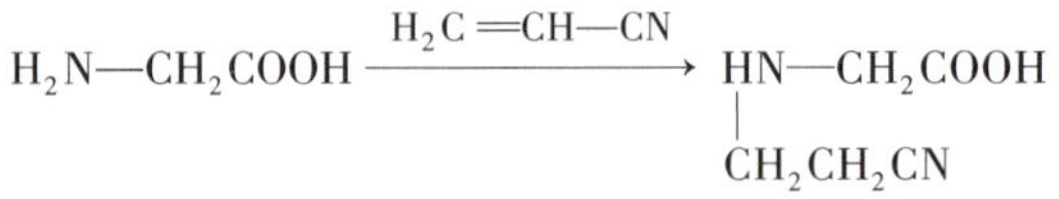

（3）醇类烃化剂　用醇作烃化剂是工业上制备胺类的主要方法，分为气相和液相，液相烃化醇与 NH_3 或胺在催化剂存在下脱水制备胺类，常用催化剂为 H_2SO_4、氢溴酸、TsOH、HCl 等。

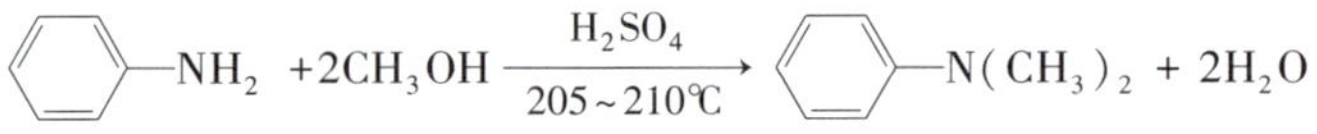

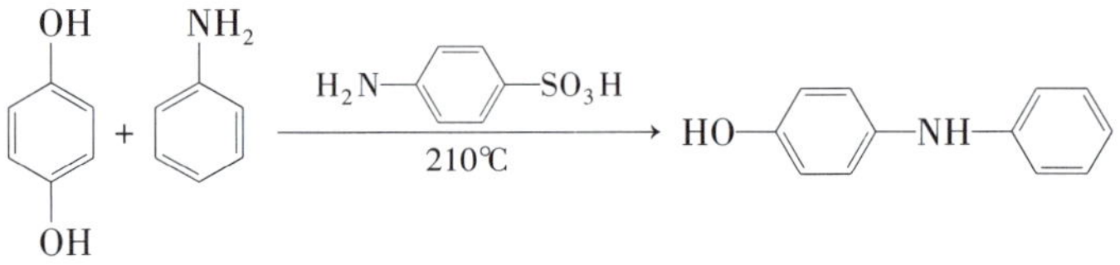

案例分析

由黄嘌呤合成咖啡因与可可豆碱

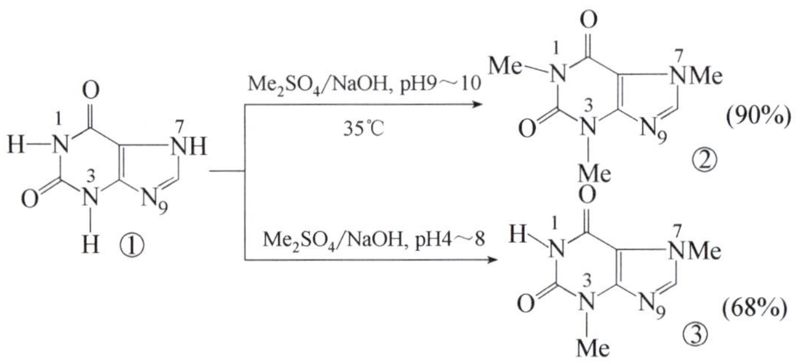

分析：黄嘌呤①分子中有三个可被烃化的氮原子，其中 N7 和 N3 的碱性强，在近中性条件下可被烃化；N1 上的氢有一定的酸性，中性条件下不易被烃化，只能在碱性条件下被烃化。因此，在不同的 pH 条件下，可得到两种不同的产物咖啡因②和可可碱③。

烃化反应活页笔记

1. 这部分你有什么收获、体会与建议？

2. 你有哪些尚未解决的问题或疑惑？

二、固体产物的分离纯化技术

重结晶、过滤、洗涤、干燥见项目 1-2“支撑知识”中的“二、固体产物的分离纯化技术”。以下介绍本工艺中的酸化法。

EDTA 为中等强度的有机酸，利用强酸置换弱酸的原理，烃化反应结束，将反应液脱色后得到的滤液放冷至室温，用强的无机酸盐酸（有时也用硫酸）酸化至 pH1，使有机酸从钠盐溶液中结晶析出。

固体产物分离技术活页笔记

1. 又一次接触到固体产物分离，你有什么收获、体会与建议？

2. 你有哪些尚未解决的问题或疑惑？

学习成果考核

一、在线章节测验

请扫码完成在线测验。

烃化反应测验　　烃化工艺测验

二、项目考核

1. 请按照附录 1 实操项目考核表和附录 2 实操考核标准进行考核。

2. 请将项目成果——结果与产率、单耗与成本表，以及产品照片上传学习通，同时提交实物，进行结果评价。

课后拓展——在线自主学习

请利用课程网站学习 *N*-烃化反应在药物合成中的应用、*O*-烃化及其在药物合成中的应用实例。

N-烃化应用　　*N*-烃化案例分析　　*O*-烃化反应　　*O*-烃化及应用

项目四 苯妥英钠的合成

项目概述

苯妥英钠为抗癫痫药、抗心律失常药，属于《中国药典》2015 版和 2020 版收载品种。2019 年底，国内苯妥英钠原料药生产企业 6 家。本品化学名为 5,5-二苯基乙内酰脲钠盐。其化学结构式为：

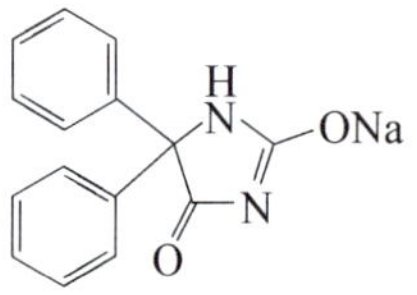

$C_{15}H_{11}N_2NaO_2$，274.25

本品为白色粉末，无臭，微有引湿性，在空气中渐渐吸收二氧化碳，分解成苯妥英。水溶液显碱性反应，常因部分水解而发生浑浊。本品在水中易溶，在乙醇中溶解，在三氯甲烷或乙醚中几乎不溶。熔点为 291~299℃。

其制备方法可以安息香为原料，经缩合、氧化、缩合、（重排）环合，再精制得到，合成路线如下。

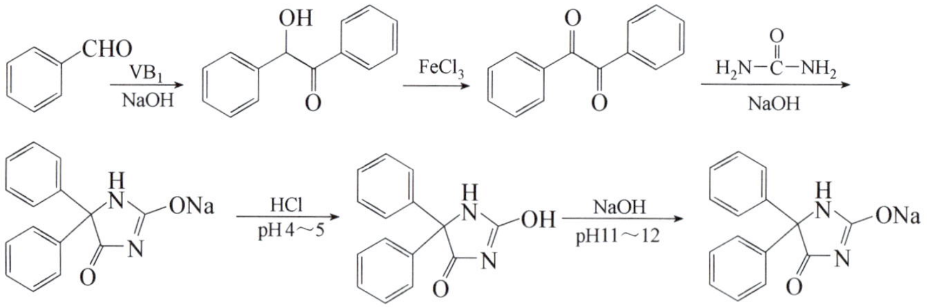

本教材分三个子项目介绍苯妥英钠的合成方法和相关知识。

笔记

项目4-1 安息香的合成

实施准备

项目任务书

项目编号		项目名称			
子项目编号		学员姓名/学号			
起始时间		指导教师		班长	
项目组成员					
学习任务	完成安息香合成与分离纯化任务,产品质量符合产品质量标准,计算产率、单耗和成本				
学习目标	知识目标 1. 知道安息香合成方案确定的主要原则 2. 掌握安息香合成中缩合反应知识、合成原理和分离纯化的方法:冷却结晶、抽滤、重结晶、干燥 3. 知道反应原料、试剂称量方法和正确的加料顺序 4. 知道原料、试剂主要性质及毒性防护 5. 理解用薄层色谱(TLC)技术监控安息香合成反应进程的原理 6. 知道安息香合成操作过程中的安全隐患和控制方法 7. 掌握判定安息香质量好坏的依据和简单的判定方法——熔点测定 8. 掌握安息香收率、单耗和成本的计算方法 9. 掌握按照 GMP 要求填写安息香合成操作记录和清场的方法 10. 知道计量器具、合成反应和分离纯化仪器、设备使用、维护和保养方法 11. 知道安息香合成工作的真实生产流程 12. 掌握有机合成工中与药物合成有关的专业知识、技能和素质,为考取有机合成工职业资格和参加有机合成工技能大赛奠定基础 能力目标 通过安息香合成方案的确定和产品的合成,能够: 1. 利用文献资源,从工艺条件、物料性质、安全环保、成本等多个方面综合分析评价安息香合成中不同要素,确定合理的实验方案 2. 按照安息香生产流程和 SOP,正确备料;正确使用各种衡器、量器具称量物料、正确投料;进行反应控制和产物分离纯化,产品符合要求 3. 使用恒温水浴锅控制温度、用薄层色谱(薄层层析)跟踪反应进度;使用结晶、重结晶、抽滤、洗涤、干燥方法进行分离纯化;使用熔点仪进行熔点测定 4. 按照 SOP 和 GMP 要求正确填写安息香合成操作和清场记录 5. 按照安息香合成 SOP 规定,做好个体防护,实现安全生产;采取适当的措施处理停水、断电等突发事件 6. 做好废水、废渣和其他废物集中存放和处理,实现清洁生产 7. 正确计算安息香的产率、单耗和成本 8. 如结果异常,根据反应式和反应过程分析影响产品质量和收率的主要因素 9. 能将学到的缩合反应知识和技能迁移至其他化学药物的合成操作中。 思政目标 通过安息香合成方案的确定和产品的合成,具备: 1. 一定的分析、解决问题能力和综合运用知识能力,能够利用文献资源确定实验方案 2. 其他同项目 1-1				

工作内容与要求	
实施前	1. 填写项目任务书,明确任务目标、内容与要求
	2. 学习岗位操作规定(SOP),明确生产流程和操作要点
	3. 回答引导问题,填写项目预习记录,拍照上传学习通
实施中	1. 穿戴整齐干净的实验服,佩戴乳胶手套、防毒口罩等防护用品
	2. 严格按 SOP 完成备料称量
	3. 严格按 SOP 完成投料、反应过程控制、初产物分离纯化、精制和干燥
	4. 严格按 SOP 完成产品熔点测定
	5. 按 GMP 要求清场
	6. 按 GMP 要求填写工作页记录
	7. 正确进行产品称量,产率与成本计算
实操结束	1. 拍照上传项目工作页和产品电子版,提交纸质版,展示产品实物
	2. 在教师引导下总结项目要点,系统完成相关理论知识学习
	3. 完成产率、单耗、成本计算,拍照上传学习通,并提交纸质版
	4. 对工作页和工作成果进行互评

进度要求
1. 项目操作及相关记录、项目成果、项目现场考核,应在项目规定实操时间内完成
2. 理论学习在项目完成后两天内完成(含自学内容)

预习活页

项目名称		子项目名称	
学员姓名/学号		项目组成员	

引导问题
1. 本子项目涉及哪(几)个单元反应? 2. 反应的试剂主要有哪些? 3. 涉及的分离纯化方法是什么? 4. 项目的关键点在哪里?

引导问题回答

项目预习记录

一、原料试剂和产物理化性质、主要危险性及个体防护措施						
序号	原料/试剂名称	相对分子质量	密度	b. p. /m. p.	主要危险性	个体防护措施
1						
2						
3						
4						
5						
6						
7						

二、实验操作注意事项

三、问题和建议

预习完成时间： 年 月 日

项目实施——岗位工作页

操作规程——SOP

题目：安息香合成岗位操作规程

文件编号：SOP-HC-1041	生效日期:2019-09-30		审核期限:3 年	页码：
起草人：	第一审核人：	第二审核人：	批准人：	发布部门：
日期： 年 月 日	日期： 年 月 日	日期： 年 月 日	日期： 年 月 日	

1. 目的

建立安息香合成岗位操作规程，规范本岗位的操作，确保生产安全和质量稳定。

笔记

2. 适用范围

适用于安息香合成岗位。

3. 职责

指导教师负责和监督本规程的有效实施，操作人员严格按照该规程要求进行操作。

4. 正文

4.1 主要原料试剂的规格、主要危险性及个体防护

4.1.1 苯甲醛（安息香醛）

（1）规格及主要理化性质　分析纯或化学纯，相对分子质量106.12。纯品为无色液体，工业品为无色至淡黄色液体，有苦杏仁气味，沸点178℃，相对密度（水＝1）1.04，微溶于水，可混溶于乙醇、乙醚、苯、氯仿。

（2）主要危险性

① 健康危害：本品对眼睛、呼吸道黏膜有一定的刺激作用。由于其挥发性低，其刺激作用不足以引起严重危害。

② 燃爆危险：本品可燃、有毒，具刺激性。

（3）接触处理

① 皮肤接触：脱去被污染的衣物，用流动水冲洗15min。

② 眼睛接触：用流动的清水或生理盐水彻底冲洗至少15min，就医。

（4）个体防护　佩戴防护眼镜、自吸过滤式防毒面具（半面罩）、乳胶手套。穿纯棉防静电实验服。工作场所禁止吸烟、进食和饮水，饭前要洗手。

（5）消防措施

① 危险特性：遇明火、高热可燃。若遇高热，容器内压增大，有开裂和爆炸的危险。

② 灭火剂：雾状水、泡沫、干粉、二氧化碳、砂土。

4.1.2 维生素 B_1（硫胺素）

（1）规格及主要理化性质　原料药，相对分子质量337.27。白色结晶或结晶性粉末，有微弱的特殊味道，味苦，干燥品在空气中迅速吸收约4%的水分，熔点246～250℃（分解）。在水中易溶，在乙醇中微溶，在乙醚中不溶。

（2）主要危险性　为常用药B族维生素之一，毒性和危险性低。

（3）个体防护　实验室少量使用无需特别防护，穿纯棉防静电实验服。避免吸入、眼睛和皮肤接触。工作场所禁止吸烟、进食和饮水。

笔记

4.1.3　乙醇

见项目 1-2 SOP 部分 4.1.3 乙醇，或扫码查看相关信息。

乙醇

4.1.4　氢氧化钠

见项目 1-1 SOP 部分 4.1.5 氢氧化钠，或扫码查看相关信息。

氢氧化钠

4.1.5　活性炭

见项目 1-2 SOP 部分 4.1.5 活性炭，或扫码查看相关信息。

活性炭

4.2　其他材料

ϕ7cm 定性滤纸 6 张、广泛 pH 试纸 1 板。

4.3　仪器设备

恒温磁力搅拌器 1 台、0~100℃温度计 1 支、回流冷凝管 1 支、250mL 四颈瓶 1 个、150mL 圆底烧瓶 1 个、200mL 烧杯 2 个、500mL 烧杯 1 个、500mL 抽滤瓶 1 个、ϕ8cm 布氏漏斗 1 个、玻璃棒 1 支、20mL 量筒 1 个、50mL 量筒 1 个、100mL 量筒 1 个、电子天平 1 台、薄层层析用具一套（层析缸 1 个、薄层板 5 片、点样毛细管若干、试样管 5 支、石油醚和乙酸乙酯各 1 瓶，项目 4-2 中与此相同）、胶头滴管 1 个、药匙 3 把、循环水真空泵 1 台、培养皿 1 套、干燥箱 1 个、熔点测定装置一套。

4.4　操作方法与要点

4.4.1　投料量及配比

原料名称	投料量	重量比(g/g)
维生素 B_1	5.4g	1.00
水	15mL	2.78
苯甲醛	30mL(31.2g)	5.78
氢氧化钠(10%)	适量(用作调节 pH)	—
乙醇(95%)	40mL(31.6g)	5.84
乙醇(10%)	20mL+10mL(洗涤用)	—
乙醇(70%)	视粗品量而定	—
活性炭(细粉状)	视粗品量而定	—

笔记

安息香粗品制备动画　　安息香重结晶动画　　MOOC—安息香合成

4.4.2 开工前准备

（1）操作人员必须按规定穿戴工作服（实验服）、帽（长发者）、鞋、防毒口罩、乳胶手套，才能进入合成岗位。

（2）检查房间是否挂有“已清场待用”标志。

（3）检查仪器设备清洁状态，是否在清洁效期内，设备挂有“设备状态标志”。

（4）检查所用反应仪器设备的清洁维护及运转情况，是否按照规定处于待机状态（绿色待机标志），应符合要求。

（5）检查衡器按置零键置零，是否在校验合格期内。

（6）检查设备完好证明与校验合格证，并且在校验期内。

（7）检查操作间与设备是否已换上生产状态标识牌。

（8）根据 GMP 认证管理制度，检查生产现场水、电是否达到要求。

（9）检查所用维生素 B_1、苯甲醛、乙醇、活性炭是否符合要求，并做记录。

（10）做好检查记录，指导教师现场监控，并签名。

4.4.3 领料（备料）、配料

（1）领料（备料）　操作人员根据生产任务和安息香合成方案，制订物料使用计划，填写领料单，领取物料，填写操作记录。

（2）配料　根据工艺要求配制 10%氢氧化钠，10%和 70%乙醇，填写操作记录。

4.4.4 投料、反应控制及分离纯化

4.4.4.1 投料

（1）250mL 四颈瓶中，加入 5.4g 维生素 B_1，15mL 水和 40mL 95%乙醇，使用磁力搅拌使之完全溶解，用 10%的氢氧化钠溶液调节 pH 至 9~10。

（2）加入 30mL 苯甲醛，填写操作记录。

4.4.4.2 反应参数设定及反应过程控制

事先将水浴加热到 65℃，将反应瓶置于恒温磁力搅拌器的水浴锅中，在温度 60~70℃下，反应 1.5h，反应结束（有的在反应过程中会有结晶析出）。每 30min 记录一次温度、现象，反应进行至 30min、60min 和 90min 时分别取样进行 TLC 分析，检查反应终点。

笔记

展开剂用石油醚和乙酸乙酯 4∶1，填写操作记录。

4.4.4.3　产物分离纯化

（1）初步分离纯化　反应 1.5h 后，停止加热和搅拌。将反应物冷却至室温，析出浅黄晶体；必要时冰水冷却，待结晶完全。抽滤，抽干（至布氏漏斗颈下端无母液滴下），滤饼用 20mL 稀冷乙醇（10%）分三次洗涤，抽干，得白色或淡黄色针状结晶，填写操作记录。

（2）精制　将粗品置于装有球形冷凝管的 150mL 圆底烧瓶中，每克粗品加入 10~15mL 70%乙醇，在水浴上加热溶解。稍冷，加活性炭脱色（活性炭用量视粗品颜色而定，为粗品量的 2%~5%），加热回流 10min，趁热抽滤（布氏漏斗、抽滤瓶应预热）。将滤液趁热转移至烧杯中，自然冷却，待结晶完全析出后，抽滤，用约 10mL 冷 10%乙醇洗涤两次，压干。填写操作记录。

（3）干燥　将安息香湿品放入培养皿平摊均匀，放入干燥箱于 100℃干燥 2~3h，停机降温到 25℃左右，得安息香成品。称重，测熔点，填写操作记录。

4.4.5　清场

检查生产使用的仪器、设备水电是否关闭，将剩余原料、生产记录本、设备运行记录等按照标准化管理要求，放到指定位置。清洗仪器，设备外表面擦拭干净，打扫卫生，垃圾和废物收集到指定位置。房间内挂上“待用、已清洁”状态标志，填写清场记录。

4.4.6　重点操作与复核

4.4.6.1　复核各原辅料的称量、计量，均应准确无误。

4.4.6.2　反应溶液 pH 保持在 9~10，反应时间不能少于 1.5h，加热时应严格控制温度，切勿加热过剧。

4.4.6.3　抽滤操作确认：（1）滤纸须放整齐，大小合适，防止抽滤泄漏；（2）反应器内需转料干净。必须有指导老师或班长复核签字。

4.4.6.4　洗涤操作确认：乙醇量要适当，确保：（1）滤饼洗涤完全；（2）避免洗涤过度，造成产物损失。必须有指导老师或班长复核签字。

4.5　安息香质量标准

安息香（二苯乙醇酮，苯偶姻），外观为白色或灰白色或淡黄色结晶，带有一种淡樟脑气味。熔点：134~138℃（分解），含量不低于 98.0%。

4.6　主要仪器设备的维护保养和使用

4.6.1　反应瓶每次使用后要冲洗干净，平时保持干燥。

4.6.2 真空循环水泵随用随开。
4.6.3 电子秤的使用，按照《电子秤使用操作规程》执行。
4.6.4 恒温磁力搅拌器的使用，按照《恒温磁力搅拌器使用操作规程》执行。
4.6.5 温度计的使用，根据反应溶剂的沸点和反应控制温度范围确定，本反应溶剂为乙醇-水混合液，温度控制在60~70℃，所以可选用0~100℃量程的温度计。注意轻拿轻放，水银球要插入液面下，不要被搅拌碰撞。

工作记录——操作与清场记录

岗位： 项目组成员： 指导教师：

项目编号		**项目名称**			
子项目编号		**子项目名称**			
生产日期		**产品名称**		**批号**	

领料(备料)

物料名称	规格	批号	单位	数量	单价
维生素 B_1					
苯甲醛					
氢氧化钠(固体)					
乙醇(95%)					
活性炭(细粉状)					

操作人： 年 月 日 复核人： 年 月 日

开工前检查

检查内容	检查结果	检查人
操作人员是否按规定穿戴工作服(实验服)、帽(长发者)、鞋、防毒口罩、胶皮手套	是□ 否□	
是否有上一批产品的清场合格证:“待用、已清洁”标志	有□ 无□	
检查仪器设备清洁状态,是否在清洁效期内,设备挂有设备状态标志	有□ 无□	
反应仪器设备的清洁维护及运转情况	是□ 否□	
检查衡器按置零键置零,是否在校验合格期内	是□ 否□	
设备完好证明与校验合格证,并且在校验期内	有□ 无□	
操作间与设备是否已换上生产状态标识牌	是□ 否□	
生产现场水、电是否达到生产要求	是□ 否□	
所用维生素 B_1、苯甲醛、乙醇、氢氧化钠、活性炭是否符合要求	是□ 否□	

审核(指导教师)： 年 月 日

称量

1. 复查原辅料名称、批号、数量、规格和外观质量,是否有异常
2. 称取固体物料时,要求取用重量在规定量的0.5%范围内

续表

物料名称	规格	批号	标准量	称取量	备注
维生素 B_1					
水					
苯甲醛					
氢氧化钠(固体)					
氢氧化钠(10%)					
乙醇(95%)					
乙醇(10%)					
乙醇(70%)					
活性炭(细粉状)					
操作人：		年 月 日	复核人：		年 月 日
审核(指导教师)：					年 月 日
投料、反应过程控制与粗品分离纯化					年 月 日

操作步骤	时间		操作记录	现象/备注	操作人/复核人
	开始	结束			
配制 10% 氢氧化钠溶液 15.0mL			氢氧化钠____ g 水____ mL		
配制 70% 乙醇 100mL			95%乙醇____ mL 水____ mL		
配制 10% 乙醇 30mL			95%乙醇____ mL 水____ mL		
在恒温磁力搅拌器的锅中加入锅深度一半量的水，安装回流反应装置			室温____ ℃		
250mL 四颈瓶中，加入 5.4g 维生素 B_1，15mL 水和 20mL 95%乙醇，搅拌使之完全溶解			维生素 B_1 ____ g 水____ mL 95%乙醇____ mL 搅拌转速____ rpm		
用 10% 的氢氧化钠溶液调节 pH 至 9～10			10%NaOH ____ mL pH ____		
加入 30mL 苯甲醛，于 60～70℃ 反应 1.5h，并于反应 0，30，60 和 90min 分别取样进行 TLC 分析			苯甲醛____ mL		
第一次 TLC 分析			取样时间____时____分； 温度____ ℃ 原料移动____ cm 产物移动____ cm 对照苯甲醛移动____ cm 对照安息香移动____ cm		

续表

操作步骤	时间		操作记录	现象/备注	操作人/复核人
	开始	结束			
开冷凝水，升温			起始____℃，升至____℃		
保温反应开始*			温度______℃		
第二次 TLC 分析			取样时间____时____分； 温度____℃ 原料移动______ cm 产物移动______ cm 对照苯甲醛移动______ cm 对照安息香移动______ cm		
第三次 TLC 分析			取样时间____时____分； 温度____℃ 原料移动______ cm 产物移动______ cm 对照苯甲醛移动______ cm 对照安息香移动______ cm		
第四次 TLC 分析			取样时间____时____分； 温度____℃ 原料移动______ cm 产物移动______ cm 对照苯甲醛移动______ cm 对照安息香移动______ cm		
停止加热和搅拌，将反应物冷却至室温，析出浅黄色晶体，再用冰水冷却，使结晶完全			停止加热时______℃ 产品冷却至______℃		
抽滤**：安装抽滤装置，用冷水润湿滤纸，抽紧，将料液借助玻璃棒转入布氏漏斗，抽干			料液温度______℃		
洗涤***：滤饼用 20mL 冷 10%乙醇分三次洗涤，抽干，将滤液收集到废物桶中			乙醇用量______ mL 产品外观______		
粗产物称重			产品湿重______ g		

* 保温反应过程中，每 30min 记录一次温度。取样进行 TLC 检测

* * 抽滤确认：(1)滤纸须放整齐，大小合适，防止抽滤泄漏；(2)反应器内需转料干净

操作人：　　　　年　月　日　　　　复核人：　　　　年　月　日

* * * 洗涤确认：乙醇量要适当，确保：(1)滤饼洗涤完全；(2)避免洗涤过度，造成产物损失

操作人：　　　　年　月　日　　　　复核人：　　　　年　月　日

备注：偏差及处理：

精制、干燥　　　　年　月　日

续表

<table>
<tr><th rowspan="2">操作步骤</th><th colspan="2">时间</th><th rowspan="2">操作记录</th><th rowspan="2">现象/
备注</th><th rowspan="2">操作人/
复核人</th></tr>
<tr><th>开始</th><th>结束</th></tr>
<tr><td>加入粗品:粗品置于装有球形冷凝管的 150mL 圆底烧瓶中</td><td></td><td></td><td>室温______℃</td><td></td><td></td></tr>
<tr><td>粗品溶解:按 1g 粗品对应 10~15mL 70%乙醇量取,并加入上述圆底烧瓶中,水浴加热至溶解</td><td></td><td></td><td>粗品______g
70%乙醇______mL
水浴温度______℃
溶液温度______℃</td><td></td><td></td></tr>
<tr><td>稍冷:将盛粗品溶液的圆底烧瓶从水浴中取出</td><td></td><td></td><td>稍冷后溶液______℃</td><td></td><td></td></tr>
<tr><td>脱色:加活性炭,仪器放回水浴中,微沸状态回流 10min</td><td></td><td></td><td>活性炭______g
水浴温度______℃
溶液温度______℃</td><td></td><td></td></tr>
<tr><td>预热抽滤装置:将抽滤瓶和布氏漏斗放到热水中浸泡</td><td></td><td></td><td>热水温度______℃</td><td></td><td></td></tr>
<tr><td>趁热抽滤*:停止回流脱色,安装热抽滤装置,将盛粗品溶液的仪器从水浴中取出,用热水润湿滤纸,抽紧,在开真空水泵的状态下趁热将料液倒入布氏漏斗</td><td></td><td></td><td>料液温度______℃</td><td></td><td></td></tr>
<tr><td>冷却结晶:将滤液趁热转移至烧杯中,自然冷却结晶,再置冰水浴中冷却,使结晶完全</td><td></td><td></td><td>热料液温度______℃
冷料液温度______℃</td><td></td><td></td></tr>
<tr><td>抽滤*:抽干(至布氏漏斗颈下端无液体滴下)</td><td></td><td></td><td>料液温度______℃</td><td></td><td></td></tr>
<tr><td>洗涤**:滤饼用约 10mL 冷 10%乙醇洗涤两次,抽干</td><td></td><td></td><td>10%乙醇______mL
产品外观______</td><td></td><td></td></tr>
<tr><td>湿产物称重</td><td></td><td></td><td>产品湿重______g</td><td></td><td></td></tr>
<tr><td>干燥:将安息香湿品放入培养皿平摊均匀,放入干燥箱于 100℃干燥 2~3h,停机降温到 25℃左右(要求:①每小时巡检一次。②两次称重相差在 0.5%以内停止干燥)</td><td></td><td></td><td>烘箱设定温度______℃<table><tr><th>巡检时间</th><th>烘箱温度</th><th>称重/g</th></tr><tr><td></td><td></td><td></td></tr><tr><td></td><td></td><td></td></tr><tr><td></td><td></td><td></td></tr><tr><td></td><td></td><td></td></tr></table></td><td></td><td></td></tr>
<tr><td>称重</td><td></td><td></td><td>产品干重______g</td><td></td><td></td></tr>
</table>

续表

＊抽滤确认：(1)滤纸须放整齐，大小合适，防止抽滤泄漏；(2)反应器内需转料干净 操作人：　　年　月　日　　复核人：　　年　月　日 ＊＊洗涤确认：乙醇量要适当，确保：(1)滤饼洗涤完全；(2)避免洗涤过度，造成产物损失 操作人：　　年　月　日　　复核人：　　年　月　日
备注：偏差及处理：

熔点测定　　年　月　日

操作步骤	时间		操作记录			现象/备注	操作人/复核人
	开始	结束					
研磨样品			样品______ g			熔点仪型号：	
装毛细管			样高______ mm				
参数设置			预设温度______℃ 升温速率______℃/min				
熔点测定			放入样品管时温度：____℃				
第一次：			初熔 1	终熔 1	熔程/℃		
第二次：							
第三次：			初熔 2	终熔 2	平均三次：		
三次平均：							
			初熔 3	终熔 3			

指导教师：　　年　月　日

清场记录

基本要求	1. 试剂、物料密封好，存放在指定位置 2. 台面、地面无杂物、无积粉、无污斑、无积液 3. 仪器清洗干净，放在指定位置，工器具、盛具清洁整齐摆放在指定位置 4. 设备外表面见本色，无油污、无残迹、无异物 5. 与下批生产无关的文件清理出现场 6. 生产垃圾及废物收集到指定的位置				
清场项目	项目	合格(√)	不合格(×)	清场人	复核人
	1. 仪器清洁，设备外表面擦拭干净				
	2. 物料存放在指定位置				
	3. 与下批生产无关文件清理出生产现场				
	4. 地面、台面清洁干净，生产垃圾及废物收集到指定位置				
	5. 工器具、洁具擦拭或清洗干净摆放在指定位置				
	6. 房间内挂上“待用、已清洁”状态标志				
	7. 水、电、窗户关好				
备注					

指导教师：　　年　月　日

项目成果

项目成果——结果与产率

产物名称	生产日期	批号	湿品重量/g	干品重量/g	熔点/℃	产率/%
产物外观：						
备注：						
记录人：　　年　月　日			计算人：　　年　月　日			
任课教师：　　年　月　日						

项目成果——单耗与成本

原料名称	单价/(元/g)	单耗/(g/g)	成本/(元/g)
维生素 B_1			
苯甲醛			
氢氧化钠(10%)			
乙醇(95%)			
乙醇(10%)			
乙醇(70%)			
活性炭			
总成本			
记录人：　　年　月　日		计算人：　　年　月　日	
任课教师：　　年　月　日			

安息香合成子项目活页笔记

1. 这个子项目你有什么收获、体会与建议?

....

....

....

....

2. 你有哪些尚未解决的问题或疑惑?

....

....

....

....

....

支撑知识　缩合反应与固体产物的分离纯化技术

笔记

一、缩合反应

缩合反应概述　MOOC—缩合反应

（一）缩合反应的概念及类型

1. 缩合反应的概念

缩合反应是指两个或两个以上的有机化合物分子之间反应形成较大分子，或者有机化合物分子内反应形成一个新的分子的反应。反应过程中，往往同时脱去一些简单的小分子（如水、醇、卤化氢、氨等），也可以不脱去小分子。新形成的键可以是碳碳键，也可以是碳杂键。因此，从某种程度上说，烃化反应、酰化反应也可归属为缩合反应。

2. 缩合反应的类型

醛酮的缩合

缩合反应的分类方法很多：①按反应物不同分为醛酮化合物之间的缩合、酯缩合、其他类型的缩合。②按反应时放出简单分子不同分为脱水缩合、脱醇缩合、脱卤化氢缩合、脱氨缩合等。③按反应机理分为碳负离子的亲核缩合、碳正离子的亲电缩合、协同反应等。本节介绍项目中使用的醛酮化合物之间的缩合。

（二）醛酮化合物的缩合反应

1. 羰基 α 位碳原子的 α-羟烷基化反应

含 α-H 的醛或酮，在酸或碱的作用下，缩合生成β-羟基醛或酮，或进一步脱水生成 α，β-不饱和醛酮的反应称为 α-羟烷基化反应［阿尔多（Aldol）缩合］，也称羟醛缩合或醇醛缩合。反应可以发生在相同分子之间即自身缩合，也可以发生在不同分子之间即交叉缩合，也可以发生在分子内即分子内缩合。

（1）自身缩合　反应发生在含有 α-H 的相同分子醛或酮之间。

① 反应通式

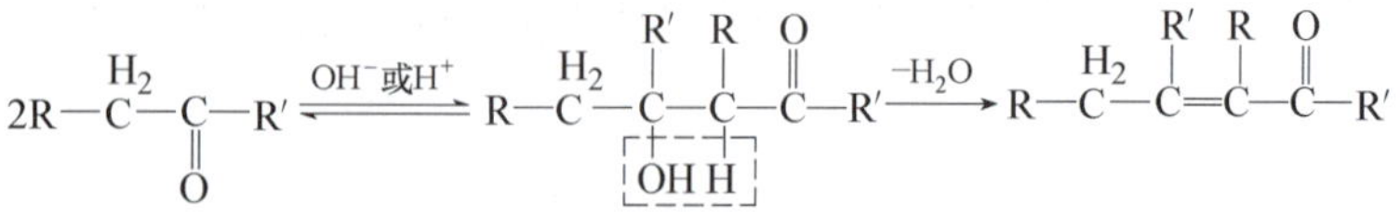

② 反应机理：含 α-活泼氢的醛或酮的自身缩合属亲核加成-消除反应机理。

a. 碱催化

笔记

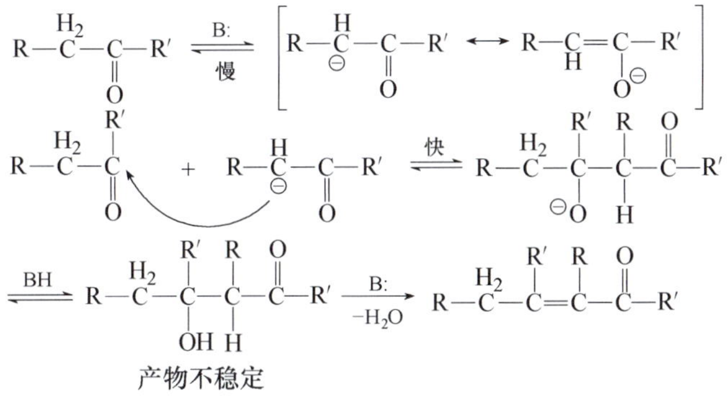

b. 酸催化

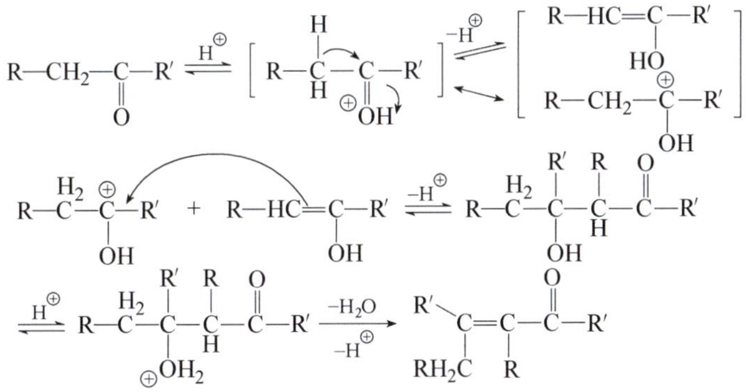

③ 主要影响因素

a. 催化剂：影响较大。常用的碱性催化剂有无机碱如氢氧化钠（钾）、碳酸钠（钾）；有机碱如乙酸钠（钾）、醇钠、氢化钠、氨基钠等，有时也用碱性阴离子交换树脂作催化剂。对于活性差、空间位阻大的反应物之间的缩合，如酮-酮缩合，往往需要使用强碱。

醛或酮的自身缩合较少使用酸催化剂，用的酸催化剂有硫酸、盐酸、对甲苯磺酸、阳离子交换树脂以及三氟化硼等。

b. 温度：含有两个或两个以上 α-H 的醛，用碱作催化剂，温度较低时往往可以得到 β-羟基醛，而在较高温度时，往往得到进一步脱水的产物——β-不饱和醛。

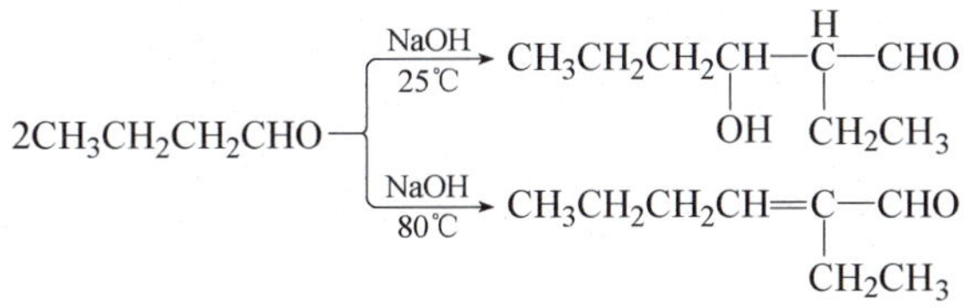

含有两个或两个以上 α-H 的醛（酮），用酸作催化剂时，往往得到脱水的产物 α，β-不饱和醛（酮）。

c. 反应物醛的结构：含一个 α-H 的醛缩合，得单一产物 β-羟基醛。含两个或三个 α-H 的醛在稀碱低温下缩合得 β-羟基醛，温度较高得 α，β-不饱和醛。

笔记

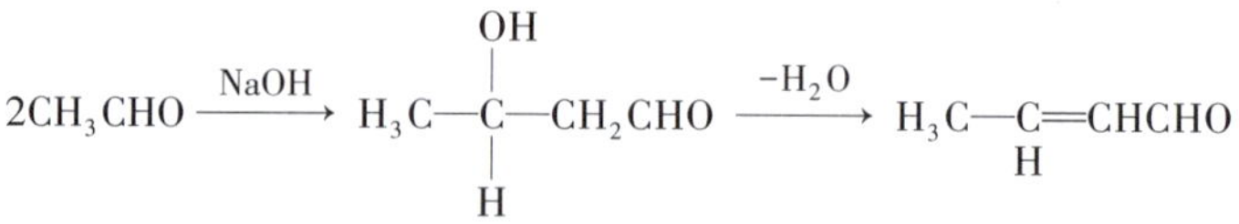

d. 反应物酮的结构：酮活性弱，速率较慢，需要强碱催化或采取一些特别的操作（如除去反应中生成的水）使反应进行完全，以提高产物收率。

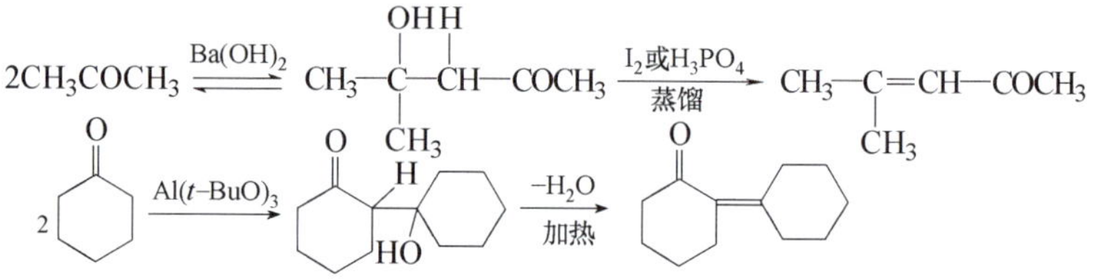

酮自身缩合时，对称酮缩合产品较单纯；不对称酮缩合，反应主要发生在羰基 α 位中取代基较少的碳原子上，得 β-羟基酮或其脱水产物。

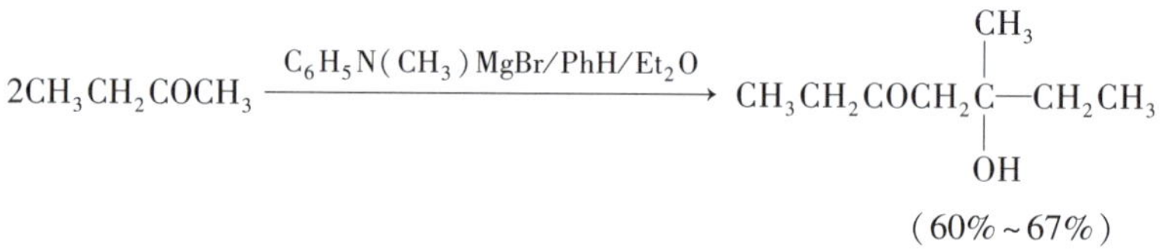

（2）交叉缩合　缩合反应发生在不同的醛、酮分子间，分为以下几种情况。

① 均含 α-H 的醛交叉缩合：两个不同的含 α-H 的醛缩合时，如果均为 α-H 且活性差别不大，产物复杂，没有实际应用价值。

② 含 α-H 的醛与含 α-H 的酮的交叉缩合：含 α-H 的醛与含 α-H 的酮在碱性条件下缩合时，醛作为羰基组分，酮作为亚甲基组分，产物为 β-羟基酮或其脱水产物。若为对称酮，可以得到较单一的产物。实际应用时，为防止醛的自身缩合，可以将醛慢慢滴加到含催化剂的酮中，如，

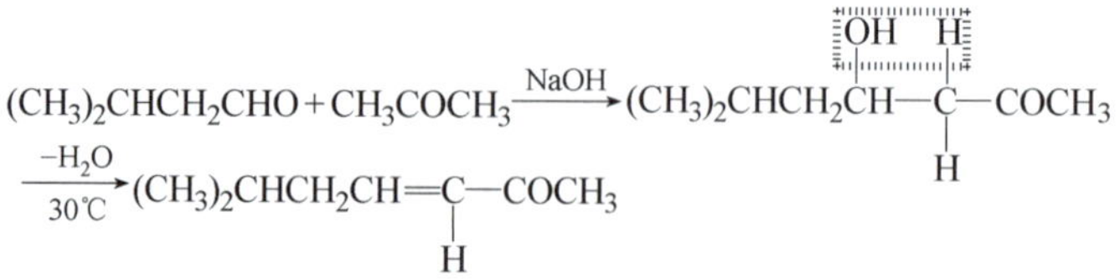

若为不对称的甲基酮，无论是酸催化还是碱催化，主要得到 3-位缩合产物。如，

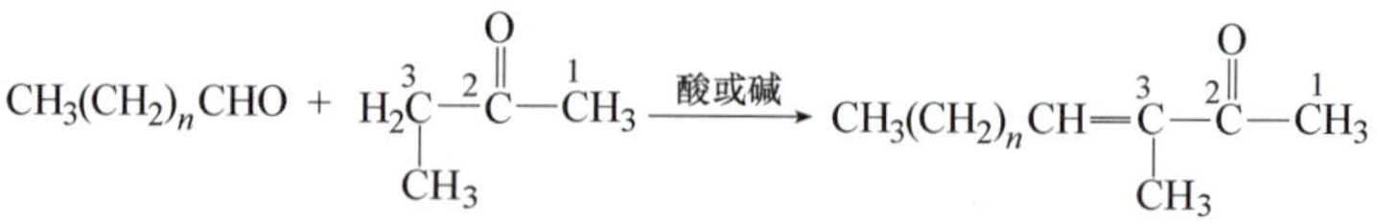

③ 含 α-H 的酮的交叉缩合：由于酮的反应活性较醛弱，需要用较强的碱催化，这类反应多见于分子内的羟醛缩合。

笔记

④ 反应物之一不含 α-H 的醛、酮交叉缩合：一些不含 α-H 的醛、酮在羟醛缩合条件下不发生自身缩合反应，但能够同含有 α-H 的醛、酮发生交叉羟醛缩合，其中主要是甲醛和苯甲醛的反应，可以主要得到一种缩合产物，产率也较高。

a. 甲醛与含 α-H 的醛酮的交叉缩合——多伦斯（Tollens）缩合：在碱性条件下，甲醛与含 α-H 的醛酮缩合，α-H 被羟甲基所代替，该反应称为 Tollens 缩合，又称为羟甲基化反应。在一定条件下（一般在酸性介质中加热），羟甲基化产物也可以继续脱水，生成脱水产物。

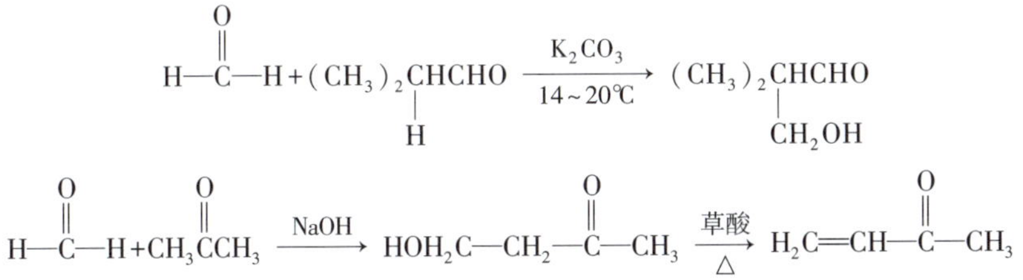

多伦斯缩合通常在稀碱（小于 10%）作用下进行，在浓碱（40%）作用下则发生康尼查罗反应（歧化反应）。如，

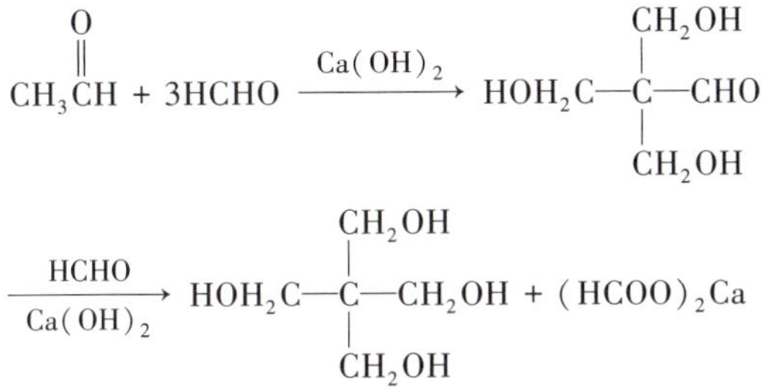

季戊四醇

如果碱的浓度选择适当，可使上述两个反应相继发生，以缩短反应步骤，减少操作工序。

b. 芳醛与含 α-H 的醛酮缩合：在少量氢氧化钠等碱性催化剂存在下，芳香醛与含 α-H 的醛或酮进行羟醛缩合，脱水生成 α，β-不饱和醛或酮的反应，该反应称为克来森-施密特（Claisen-Schimidt）反应。产物的构型一般都是反式。如：

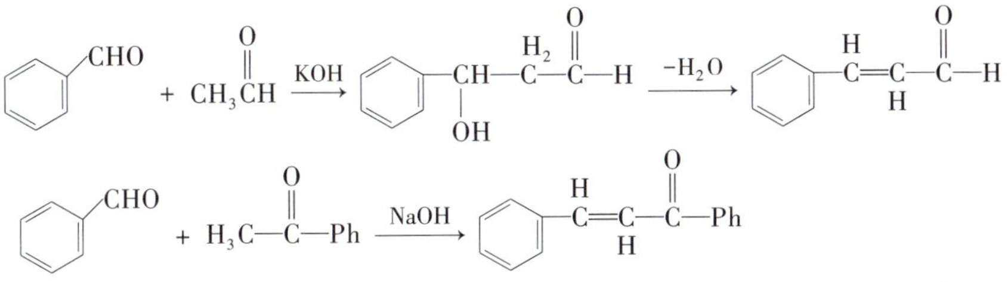

芳香醛与不对称酮缩合，如不对称酮中仅一个 α 位有活性氢原子，不论酸还是碱催化均得到同一产品。如：

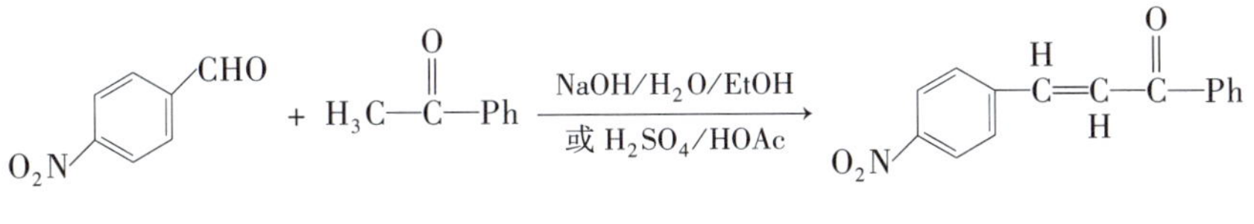

笔记

如不对称酮的两个 α 位都有活性氢原子，则可能得到两种不同的产品。当苯甲醛与甲基脂肪酮（CH_3COCH_2R）缩合时，以碱催化，一般得甲基位上的缩合产物（1 位缩合）；若用酸催化，则得到亚甲基位上的缩合产物（3 位缩合）。如：

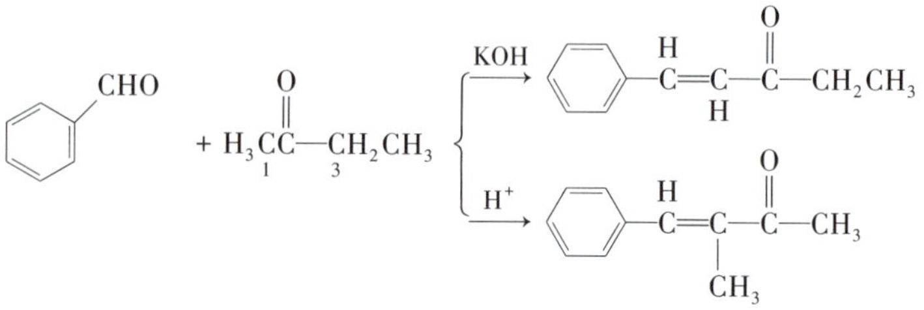

（3）分子内的羟醛缩合　含 α-H 的二羰基化合物发生分子内的羟醛缩合形成环状化合物。

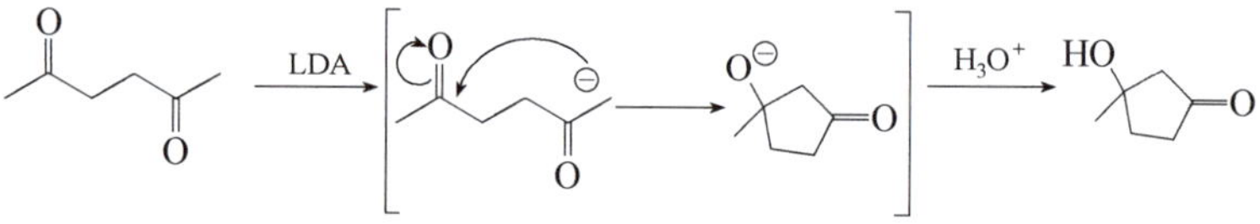

注：LDA：二异丙胺锂

含活泼亚甲基的环酮与不饱和羰基化合物在碱存在下反应，形成 1,5-二羰基化合物，继之发生分子内羟醛缩合形成一个二并六元环的环系的反应称为罗宾森（Robinson）增环反应。

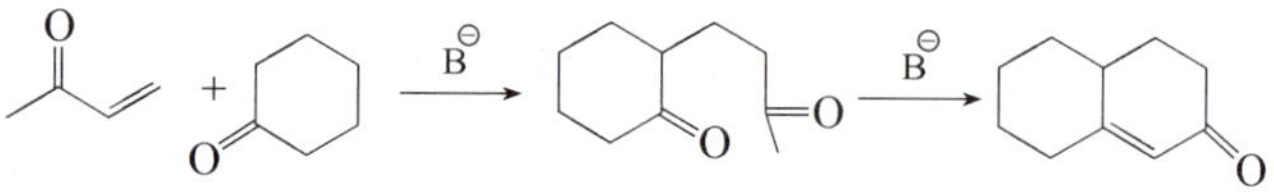

如果有多种成环选择，一般形成五、六元环。如：

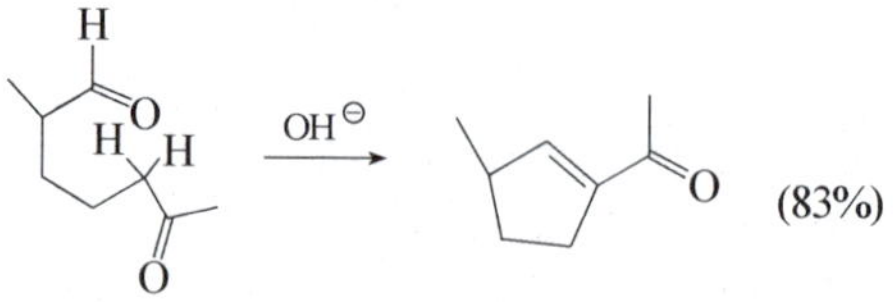

2. 芳醛的自身缩合

芳醛在含水乙醇中以氰化钠或氰化钾为催化剂，加热后发生自身缩合，生成 α-羟基酮的反应称为安息香缩合（Benzoin Condensation）。

① 反应通式

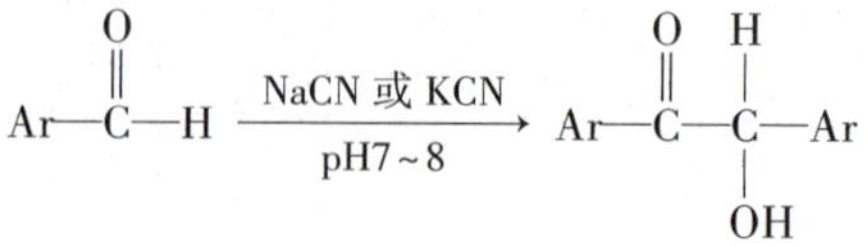

② 反应机理

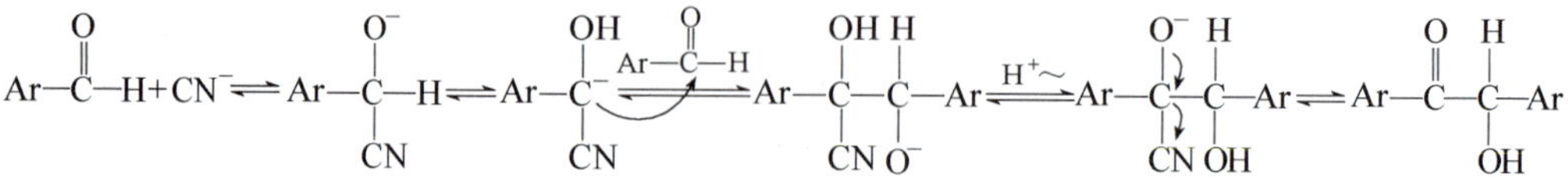

笔记

例如：

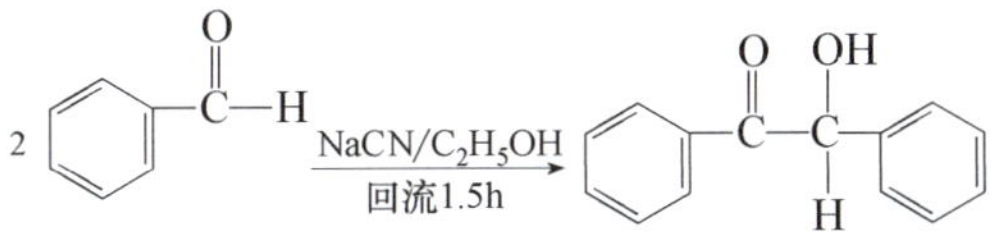

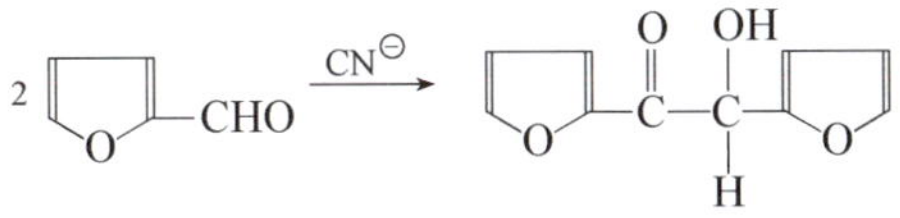

③ 影响因素

a. 催化剂：安息香缩合常在碱性环境中于氰化钾（钠）催化下进行，由于氰化钾（钠）为剧毒化学品，人们开发了一系列对环境友好的催化剂，如 *N*-烷基噻吩鎓盐、咪唑鎓盐等。

b. 芳醛的结构：某些带有供电子基如烷基、烷氧基、卤素、羟基的苯甲醛，可发生自身缩合，生成对称的 α-羟基酮，但芳环上带有强供电子基（如氨基）或强吸电子基（如硝基）都不易发生安息香缩合。

c. 温度：温度高，产率高，但是采用维生素 B_1（VB_1）作催化剂时，温度不能过高，否则 VB_1 结构中的噻唑环开环，失去催化效果。

d. 反应时间：0~60min 时产物生成很快，90min 后，产物生成缓慢，故以 90min 反应时间为宜。

e. pH：反应需要在碱性条件下进行，VB_1 催化时，pH 控制在 9~10 为宜，否则不能产生碳负离子，产率降低。

其他不含 α-H 的醛如糠醛、α-羰基丙醛也可以发生类似缩合。

拓展提高——缩合反应新技术新应用

MOOC—缩合反应新技术新应用

新技术在 Knoevenagel 反应中的应用

笔记

缩合反应活页笔记

1. 这部分有什么收获、体会与建议？

2. 有哪些尚未解决的问题或疑惑？

二、固体产物的分离纯化技术

见项目 1-2“支撑知识”中的“二、固体产物的分离纯化技术”。

学习成果考核

一、在线章节测验

请扫码完成在线测验。

4-1 缩合工艺测验　　4-1 缩合反应测验　　TLC 测验

二、项目考核

1. 请按照附录 1 实操项目考核表和附录 2 实操考核标准进行考核。

2. 请将项目成果——结果与产率、单耗与成本表，以及产品照片上传学习通，同时展示实物，进行结果评价。

课后拓展——在线自主学习

请扫码学习酯缩合反应、缩合中常用的人名反应及其在药物合成中的应用。

酯缩合反应　　达参（Darzens）反应　　克脑文格尔（Knoevenagel）反应　　曼尼希（Mannich）反应

迈克尔（Michael）加成反应　　柏金（Perkin）反应　　雷福尔马茨基（Reformatsky）反应　　维蒂希（Wittig）反应

项目 4-2　二苯基乙二酮的合成

实施准备

项目任务书

项目编号		项目名称			
子项目编号		学员姓名/学号			
起始时间		指导教师		班长	
项目组成员					
学习任务	完成二苯基乙二酮合成与分离纯化任务，产品质量符合产品质量标准，计算产率、单耗和成本				
学习目标	知识目标 1. 知道二苯基乙二酮合成方案确定的主要原则 2. 掌握二苯基乙二酮合成中氧化反应知识、合成原理和分离纯化的方法：稀释、冷却结晶、抽滤、重结晶、干燥 3. 知道反应原料、试剂称量方法和正确的加料顺序 4. 知道原料、试剂主要性质及毒性防护 5. 理解用 TLC 技术监控二苯乙二酮合成反应进程的原理 6. 知道二苯基乙二酮合成操作过程中的安全隐患和控制方法 7. 掌握判定二苯基乙二酮质量好坏的依据和简单的判定方法——熔点测定 8. 掌握二苯基乙二酮收率和成本的计算方法 9. 掌握按照 GMP 要求填写二苯基乙二酮合成操作记录和清场的方法 10. 知道计量器具、合成反应和分离纯化仪器、设备使用、维护和保养方法 11. 知道二苯基乙二酮合成工作的真实生产流程 12. 掌握有机合成工中与药物合成有关的专业知识、技能和素质，为考取有机合成工职业资格和参加有机合成工技能大赛奠定基础。 能力目标 通过二苯基乙二酮合成方案的确定和产品的合成，能够： 1. 利用文献资料，从工艺条件、物料性质、安全环保、成本等多个方面综合分析评价二苯基乙二酮合成中不同要素，确定合理的实验方案 2. 在教师指导下，探索 TLC 法展开剂配比，独立完成反应进度跟踪 3. 按照 SOP 和 GMP 要求正确填写二苯基乙二酮合成记录和清场 4. 按照二苯基乙二酮合成 SOP 规定，做好个体防护，实现安全生产，采取适当的措施处理停水、断电等突发事件 5. 做好废水、废渣和其他废物集中存放和处理，实现清洁生产 6. 在教师指导下，独立使用熔点仪进行熔点测定 7. 正确计算二苯基乙二酮的产率、单耗和成本 8. 如结果异常，根据反应式和反应过程分析影响产品质量和收率的主要因素 思政目标 同项目 4-1					

工作内容与要求	
实施前	1. 填写项目任务书，明确任务目标、内容与要求
	2. 学习岗位操作规定（SOP），明确生产流程和操作要点
	3. 回答引导问题，填写项目预习记录，拍照上传学习通
实施中	1. 整齐穿戴干净、整洁的实验服，佩戴乳胶手套、防毒口罩等防护用品
	2. 严格按 SOP 完成备料称量
	3. 严格按 SOP 完成投料、反应过程控制、初产物分离纯化、精制和干燥
	4. 严格按 SOP 完成产品熔点测定
	5. 按 GMP 要求清场
	6. 按 GMP 要求填写工作页记录
	7. 正确进行产品称量，产率与成本计算
实操结束	1. 拍照上传项目工作页和产品，提交纸质版，展示产品实物
	2. 在教师引导下总结项目要点，系统完成相关理论知识学习
	3. 完成产率、单耗、成本计算，拍照上传学习通，并提交纸质版
	4. 对工作页和工作成果进行互评

进度要求
1. 项目操作及相关记录、项目成果、项目现场考核，应在项目规定实操时间内完成
2. 理论学习在项目完成后两天内完成（含自学内容）

预习活页

项目名称		子项目名称	
学员姓名/学号		项目组成员	

引导问题
1. 本子项目涉及哪（几）个单元反应？ 2. 反应的试剂主要有哪些？ 3. 涉及的分离纯化方法是什么？ 4. 项目的关键点在哪里？

引导问题回答

项目预习记录

一、原料试剂和产物理化性质、主要危险性及个体防护措施						
序号	原料/试剂名称	相对分子质量	密度	b. p. /m. p.	主要危险性	个体防护措施
1						
2						
3						
4						
5						

二、实验操作注意事项

三、问题和建议

预习完成时间：　　　年　月　日

项目实施——岗位工作页

操作规程——SOP

题目：二苯基乙二酮合成岗位操作规程

文件编号：SOP-HC-1042	生效日期:2019-09-30		审核期限:3 年	页码：
起草人：	第一审核人：	第二审核人：	批准人：	发布部门：
日期：　年　月　日	日期：　年　月　日	日期：　年　月　日	日期：　年　月　日	

1. 目的

建立二苯基乙二酮合成岗位操作规程，规范本岗位的操作，确保生产安全和质量稳定。

2. 适用范围

适用于二苯基乙二酮合成岗位。

笔记

3. 职责

指导教师负责和监督本规程的有效实施，操作人员严格按照该规程要求进行操作。

4. 正文

4.1 主要原料试剂的规格、主要危险性及个体防护

4.1.1 安息香（二苯乙醇酮，苯偶姻）

（1）规格及主要理化性质　自制，外观为白色或灰白色、淡黄色结晶，没有气味。相对分子质量 212.25，熔点 134～138℃（分解）。微溶于水和乙醚，溶于热丙酮和热乙醇。

（2）危险性　根据《全球化学品统一分类和标签制度》（GHS）的规定，不是危险物质或混合物。

（3）个体防护　实验室少量使用无需特别防护。穿纯棉防静电实验服。工作场所禁止吸烟、进食和饮水。

（4）接触处理

① 皮肤接触：用肥皂和大量水冲洗。

② 眼睛接触：用水冲洗眼睛作为预防措施。

（5）消防措施

① 危险特性：隐含火灾危险。

② 灭火剂：水雾，抗乙醇泡沫，干粉或二氧化碳。

4.1.2 乙酸（冰醋酸）

见项目 2-3 SOP 部分 4.1.2 乙酸（冰醋酸），或扫码查看相关信息。

乙酸

4.1.3 六水三氯化铁

（1）规格及主要理化性质　分析纯或化学纯；相对分子质量 270.30，黄色或橙黄色晶体或块状物。熔点 37℃，沸点：280～285℃。极易潮解，易溶于水，不溶于甘油，易溶于甲醇、乙醇、酮、乙醚。

（2）主要危险性

① 健康危害：吸入本品粉尘对整个呼吸道有强烈腐蚀作用，损害黏膜组织，引起化学性肺炎等。对眼有强烈腐蚀性，重者可导致失明。皮肤接触可致化学性灼伤，口服灼伤口腔和消化道，出现剧烈腹痛、呕吐和虚脱。

② 燃爆危险：本品不燃，具腐蚀性、强刺激性，可致人体灼伤。

（3）接触处理

① 皮肤接触：脱去被污染的衣物，立即用大量流动清水冲洗至少 15min，必要时就医。

笔记

② 眼睛接触：立即用大量流动清水或生理盐水彻底冲洗至少15min，就医。

(4) 个体防护 戴过滤式防毒面具（半面罩）、乳胶手套，穿防静电工作服。工作场所禁止吸烟、进食和饮水，饭前要洗手。

(5) 消防措施 危险特性：受高热分解产生有毒的腐蚀性烟气。灭火剂：用水、泡沫、二氧化碳。

4.1.4 乙醇

见项目 1-2 SOP 部分 4.1.3 乙醇，或扫码查看相关信息。

乙醇

4.1.5 活性炭

见项目 1-2 SOP 部分 4.1.5 活性炭，或扫码查看相关信息。

活性炭

4.2 其他材料

ϕ7cm 定性滤纸 6 张。

4.3 仪器设备

150mL 电热套 1 个、0~150℃ 温度计 1 支、回流冷凝管 1 支、100mL 四颈瓶 2 个、250mL 烧杯 2 个、500mL 抽滤瓶 1 个、ϕ8cm 布氏漏斗 1 个、玻璃棒 1 支、50mL、20mL、10mL 量筒各 1 个、电子天平 1 台、胶头滴管 1 个、药匙 3 把、循环水真空泵 1 台、培养皿 1 套、干燥箱 1 个、薄层层析用具一套、熔点测定装置一套。

4.4 操作方法与要点

4.4.1 投料量及配比

原料名称	投料量	重量比(g/g)
二苯乙醇酮(安息香)	4.2g	1.00
冰醋酸(乙酸)	20.0mL	5.10
水	(10+70)mL	—
六水三氯化铁	18.0g	4.29
乙醇(70%)	适量(精制用)	粗品量 10 倍
乙醇(10%)	10mL(洗涤用)	—
活性炭(细粉状)	视粗品量而定	—

4.4.2 开工前准备

(1) 操作人员必须按规定穿戴工作服（实验服）、帽（长发

笔记

者)、鞋、防毒口罩、乳胶手套，才能进入合成岗位。

(2) 检查房间是否挂有“待用、已清洁”标志。

(3) 检查仪器设备清洁状态，是否在清洁效期内，设备挂有设备状态标志。

(4) 检查所用反应仪器设备的清洁维护及运转情况，应符合要求，并记录。

(5) 检查衡器按置零键置零，是否在校验合格期内。

(6) 检查设备完好证明与校验合格证，并且在校验期内。

(7) 检查操作间与设备是否已换上生产状态标识牌。

(8) 根据 GMP 认证管理制度，检查生产现场水、电是否达到生产要求。

(9) 检查所用安息香、乙酸、六水三氯化铁、乙醇、活性炭是否符合要求，并做记录。

(10) 做好检查记录，指导教师现场监控，并签名。

4.4.3 领料（备料）、配料

(1) 领料（备料） 操作人员根据生产任务和二苯基乙二酮合成方案，制订物料使用计划，填写领料单，领取物料，填写操作记录。

(2) 粉碎 将 $FeCl_3 \cdot 6H_2O$ 捣成碎块。

(3) 配料 按工艺要求配制 70%乙醇，填写操作记录。

4.4.4 投料、反应控制及分离纯化

4.4.4.1 投料

(1) 在装有温度计、冷凝器的 100mL 四颈瓶中加入 20.0mL 冰醋酸，10.0mL 水，18.0g $FeCl_3 \cdot 6H_2O$，开动搅拌，缓慢打开冷凝水。

(2) 用电热套加热至沸腾，停止加热。

(3) 待沸腾平息后，向上述四颈瓶中加入 4.2g 安息香，填写投料记录。

4.4.4.2 反应过程控制

继续加热回流 60min，用 TLC 跟踪反应进度。

4.4.4.3 产物分离纯化

(1) 初步分离纯化

① 反应结束，停止加热和搅拌，将上述四颈瓶中的反应液小心倒入盛有 70mL 水的 250mL 烧杯中，煮沸。

② 停止加热，冷却至室温使析晶。在冷却析晶过程中，不时用玻璃棒搅动，防止结成大块，包进杂质，填写操作记录。

③ 待冷至室温，抽滤得粗产品，用少量水洗涤滤饼 2 次，抽干，得湿品二苯基乙二酮，填写操作记录。

（2）精制 将粗品置于装有球形冷凝管的100mL四颈烧瓶中，每克粗品加入10mL 70%乙醇，在水浴上加热溶解。稍冷，加活性炭脱色（活性炭用量视粗品颜色而定），加热回流10min，趁热抽滤（布氏漏斗、抽滤瓶应预热）。将滤液趁热转移至烧杯中，自然冷却，待结晶完全析出后，抽滤，用10mL冷10%乙醇洗涤两次，压干，填写操作记录。

（3）干燥 将二苯基乙二酮湿品放入培养皿平摊均匀，放入干燥箱于78℃干燥2~3h，停机降温到25℃左右，得二苯基乙二酮成品。称重，测熔点，填写操作记录。

笔记

4.4.5 清场

检查生产使用的仪器、设备水电是否关闭，将剩余原料、生产记录本、设备运行记录等按照标准化管理要求，放到指定位置。

清洗仪器；设备外表面擦拭干净，打扫卫生，垃圾和废物收集到指定位置。房间内挂上“待用、已清洁”状态标志，填写清场记录。

4.4.6 重点操作与复核

4.4.6.1 复核各原辅料的称量、计量，均应准确无误。

4.4.6.2 六水三氯化铁通常为块状物，需要适当粉碎后再投料，但不可粉得太碎，且粉碎时间不宜过长，否则因其熔点只有37℃，且极易吸湿，液化粘连，不方便投料。

4.4.6.3 二苯基乙二酮易结块，在冷却析晶时，应用玻璃棒搅动，防止结成大块，包进杂质。

4.4.6.4 抽滤操作确认：（1）滤纸须放整齐，大小合适，防止抽滤泄漏；（2）反应器内需转料干净。必须有指导老师或班长复核签字。

4.4.6.5 洗涤操作确认：乙醇量要适当，确保：（1）滤饼洗涤完全；（2）避免洗涤过度，造成产物损失。必须有指导老师或班长复核签字。

4.5 二苯基乙二酮质量标准

二苯基乙二酮（联苯甲酰，苯偶酰）外观为黄色结晶，熔点94~96℃，含量98.0%。

4.6 主要仪器设备的维护保养和使用

4.6.1 反应瓶每次使用后要冲洗干净，平时保持干燥。

4.6.2 真空循环水泵随用随开。

4.6.3 搅拌器电机要经常保持清洁，不允许有油垢灰尘，不允许用水清洗；使用时要经常注意负荷电流，不得超过其额定功率；要经常注意其外壳温度，不允许超过额定温度；要经常检查轴承发热泄漏等现象；电机要每年打开轴承重新加油；搅拌轴封如有泄漏，要及时调整。

4.6.4 电子秤的使用，按照《电子秤使用操作规程》执行。

4.6.5 调温电热套的使用，按照《调温电热套使用操作规程》执行。

4.6.6 温度计的使用，根据反应溶剂的沸点和反应控制温度范围确定，本反应溶剂为乙酸水溶液，回流反应温度在118~120℃，所以要选用0~150℃量程的温度计。注意轻拿轻放，水银球要插入液面下，不要被搅拌碰撞。

工作记录——操作与清场记录

岗位：　　　　　　　　　　项目组成员：　　　　　　　　　　指导教师：

项目编号		**项目名称**			
子项目编号		**子项目名称**			
生产日期		**产品名称**		**批号**	
领料（备料）					
物料名称	**规格**	**批号**	**单位**	**数量**	**单价**
安息香					
冰醋酸					
六水三氯化铁					
乙醇（95%）					
活性炭（细粉状）					
操作人：　　年　月　日			复核人：　　年　月　日		

开工前检查		
检查内容	**检查结果**	**检查人**
操作人员是否按规定穿戴工作服（实验服）、帽（长发者）、鞋、防毒口罩、胶皮手套	是□ 否□	
是否有上一批产品的清场合格证："待用、已清洁"标志	有□ 无□	
检查仪器设备清洁状态，是否在清洁效期内，设备挂有设备状态标志	有□ 无□	
反应仪器设备的清洁维护及运转情况	是□ 否□	
检查衡器按置零键置零，是否在校验合格期内	是□ 否□	
设备完好证明与校验合格证，并且在校验期内	有□ 无□	
操作间与设备是否已换上生产状态标识牌	是□ 否□	
生产现场水、电是否达到生产要求	是□ 否□	
所用维生素 B_1、苯甲醛、乙醇、氢氧化钠、活性炭是否符合要求	是□ 否□	
审核（指导教师）：　　年　月　日		

称量
1. 复查原辅料名称、批号、数量、规格和外观质量，是否有异常 2. 称取固体物料时，要求取用重量在规定量的0.5%范围内

续表

物料名称	规格	批号	标准量	称取量	备注
安息香					
冰醋酸					
水					
六水三氯化铁					
乙醇(95%)					
乙醇(70%)					
乙醇(10%)					
活性炭(细粉状)					
操作人：　　年　月　日			复核人：　　年　月　日		
审核(指导教师)：　　年　月　日					
投料、反应过程控制与粗品分离纯化　　年　月　日					

操作步骤	时间		操作记录	现象/备注	操作人/复核人
	开始	结束			
配制 70%乙醇 100mL			95%乙醇______mL； 水______mL		
配制 10%乙醇 10~15mL			95%乙醇______mL； 水______mL		
安装回流反应装置,使用机械搅拌			室温______℃		
投料：100mL 四颈瓶中,加入 20.0mL 冰醋酸, 10.0mL 水, 18.0g $FeCl_3 \cdot 6H_2O$,开动搅拌,开冷凝水			冰醋酸______mL 水______mL 六水三氯化铁______g 搅拌转速______rpm		
用电热套加热至沸腾,停止加热			电热套电压______V 起始____℃,升至____℃		
待沸腾平息后,向上述四颈瓶中加入 4.2g 安息香。继续加热回流 60min*。取样,TLC 跟踪反应进程			安息香______g,溶液______℃ 时间 | 温度 | 时间 | 温度 　| 　| 　| 　| 　| 　|		
第一次 TLC 分析			原料移动______cm 产物移动______cm 对照安息香移动______cm 对照苯偶酰移动______cm		
第二次 TLC 分析			原料移动______cm 产物移动______cm 对照安息香移动______cm 对照苯偶酰移动______cm		

续表

操作步骤	时间		操作记录	现象/备注	操作人/复核人
	开始	结束			
第三次 TLC 分析			原料移动______ cm 产物移动______ cm 对照安息香移动______ cm 对照苯偶酰移动______ cm		
稀释：停止加热和搅拌，将反应液倒入盛有 70mL 水的 250mL 烧杯中，煮沸			停止加热时______℃ 加水时______℃，水______ mL 煮沸时______℃		
冷却析晶：停止加热，不断搅拌下将反应物冷却至室温，析出浅黄色晶体			停止加热时______℃ 产品冷却至______℃		
抽滤***：安装抽滤装置，用冷水润湿滤纸，抽紧，将料液借助玻璃棒转入布氏漏斗，抽干（至布氏漏斗颈下端无液体滴下）			料液温度______℃		
洗涤****：滤饼用 10～15mL 水洗涤 2 次，抽干			水用量______ mL 产品外观______		
粗产物称重			产品湿重______ g		

* 保温反应过程中，每 30min 记录一次温度。取样进行 TLC 检测
* * 在冷却析晶过程中，不时用玻璃棒搅动，防止结成大块，包进杂质
* * * 抽滤确认：（1）滤纸须放整齐，大小合适，防止抽滤泄漏；（2）反应器内需转料干净
操作人：　　　　年　月　日　　　　　　　　复核人：　　　　年　月　日
* * * * 洗涤确认：乙醇量要适当，确保：（1）滤饼洗涤完全；（2）避免洗涤过度，造成产物损失
操作人：　　　　年　月　日　　　　　　　　复核人：　　　　年　月　日

备注：偏差及处理：

精制、干燥　　　　　　　　　　　　　　　　年　月　日

操作步骤	时间		操作记录	现象/备注	操作人/复核人
	开始	结束			
加粗品：将粗品置于装有球形冷凝管的 100mL 四颈瓶中			室温______℃		
粗品溶解：按 1g 粗品 10mL 70%乙醇量取，并加入上述烧瓶中，在水浴上加热至溶解			粗品______ g 70%乙醇______ mL 水浴______℃，溶液______℃		
稍冷：将盛粗品溶液的仪器从水浴中取出			稍冷后溶液______℃		

续表

<table>
<tr><th rowspan="2">操作步骤</th><th colspan="2">时间</th><th rowspan="2">操作记录</th><th rowspan="2">现象/备注</th><th rowspan="2">操作人/复核人</th></tr>
<tr><th>开始</th><th>结束</th></tr>
<tr><td>脱色：加活性炭，仪器放回水浴中，微沸加热回流 10min</td><td></td><td></td><td>活性炭____g
水浴温度____℃
溶液温度____℃</td><td></td><td></td></tr>
<tr><td>预热抽滤装置：将抽滤瓶和布氏漏斗放到热水中浸泡</td><td></td><td></td><td>热水温度____℃</td><td></td><td></td></tr>
<tr><td>趁热抽滤*：停止回流脱色，安装热抽滤装置，将盛粗品溶液的仪器从水浴中取出，用热水润湿滤纸，抽紧，开启循环水真空泵，趁热将料液倒入布氏漏斗</td><td></td><td></td><td>料液温度____℃</td><td></td><td></td></tr>
<tr><td>冷却结晶：将滤液趁热转移至烧杯中，自然冷却使析晶完全</td><td></td><td></td><td>热料液温度____℃
冷料液温度____℃</td><td></td><td></td></tr>
<tr><td>抽滤*：安装抽滤装置，用冷水润湿滤纸，抽紧，将料液借助玻璃棒转入布氏漏斗，抽干（至布氏漏斗颈下端无液体滴下）</td><td></td><td></td><td>料液温度____℃</td><td></td><td></td></tr>
<tr><td>洗涤**：滤饼用 10 ~ 15mL 冷 10%乙醇洗涤两次，抽干</td><td></td><td></td><td>10%乙醇用量____mL
产品外观____</td><td></td><td></td></tr>
<tr><td>湿产物称重</td><td></td><td></td><td>产品湿重____g</td><td></td><td></td></tr>
<tr><td>干燥：将二苯基乙二酮湿品放入培养皿平摊均匀，放入干燥箱于 78℃干燥 2 ~ 3h，停机降温到 25℃左右
（要求：①每小时巡检一次，②两次称重相差在 0.5%以内时停止干燥）</td><td></td><td></td><td>烘箱设定温度____℃<table><tr><th>巡检时间</th><th>烘箱温度</th><th>称重/g</th></tr><tr><td></td><td></td><td></td></tr><tr><td></td><td></td><td></td></tr><tr><td></td><td></td><td></td></tr><tr><td></td><td></td><td></td></tr></table></td><td></td><td></td></tr>
<tr><td>称重</td><td></td><td></td><td>产品干重____g</td><td></td><td></td></tr>
</table>

＊抽滤确认：(1)滤纸须放整齐，大小合适，防止抽滤泄漏；(2)反应器内需转料干净

操作人：　　年　月　日　　复核人：　　年　月　日

＊＊洗涤确认：稀乙醇量要适当，确保：(1)滤饼洗涤完全；(2)避免洗涤过度，造成产物损失

操作人：　　年　月　日　　复核人：　　年　月　日

备注：偏差及处理：

熔点测定　　年　月　日

续表

操作步骤	时间		操作记录	现象/备注	操作人/复核人
	开始	结束			
研磨样品			样品______g	熔点仪型号：	
装毛细管			样高______mm		
参数设置			预设温度______℃ 升温速率______℃/min		
熔点测定			放入样品管时温度：____℃		
第一次：			初熔1 | 终熔1 | 熔程℃		
第二次：			初熔2 | 终熔2		
第三次：			初熔3 | 终熔3		
三次平均：			三次平均：		

指导教师：　　　　　　　　　　　　　　　　　　年　月　日

清场记录

基本要求	1. 试剂、物料密封好，存放在指定位置 2. 台面、地面无杂物、无积粉、无污斑、无积液 3. 仪器清洗干净，放在指定位置，工器具、盛具清洁整齐摆放在指定位置 4. 设备外表面见本色，无油污、无残迹、无异物 5. 与下批生产无关的文件清理出现场 6. 生产垃圾及废物收集到指定的位置

	项目	合格（√）	不合格（×）	清场人	复核人
清场项目	1. 仪器清洁，设备外表面擦拭干净				
	2. 物料存放在指定位置				
	3. 与下批生产无关的文件清理出生产现场				
	4. 地面、台面清洁干净，生产垃圾及废物收集到指定位置				
	5. 工器具、洁具擦拭或清洗干净摆放在指定位置				
	6. 房间内挂上“待用、已清洁”状态标志				
	7. 水、电、窗户关好				

备注

指导教师：　　　　　　　　　　　　　　　　　　年　月　日

项目成果

项目成果——结果与产率

产物名称	生产日期	批号	湿品重量/g	干品重量/g	熔点/℃	产率/%
产物外观：						
备注：						
记录人：　　　年　月　日			计算人：　　　年　月　日			
任课教师：　　　年　月　日						

项目成果——单耗与成本

原料名称	单价/(元/g)	单耗/(g/g)	成本/(元/g)
安息香			
冰醋酸			
六水三氯化铁			
乙醇(95%)			
活性炭			
总成本			
记录人：　　　年　月　日		计算人：　　　年　月　日	
任课教师：　　　年　月　日			

二苯基乙二酮合成子项目活页笔记

1. 这个子项目你有什么收获、体会与建议?

2. 你有哪些尚未解决的问题或疑惑?

支撑知识 氧化反应与固体产物的分离纯化技术

笔记

一、氧化反应

在项目2-1中介绍了氧化反应的概念、类型、常用的氧化剂以及烃类的氧化反应，本节我们介绍项目4-2采用的氧化反应——醇类的氧化反应。

1. 伯、仲醇的氧化

几乎所有的氧化剂都可用于醇类的氧化，包括各种金属氧化物和盐类（如铬酸及其衍生物、高锰酸钾、二氧化锰）、硝酸、过碘酸、二甲基亚砜等。根据氧化剂和氧化程度不同，可以得到醛、酮或羧酸。

（1）伯、仲醇被氧化成醛、酮　多种氧化剂可以把伯、仲醇氧化成醛、酮。

① 用铬化合物氧化：常用六价铬化合物将伯醇氧化成醛、仲醇氧化成酮，这些铬化合物包括：氧化铬（铬酐，CrO_3）、重铬酸盐、氧化铬-吡啶配合物（Collins 试剂）、氯铬酸吡啶鎓盐（PCC）等。反应在酸性条件下进行。反应通式为：

醇羟基的位阻增大时，氧化反应速率加快。

a. 铬酸（H_2CrO_4）作氧化剂：铬酸将仲醇氧化成酮，收率较高。其实际使用形式为重铬酸盐或三氧化铬的酸性水溶液，常用溶剂为醋酸。为防止产物进一步氧化，常用其他有机溶剂（如乙醚、二氯甲烷、苯）形成非均相体系并在低温下进行，使氧化生成的酮立即萃取进入有机相。例如：

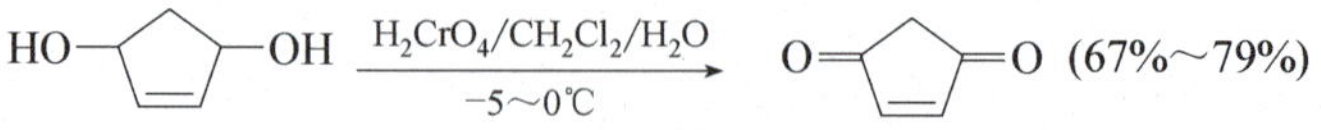

b. 琼斯（Jones）氧化法：Jones 氧化法（CrO_3-H_2SO_4-丙酮）是将化学计量的 CrO_3 硫酸水溶液，在 0～20℃ 滴加到被氧化的醇的丙酮溶液中进行氧化。可选择性地将仲醇氧化成酮，不影响其他敏感基团（如醚键、氨基、不饱和键、能成烯醇的酮基、烯丙位 C—H 键等），也不引起双键的重排，收率良好。例如：

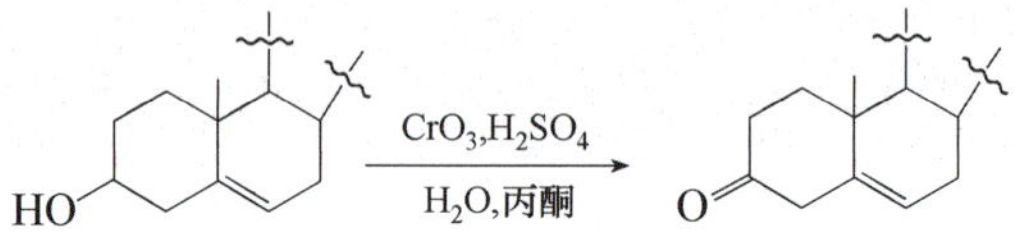

笔记

c. Collins 氧化法　Collins 氧化法可得较高收率的醛、酮。例如：

$$CH_3(CH_2)_5CH_2OH \xrightarrow[25℃]{CrO_3/C_5H_5N/CH_2Cl_2} CH_3(CH_2)_5CHO\ (70\%\sim84\%)$$

该法的缺点是：易吸潮，不稳定，不易保存，需无水反应，需用相当过量（约 6 倍于化学计量比）的试剂，配制时易着火。

d. 氯铬酸吡啶鎓盐（PCC）氧化法：PCC 法目前已成为使用最广泛的将伯醇或仲醇氧化成醛或酮的方法。用稍过量的 PCC，在二氯甲烷中氧化伯醇或仲醇，可得到高收率的醛或酮。例如：

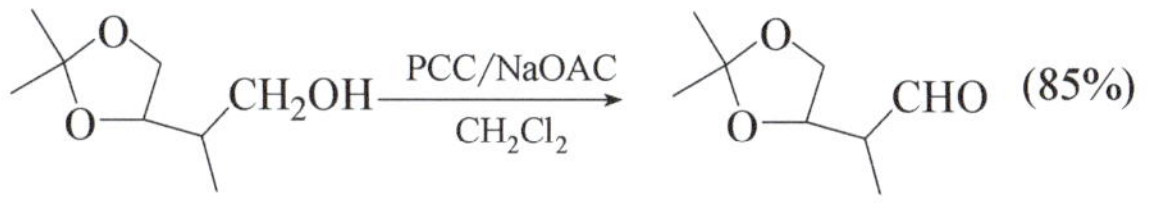

PCC 法基本弥补了 Collins 法的所有缺点，但在氧化烯丙位羟基时，选择性和收率不如 Collins 法。

② 用锰化合物氧化的反应通式为

$$\gt CH-OH \xrightarrow{锰化合物} \gt C=O$$

a. 高锰酸盐作氧化剂：高锰酸盐的氧化性强，将仲醇氧化成酮。只有当氧化所生成的酮的羰基 α-碳原子上没有氢时，才可得到较高收率的酮。加酸或镁盐以除去反应中生成的碱，可得到高收率的酮。例如：

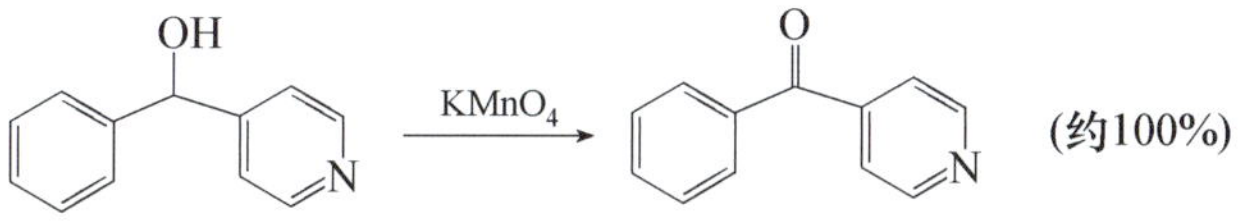

b. 活性 MnO_2 作氧化剂：活性 MnO_2 是 α，β-不饱和醇（烯丙醇、炔醇、苄基醇等）进行选择性氧化的氧化剂，已广泛用于烯丙位和苄位羟基的选择性氧化。氧化时，不饱和键不受影响，双键构型不受影响，且收率较高，反应条件温和。常用的溶剂为水、苯、石油醚、氯仿等中性溶剂。例如：

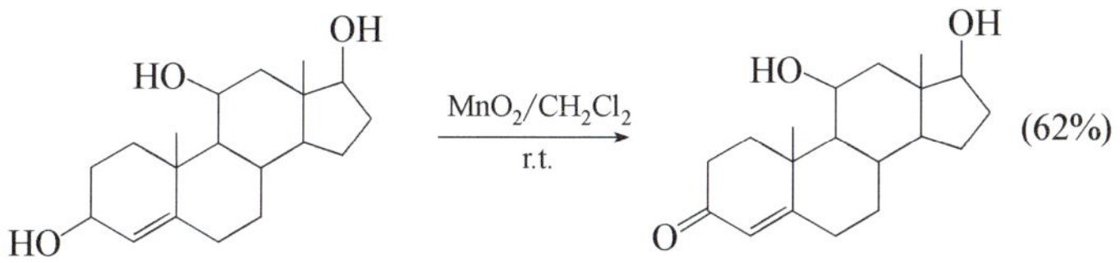

③ 用铁化合物氧化：高铁氰化钾（赤血盐钾）为一弱氧化剂。在碱性（氨水）下氧化。用于酚的氧化耦合、吲哚衍生物的合成、季铵盐和酰肼的氧化等。如，

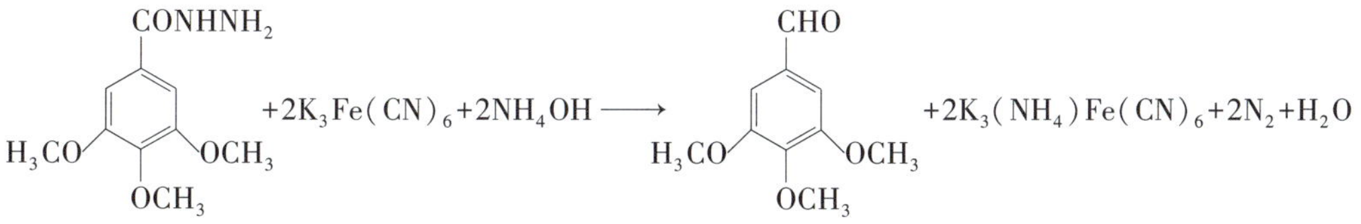

笔记

三氯化铁氧化能力较强，是有机合成和染料工业中常用的氧化剂，如项目 4-2 中安息香的氧化。

④ 二甲基亚砜（DMSO）氧化的反应通式为：

DMSO 需要与强亲电试剂（E）配合使用。常用的强亲电试剂有：DCC、Ac_2O、$(CF_3CO)_2O$、$SOCl_2$、$(COCl)_2$ 等。

a. DMSO-DCC 氧化法：将 DCC 溶于 DMSO 中，加入反应物醇和质子受体（如磷酸、三氟乙酸、吡啶-磷酸、吡啶-三氟乙酸）进行反应。广泛用于带有酸敏保护基的糖类氧化，不影响双键、三键、酯、酰胺、叠氮、苷键等，且反应在室温下进行，例如：

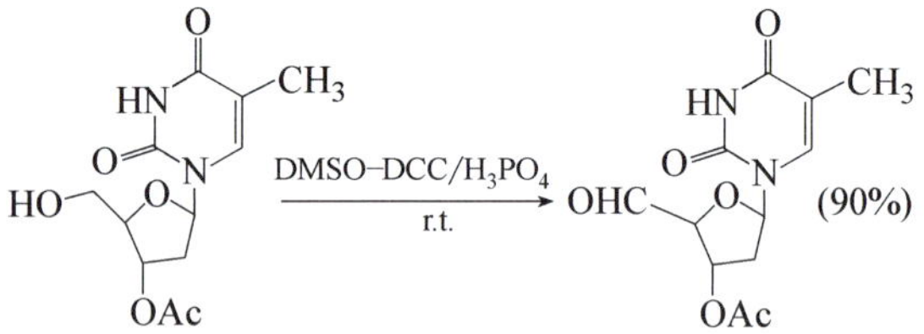

本法的缺点是所用的 DCC 毒性较大，反应中产生的尿素衍生物较难除去。

b. DMSO-Ac_2O 氧化法：DMSO-DCC 法的改良工艺，克服了毒性大、难处理的缺点，例如：

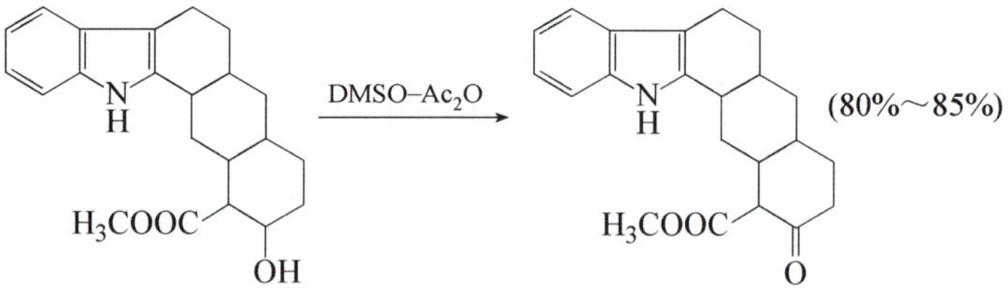

该法中试剂醋酐可发生羟基的乙酰化副反应，特别是位阻小的羟基。另一缺点是产生醇的甲硫甲醚副反应，用甲磺酸酐［$(MeSO_2)_2O$］代替醋酐，在六甲磷酰胺中反应，可抑制此副反应。例如：

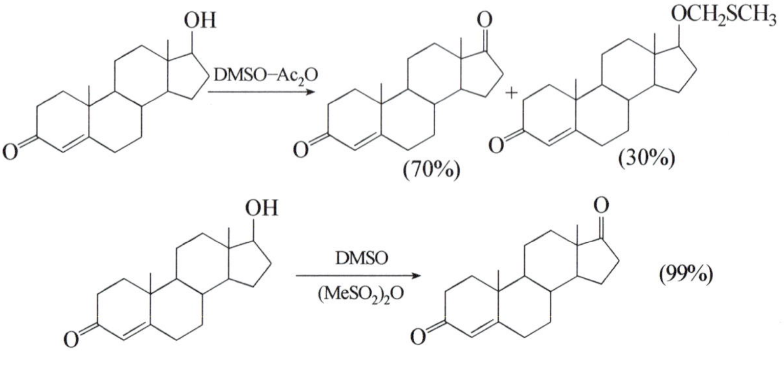

笔记

⑤ 欧芬脑尔（Oppenauer）氧化法：Oppenauer 氧化是指仲醇在叔丁醇铝或异丙醇铝和丙酮（或环己酮）作用下，氧化为相应的酮，而丙酮还原为异丙醇的反应。已广泛应用于甾醇的氧化，特别适用于将烯丙位的仲醇氧化成 α，β-不饱和酮，双键会发生移位。反应可逆，应加大酮的量（既作溶剂又作氧化剂）。反应通式为：

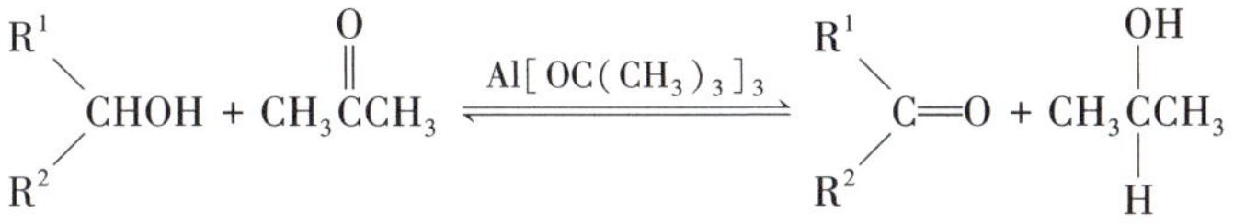

例如：

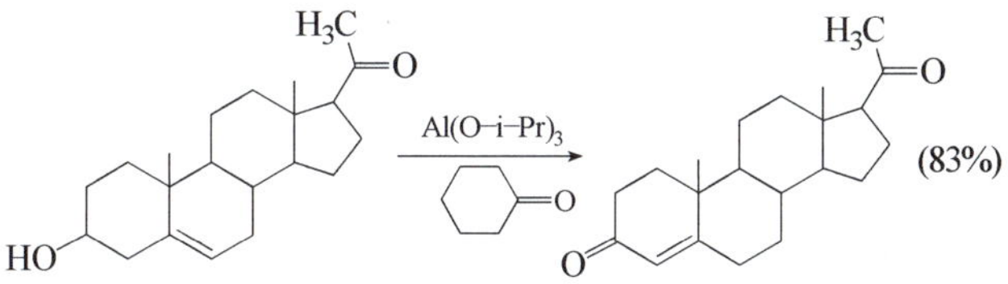

分子中含有不饱和键或其他对酸敏感的官能团的化合物，用此法较为合适。

反应必须在无水的介质中进行，避免叔丁醇铝或异丙醇铝水解，导致反应失败。

⑥ 用碳酸银（Ag_2CO_3）氧化：碳酸银（Ag_2CO_3）是一种选择性氧化剂，用于氧化烯丙醇为 α，β-不饱和羰基化合物。例如：

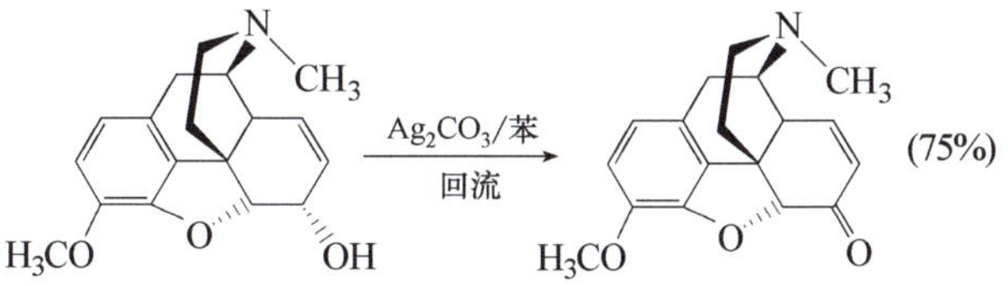

（2）伯醇被氧化成羧酸　伯醇可直接氧化成羧酸，常用六价铬化合物、高锰酸钾、硝酸。反应通式为：

$$R—CH_2OH \xrightarrow{\text{氧化剂}} R—COOH$$

例如：

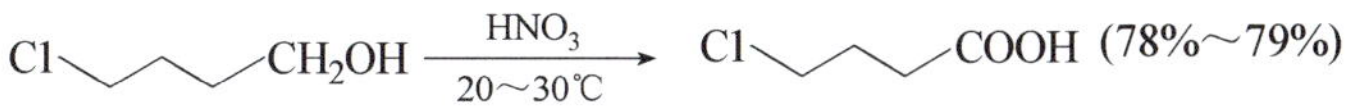

案例分析

合成用于治疗关节炎的消炎镇痛药——双醋瑞因

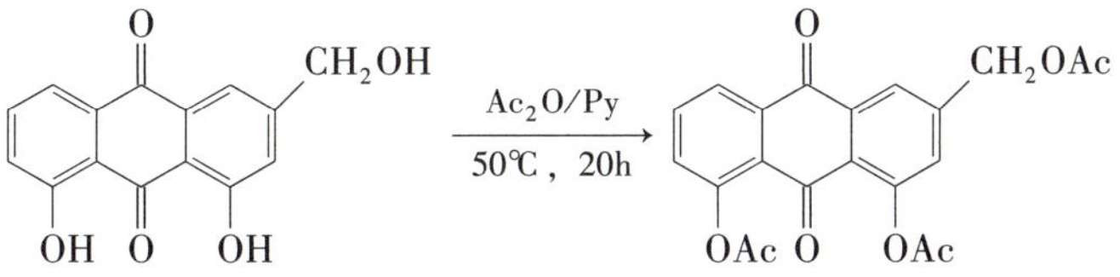

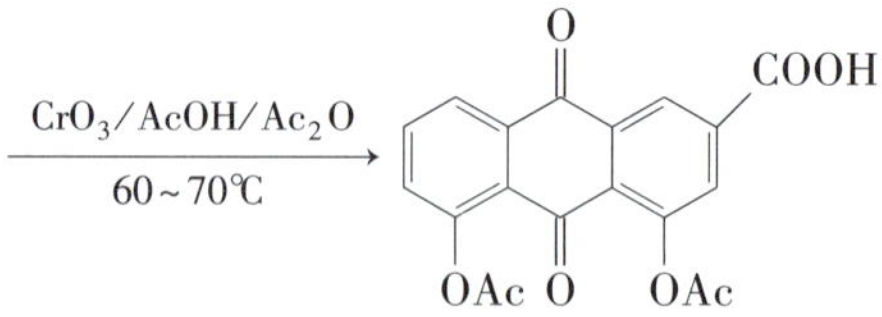

(65%)

分析：这里的原料是芦荟大黄素，分子中有一侧链羟甲基（伯醇）和两个酚羟基（可在氧化条件下氧化成醌），双醋瑞因的分子结构中需要这两个酚羟基乙酰化，故将三个羟基同时酯化，在铬酸氧化时，伯醇酯会氧化成羧酸，而酚酯不受影响。

笔记

2. 二元醇的氧化

（1）1，2-二醇的氧化　1，2-二醇的氧化涉及碳-碳键的断裂，形成两分子相应的羰基化合物。常用的氧化剂为四酸酸铅［$Pb(OAc)_4$］、高碘酸（HIO_4）、铬酸（H_2CrO_4）等。顺式邻二醇比反式邻二醇易被氧化。

反应通式：

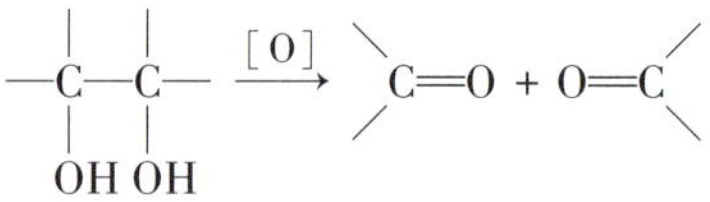

① 四酸酸铅氧化：所有类型的1,2-二醇均能被$Pb(OAc)_4$氧化，发生C—C键断裂，生成相应小分子的醛或酮。

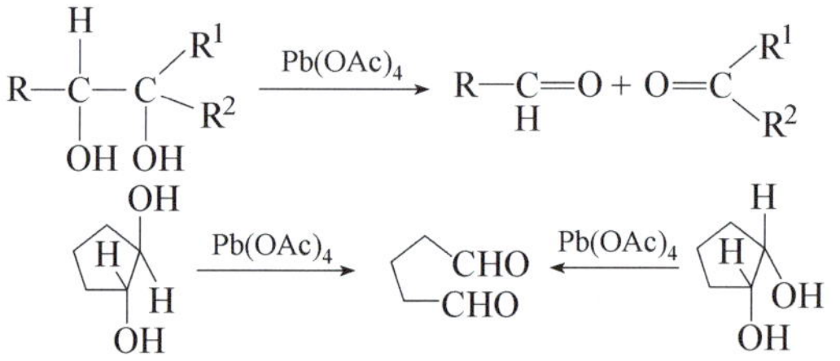

(v指反应速率)

v　1　　300

$Pb(OAc)_4$不溶于水，需要在有机介质（如冰醋酸）中进行氧化反应。氧化可以停止在醛的阶段，收率较高。

② 高碘酸氧化：高碘酸氧化常在缓冲水溶液中于室温下进行，特别适用于水溶性1，2-二醇（如糖类）的氧化降解，还可用于核苷类结构的判定。

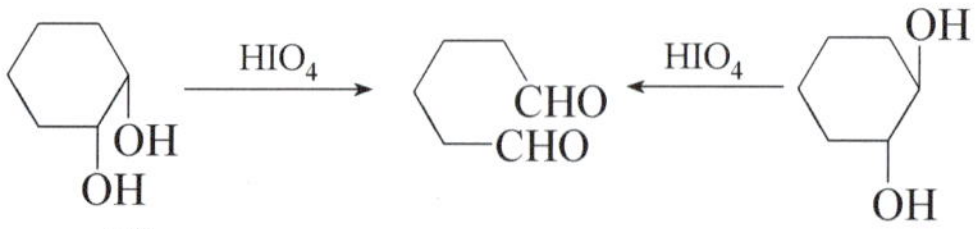

v　30　:　1

刚性环状1,2-二醇反应异构体和高碘酸不反应。

$Pb(OAc)_4$和HIO_4还能使α-氨基醇、α-羟基酮、α-二羰基化合物氧化，发生碳-碳键断裂，生成羰基和羧基化合物。

③ 铬酸氧化：铬酸可氧化由两个叔羟基构成的1,2-二醇，发生碳-碳键断裂，生成羰基化合物。

笔记

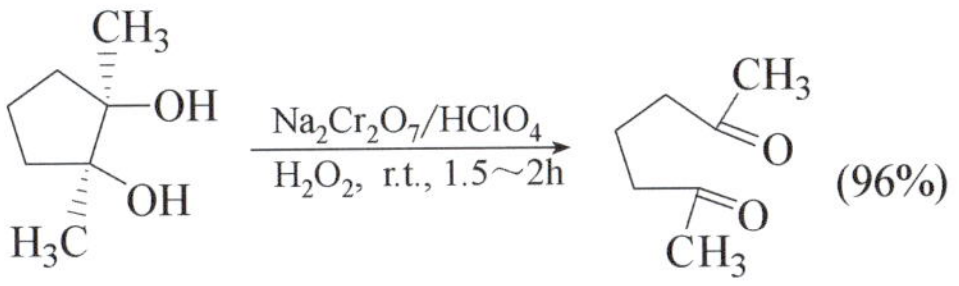

对于伯羟基和仲羟基构成的1,2-二醇，铬酸仅将它们氧化为相应的羰基化合物，不发生碳-碳键断裂。

（2）1,3-二醇的氧化　常用碳酸银作氧化剂，得到β-醇酮，有的也可进一步脱水生成α，β-不饱和酮。

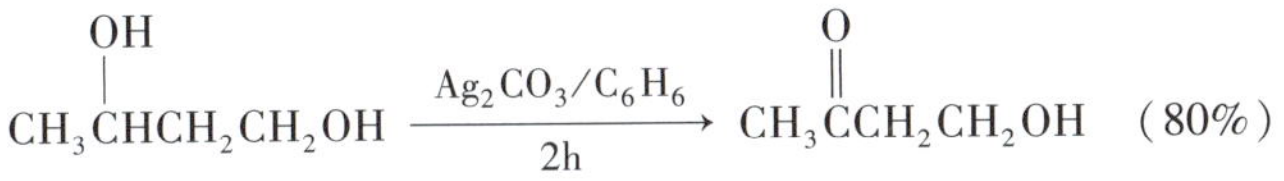

醇类氧化反应活页笔记

1. 这部分你有什么收获、体会与建议？

2. 你有哪些尚未解决的问题或疑惑？

二、固体产物的分离纯化技术

重结晶、过滤、洗涤见项目1-2“支撑知识”中的“二、固体产物的分离纯化技术”。以下介绍本工艺中的稀释法。

根据产物二苯基乙二酮稍溶于热水、不溶于冷水的性质，反应结束后，首先将反应液小心倒入盛有水70mL的250mL烧杯中，煮沸使溶解，这里起重结晶的作用，然后停止加热，冷却使溶解度降低，析出结晶。

学习成果考核

一、在线章节测验

扫码完成在线测验。

4-2 氧化工艺及单元反应测验　醇类氧化及应用　醛/酮氧化及应用　催化氧化及应用

二、项目考核

1. 请按照附录1实操项目考核表和附录2实操考核标准进行考核。

2. 请将项目成果——结果与产率、单耗与成本表，以及产品照片上传学习通，同时展示实物，进行结果评价。

课后拓展——在线自主学习

请扫码学习醇类氧化在药物合成中的应用实例、醛/酮的氧化及其在药物合成中的应用实例，以及催化氧化及其应用实例。

项目4-3 苯妥英钠的合成

实施准备

项目任务书

项目编号		项目名称			
子项目编号		学员姓名/学号			
起始时间		指导教师		班长	
项目组成员					
学习任务	完成苯妥英钠合成与分离纯化任务，产品质量符合产品质量标准，计算产率、单耗和成本				
学习目标	知识目标 1. 知道苯妥英钠合成方案确定的主要原则 2. 掌握苯妥英钠合成中环合反应知识、合成原理和分离纯化的方法：冷却结晶、抽滤、酸化、盐析 3. 知道反应原料、试剂称量方法和正确的加料顺序 4. 知道原料、试剂主要性质及毒性防护 5. 理解用TLC技术监控苯妥英钠合成反应进程的原理 6. 知道苯妥英钠合成操作过程中的安全隐患和控制方法 7. 掌握判定苯妥英钠质量好坏的依据和简单的判定方法——熔点测定 8. 掌握苯妥英钠收率、单耗和成本的计算方法 9. 掌握按照GMP要求填写苯妥英钠合成操作记录和清场的方法 10. 知道计量器具、合成反应和分离纯化仪器、设备使用、维护和保养方法 11. 知道苯妥英钠合成工作的真实生产流程 12. 掌握有机合成工中与药物合成有关的专业知识、技能和素质，为考取有机合成工职业资格和参加有机合成工技能大赛奠定基础 能力目标 通过苯妥英钠合成方案的确定和产品的合成，能够 1. 利用文献资料，从工艺条件、物料性质、安全环保、成本等多个方面综合分析评价苯妥英钠合成中不同要素，确定合理的实验方案 2. 独立探索TLC法展开剂配比，完成反应进度跟踪 3. 按照SOP和GMP要求正确填写苯妥英钠合成操作和清场记录 4. 按照苯妥英钠合成SOP规定，做好个体防护，实现安全生产，采取适当的措施处理停水、断电等突发事件 5. 做好废水、废渣和其他废物集中存放和处理，实现清洁生产 6. 独立使用熔点仪进行熔点测定 7. 正确计算苯妥英钠的产率、单耗和成本 8. 如结果异常，根据反应式和反应过程分析影响产品质量和收率的主要因素 思政目标 同项目4-1。					

<table>
<tr><th colspan="2">工作内容与要求</th></tr>
<tr><td rowspan="3">实施前</td><td>1. 填写项目任务书，明确任务目标、内容与要求</td></tr>
<tr><td>2. 学习岗位操作规定（SOP），明确生产流程和操作要点</td></tr>
<tr><td>3. 回答引导问题，填写项目预习记录，拍照上传学习通</td></tr>
<tr><td rowspan="7">实施中</td><td>1. 整齐穿戴干净整洁的实验服，佩戴乳胶手套、防毒口罩等防护用品</td></tr>
<tr><td>2. 严格按 SOP 完成备料称量</td></tr>
<tr><td>3. 严格按 SOP 完成投料、反应过程控制、初产物分离纯化、精制和干燥</td></tr>
<tr><td>4. 严格按 SOP 完成产品熔点测定</td></tr>
<tr><td>5. 按 GMP 要求清场</td></tr>
<tr><td>6. 按 GMP 要求填写工作页记录</td></tr>
<tr><td>7. 正确进行产品称量，产率与成本计算</td></tr>
<tr><td rowspan="4">实操结束</td><td>1. 拍照上传项目工作页和产品，提交纸质版和产品实物</td></tr>
<tr><td>2. 在教师引导下总结项目要点，系统完成相关理论知识学习</td></tr>
<tr><td>3. 完成产率、单耗、成本计算，拍照上传学习通，并提交纸质版</td></tr>
<tr><td>4. 对工作页和工作成果进行互评</td></tr>
<tr><th colspan="2">进度要求</th></tr>
<tr><td colspan="2">1. 项目操作及相关记录、项目成果、项目现场考核，应在项目规定实操时间内完成</td></tr>
<tr><td colspan="2">2. 理论学习在项目完成后两天内完成（含自学内容）</td></tr>
</table>

预习活页

<table>
<tr><th>项目名称</th><td></td><th>子项目名称</th><td></td></tr>
<tr><th>学员姓名/学号</th><td></td><th>项目组成员</th><td></td></tr>
<tr><th colspan="4">引导问题</th></tr>
<tr><td colspan="4">1. 本子项目涉及哪（几）个单元反应？
2. 反应的试剂主要有哪些？
3. 涉及的分离纯化方法是什么？
4. 项目的关键点在哪里？</td></tr>
<tr><th colspan="4">引导问题回答</th></tr>
<tr><td colspan="4"></td></tr>
</table>

项目预习记录

一、原料试剂和产物理化性质、主要危险性及个体防护措施						
序号	原料/试剂名称	相对分子质量	密度	b. p. /m. p.	主要危险性	个体防护措施
1						
2						
3						
4						
5						
6						
7						
8						

二、实验操作注意事项

三、问题和建议

预习完成时间：　　年　月　日

项目实施——岗位工作页

操作规程——SOP

题目：苯妥英钠合成岗位操作规程

文件编号：SOP-HC-1043	生效日期:2019-09-30		审核期限:3年	页码：
起草人：	第一审核人：	第二审核人：	批准人：	发布部门：
日期：　年　月　日	日期：　年　月　日	日期：　年　月　日	日期：　年　月　日	

笔记

1. 目的

建立苯妥英钠合成岗位操作规程，规范本岗位的操作，确保生产安全和质量稳定。

2. 适用范围

适用于苯妥英钠合成岗位。

3. 职责

指导教师负责和监督本规程的有效实施，操作人员严格按照该规程要求进行操作。

4. 正文

4.1　主要原料试剂的规格、主要危险性及个体防护

4.1.1　二苯基乙二酮（联苯甲酰，苯偶酰）

（1）规格及主要理化性质　自制。相对分子质量 210.23，熔点 94~96℃，外观为黄色结晶，微溶于乙醇，溶于苯、乙酸甲酯、乙醚、氯仿、甲苯、硝基苯和甲乙酮，不溶于水。

（2）主要危险性　健康危害：吞咽可能有害，造成皮肤刺激、严重眼刺激，可能引起呼吸道刺激。

（3）接触处理

① 皮肤接触：脱去被污染的衣物，用流动的水清洗。② 眼睛接触：用流动的水清洗。

（4）个体防护　严禁裸手操作。佩戴防护眼镜、自吸过滤式防毒面具（半面罩）、乳胶手套。穿纯棉防静电实验服。工作场所禁止吸烟、进食和饮水，饭前要洗手。

（5）消防措施

① 危险特性：隐含火灾、爆炸危害。

② 灭火剂：泡沫灭火器。

4.1.2　脲（尿素）

（1）规格及主要理化性质　分析纯或化学纯试剂，相对分子质量 60.06，熔点 132.7℃，外观为白色结晶或粉末，有氨的气味。溶于水、甲醇、乙醇，微溶于乙醚、氯仿、苯。

（2）危险性

① 健康危害：本品属微毒类，对眼睛、皮肤和黏膜有刺激作用。

② 爆燃危险：遇明火、高热可燃。与次氯酸钠、次氯酸钙反应生成有爆炸性的三氯化氮，受高热分解放出有毒的气体。

笔记

（3）接触处理

① 皮肤接触：脱去污染的衣物，用肥皂水及清水彻底冲洗，必要时就医。

② 眼睛接触：提起眼睑，用流动清水冲洗至少 15min，就医。

（4）个体防护　必要时戴乳胶手套。穿纯棉防静电实验服。工作现场禁止吸烟、进食和饮水。

（5）消防措施

① 危险特性：遇明火、高热可燃。与次氯酸钠、次氯酸钙反应生成有爆炸性的三氯化氮。受高热分解，放出有毒的烟气。

② 灭火剂：雾状水、抗溶性泡沫、二氧化碳、干粉。

4.1.3　氢氧化钠

见项目 1-1 SOP 部分 4.1.5 氢氧化钠，或扫码查看相关信息。

氢氧化钠

4.1.4　浓盐酸

见项目 2-1 SOP 部分 4.1.3 盐酸（氢氯酸），或扫码查看相关信息。

盐酸

4.1.5　乙醇

见项目 1-2 SOP 部分 4.1.3 乙醇，或扫码查看相关信息。

乙醇

4.1.6　活性炭

见项目 1-2 SOP 部分 4.1.5 活性炭，或扫码查看相关信息。

活性炭

4.2　其他材料

ϕ7cm 定性滤纸 8 张、广泛 pH 试纸 1 板。

4.3　仪器设备

机械搅拌器 1 台、100mL 电热套 1 个、0~150℃ 温度计 1 支、回流冷凝管 1 支、100mL 四颈瓶 1 个、200mL 和 500mL 烧杯各 1 个、500mL 抽滤瓶 1 个、ϕ8cm 布氏漏斗 1 个、玻璃棒 1 支、50mL 量筒 1 个、100mL 量筒 1 个、电子天平 1 台、胶头滴管 1 个、药匙 3 把、循环水真空泵 1 台、培养皿 1 套、干燥箱 1 个、熔点测定装置 1 套。

笔记

4.4　操作方法与要点

4.4.1　投料量及配比

(1) 苯妥英钠制备

原料名称	投料量	重量比(g/g)
二苯基乙二酮(苯偶酰)	4.0g	1.00
脲(尿素)	2.8g	0.70
氢氧化钠(20%)	12mL	—
乙醇(50%)	20mL	—
盐酸(15%)	适量(调 pH 至 4~5)	—

(2) 成盐与精制

原料名称	投料量	重量比(g/g)
苯妥英钠	上步制得的湿品量	1.00
水	视粗品量而定	2.00
氢氧化钠(20%)	加至粗品刚好溶解	—
氯化钠	0.5g(无结晶析出时加)	—
活性炭(细粉状)	视粗品量而定	—

4.4.2　开工前准备

(1) 操作人员必须按规定穿戴工作服（实验服）、帽（长发者）、鞋、防毒口罩、乳胶手套，才能进入合成岗位。

(2) 检查房间是否挂有“待用、已清洁”标志。

(3) 检查仪器设备清洁状态，是否在清洁效期内，设备挂有设备状态标志。

(4) 检查所用反应仪器设备的清洁维护及运转情况，应符合要求。

(5) 检查衡器按置零键置零，是否在校验合格期内。

(6) 检查设备完好证明与校验合格证，并且在校验期内。

(7) 检查操作间与设备是否已换上生产状态标识牌。

(8) 根据 GMP 认证管理制度，检查生产现场水、电是否达到生产要求。

(9) 检查所用二苯基乙二酮、脲、氢氧化钠、乙醇、氯化钠、活性炭是否符合要求，并做记录。

(10) 做好检查记录，由指导教师现场监控，并签名。

笔记

4.4.3 领料（备料）

操作人员根据生产任务和苯妥英钠合成方案，制定物料、仪器设备使用计划，领取物料，准备仪器设备，填写记录。

4.4.4 投料、反应控制及分离纯化

4.4.4.1 投料

在装有机械搅拌器、温度计、冷凝器的100mL四颈瓶中，投入二苯基乙二酮4.0g，脲2.8g，20% NaOH 12mL，50%乙醇20mL。开动搅拌，打开冷凝水，填写投料记录。

4.4.4.2 反应参数设定及反应过程控制

打开电热套，加热回流反应30min，填写操作记录。

4.4.4.3 产物分离纯化

（1）初步分离纯化 反应完毕，停止加热和搅拌，将反应液倾入60mL沸水中，加入活性炭，煮沸5min，放冷、抽滤。滤液用15%盐酸调至pH4～5，放置析出结晶，抽滤，结晶用少量水洗，得苯妥英粗品，称重。填写操作记录。

（2）成盐与精制 将苯妥英粗品置100mL烧杯中，按粗品与水为1∶2加入水，水浴加热至40℃，加入20%NaOH至全溶，加活性炭少许，在60℃搅拌加热5min，趁热抽滤，滤液缓慢冷却结晶（如无结晶析出，加氯化钠至饱和）。待结晶完全，抽滤，少量冰水洗涤，干燥得苯妥英钠，称重，填写操作记录。

（3）干燥 将苯妥英钠湿品放入培养皿平摊均匀，放入干燥箱于100℃干燥2～3h，停机降温到25℃左右，得苯妥英钠成品。称重，测熔点，填写操作记录。

4.4.5 清场

检查生产使用的仪器、设备水电是否关闭，将剩余原料、生产记录本、设备运行记录等按照标准化管理要求，放到指定位置。清洗仪器，设备外表面擦拭干净，打扫卫生，垃圾和废物收集到指定位置。房间内挂上“待用、已清洁”状态标志，填写清场记录。

4.4.6 重点操作与复核

4.4.6.1 复核各原辅料的称量、计量，均应准确无误。

4.4.6.2 制备钠盐时，水量稍多可使收率明显下降，要严格按比例加水。

4.4.6.3 抽滤操作确认：（1）滤纸须放整齐，大小合适，防止抽滤泄漏；（2）反应器内需转料干净。必须有指导老师或班长复核签字。

4.4.6.4　洗涤操作确认：冰水量要适当，确保：（1）滤饼洗涤完全；（2）避免洗涤过度，造成产物损失。必须有指导老师或班长复核签字。

笔记

4.5　苯妥英钠质量标准

苯妥英钠外观为白色粉末，无臭，熔点 291～299℃，含量 98.0%。

4.6　主要仪器设备的维护保养和使用

4.6.1　反应瓶每次使用后要冲洗干净，平时保持干燥。
4.6.2　真空循环水泵随用随开。
4.6.3　搅拌器电机要经常保持清洁，不允许有油垢灰尘，不允许用水清洗。使用时要经常注意负荷电流，不得超过其额定功率；要经常注意其外壳温度，不允许超过额定温度；要经常检查轴承发热泄漏等现象；电机要每年打开轴承重新加油；搅拌轴封如有泄漏，要及时调整。
4.6.4　电子秤的使用，按照《电子秤使用操作规程》执行。
4.6.5　调温电热套的使用，按照《调温电热套使用操作规程》执行。
4.6.6　温度计的使用，根据反应溶剂的沸点和反应控制温度范围确定，本反应溶剂为乙醇水溶液，回流反应温度在 80℃左右，所以可选用 0～100℃或 0～150℃量程的温度计。注意轻拿轻放，水银球要插入液面下，不要被搅拌碰撞。

笔记

工作记录——操作与清场记录

岗位：　　　　　　项目组成员：　　　　　　指导教师：

项目编号		项目名称			
子项目编号		子项目名称			
生产日期		产品名称		批号	

领料（备料）					
物料名称	规格	批号	单位	数量	单价
二苯基乙二酮					
脲（尿素）					
氢氧化钠（固体）					
乙醇（95%）					
浓盐酸					
氯化钠					
活性炭（细粉状）					
操作人：　　年　月　日			复核人：　　年　月　日		

开工前检查		
检查内容	检查结果	检查人
操作人员是否按规定穿戴工作服（实验服）、帽（长发者）、鞋、防毒口罩、胶皮手套	是□ 否□	
是否有上一批产品的清场合格证："待用、已清洁"标志	有□ 无□	
检查仪器设备清洁状态，是否在清洁效期内，设备挂有设备状态标志	有□ 无□	
反应仪器设备的清洁维护及运转情况	是□ 否□	
检查衡器按置零键置零，是否在校验合格期内	是□ 否□	
设备完好证明与校验合格证，并且在校验期内	有□ 无□	
操作间与设备是否已换上生产状态标识牌	是□ 否□	
生产现场水、电是否达到生产要求	是□ 否□	
所用二苯基乙二酮、脲、氢氧化钠、乙醇、盐酸、氯化钠、活性炭是否符合要求	是□ 否□	
审核（指导教师）：　　年　月　日		

称量

1. 复查原辅料名称、批号、数量、规格和外观质量，是否有异常
2. 称取固体物料时，要求取用重量在规定量的 0.5%范围内

续表

物料名称	规格	批号	标准量	称取量	备注
二苯基乙二酮					
脲(尿素)					
氢氧化钠(固体)					
氢氧化钠(20%)					
乙醇(95%)					
乙醇(50%)					
浓盐酸					
氯化钠					
活性炭(细粉状)					
操作人: 年 月 日			复核人: 年 月 日		
审核(指导教师): 年 月 日					

投料、反应过程控制与粗品分离纯化　年　月　日

操作步骤	时间		操作记录	现象/备注	操作人/复核人
	开始	结束			
配制 20% 氢氧化钠溶液 12.0mL			氢氧化钠______g 水______mL		
配制 50%乙醇 20mL			95% 乙醇______mL，水______mL		
安装回流反应装置，使用机械搅拌			室温______℃		
100mL 四颈瓶中，加入二苯基乙二酮 4.0g、脲 2.8g、20% NaOH 12mL、50% 乙醇 20mL，开动搅拌，开冷凝水			二苯基乙二酮______g 脲______g 20%NaOH______mL 50%乙醇______mL 搅拌转速______rpm		
用电热套加热至沸腾，并回流反应 30min			电热套电压______V 起始____℃，升至____℃		
第一次取样 TLC 分析			第一次取样 时间______时______分 温度______℃ 原料移动______cm 产物______cm 对照苯偶酰移动______cm		
第二次取样 TLC 分析			第二次取样 时间______时______分 温度______℃ 原料移动______cm 产物______cm 对照苯偶酰移动______cm		
停止加热和搅拌，反应液倾入 60mL 沸水中，加入活性炭，煮沸 5min			停止加热时______℃ 沸水______mL 活性炭______g		

续表

操作步骤	时间		操作记录	现象/备注	操作人/复核人
	开始	结束			
停止加热，稍降温，抽滤**			料液温度______℃		
酸化：滤液用15%盐酸调至pH4~5			15%盐酸______mL pH______		
放置析出结晶，抽滤			料液开始温度______℃ 抽滤时料液温度______℃		
洗涤**：结晶用少量冷水洗涤2次，抽干			水用量______mL 产品外观______		
苯妥英粗产物称重			产品湿重______g		

*抽滤确认：(1)滤纸须放整齐，大小合适，防止抽滤泄漏；(2)反应器内需转料干净
操作人：　　　　年　月　日　　　　复核人：　　　　年　月　日
**洗涤确认：水量要适当，确保(1)滤饼洗涤完全；(2)避免洗涤过度，造成产物损失
操作人：　　　　年　月　日　　　　复核人：　　　　年　月　日

备注：偏差及处理：

成盐、精制、干燥　　　　年　月　日

操作步骤	时间		操作记录	现象/备注	操作人/复核人
	开始	结束			
加入粗品：将粗品置于100mL烧杯中			室温______℃		
粗品溶解：按1g粗品2mL水量取水，并加入上述烧杯中，在水浴上加热至40℃，加入20%NaOH至全溶解			粗品______g 水______mL 水浴温度______℃ 溶液温度______℃ 20%NaOH______mL		
脱色：加活性炭，于60℃水浴中搅拌加热5min			活性炭______g 水浴______℃ 溶液______℃		
预热抽滤装置：将抽滤瓶和布氏漏斗放到热水中浸泡			热水温度______℃		
趁热抽滤：停止加热脱色，安装热抽滤装置，将盛粗品溶液的仪器从水浴中取出，用热水润湿滤纸，抽紧，在开真空水泵的状态下趁热将料液倒入布氏漏斗中			料液温度______℃		

续表

操作步骤	时间		操作记录	现象/备注	操作人/复核人
	开始	结束			
冷却结晶：将滤液趁热转移至烧杯中，自然冷却，静置结晶，待结晶析出完全。如无结晶析出，加氯化钠至饱和			热料液温度______℃ 冷料液温度______℃ 氯化钠______g		
抽滤*：安装抽滤装置，用少量冰水润湿滤纸，抽紧，将料液借助玻璃棒转入布氏漏斗中，抽干			料液温度______℃		
洗涤**：滤饼用少量冰水洗涤1次，抽干			冰水用量______mL 产品外观______		
湿产物称重			产品湿重______g		
干燥：将苯妥英钠湿品放入培养皿平摊均匀，放入干燥箱于100℃干燥2~3h，停机降温到25℃左右（要求：①每小时巡检一次。②两次称重相差在0.5%以内停止干燥）			烘箱设定温度______℃ 巡检时间 | 烘箱温度 | 称重/g ______ | ______ | ______ ______ | ______ | ______ ______ | ______ | ______ ______ | ______ | ______		
称重			产品干重______g		

*抽滤确认：(1)滤纸须放整齐，大小合适，防止抽滤泄漏；(2)反应器内需转料干净

操作人：　　　　年　月　日　　　　　　复核人：　　　　年　月　日

**洗涤确认：冰水量要适当，确保：(1)滤饼洗涤完全；(2)避免洗涤过度，造成产物损失

操作人：　　　　年　月　日　　　　　　复核人：　　　　年　月　日

备注：偏差及处理：

熔点测定　　　　　　　　　　　　　　　　年　月　日

操作步骤	时间		操作记录	现象/备注	操作人/复核人
	开始	结束			
研磨样品			样品______g	熔点仪型号：	
装毛细管			样高______mm		
参数设置			预设温度______℃ 升温速率______℃/min		

续表

操作步骤	时间		操作记录	现象/备注	操作人/复核人
	开始	结束			
熔点测定			放入样品管时温度：____℃		
第一次：			初熔 1　终熔 1　熔程℃		
第二次：			初熔 2　终熔 2　三次平均：		
第三次：			初熔 3　终熔 3		
三次平均					

指导教师：　　　　　　　　　　　　　　　　　　　　　　　　年　月　日

清场记录					
基本要求	1. 试剂、物料密封好，存放在指定位置 2. 台面、地面无杂物、无积粉、无污斑、无积液 3. 仪器清洗干净，放在指定位置，工器具、盛具清洁整齐摆放在指定位置 4. 设备外表面见本色，无油污、无残迹、无异物 5. 与下批生产无关的文件清理出现场 6. 生产垃圾及废物收集到指定的位置				
清场项目	项目	合格（√）	不合格（×）	清场人	复核人
	1. 仪器清洁，设备外表面擦拭干净				
	2. 物料存放在指定位置				
	3. 与下批生产无关的文件清理出生产现场				
	4. 地面、台面清洁干净，生产垃圾及废物收集到指定位置				
	5. 工器具、洁具擦拭或清洗干净摆放在指定位置				
	6. 房间内挂上“待用、已清洁”状态标志				
	7. 水、电、窗户关好				
备注					

指导教师：　　　　　　　　　　　　　　　　　　　　　　　　年　月　日

项目成果

项目成果——结果与产率

产物名称	生产日期	批号	湿品重量/g	干品重量/g	熔点/℃	产率/%
产物外观：						
备注：						
记录人： 年 月 日			计算人：			年 月 日
任课教师：						年 月 日

项目成果——单耗与成本

原料名称	单价/(元/g)	单耗/(g/g)	成本/(元/g)
二苯基乙二酮			
脲(尿素)			
氢氧化钠(固体)			
乙醇(95%)			
浓盐酸			
氯化钠			
活性炭			
总成本			
记录人： 年 月 日	计算人：		年 月 日
任课教师：			年 月 日

苯妥英钠合成子项目活页笔记

1. 这个子项目你有什么收获、体会与建议？

2. 你有哪些尚未解决的问题或疑惑？

支撑知识 重排反应、环合缩合反应与固体产物的分离纯化技术

笔记

一、重排反应

分子重排反应是化学键的断裂和形成发生在同一个有机分子中，引起组成分子的原子配置方式发生改变，从而成为组成相同、结构不同的新分子的反应，但是重排过程中常伴随着取代、消除等其他反应，使反应物和生成物不仅结构不同，而且组成也不同。最常见的重排是一个分子中的一个基团（原子）从一个原子上裂解下来，迁移到另一个原子上，形成新的化学键。

有时裂解下来的基团迁移到相邻原子上，属于1,2-重排，有时裂解下来的基团迁移到更远的位置上，形成1,3-重排或1,4-重排。

重排时键的裂解方式有异裂（离子型）、均裂（游离基型）和环状过度态（σ 键迁移型）3种。离子型重排反应又分为阴离子型重排（亲核重排）和阳离子型重排（亲电重排）。游离基型重排指重排反应中间体呈自由基状态。σ 键迁移型重排指一类分子内部无需催化剂的单键迁移，这种与Ⅱ体系相连的单键，在重排之后，迁移到一个重新组合的Ⅱ体系新的位置上。

本节只介绍苯妥英钠合成中出现的异裂重排——亲核重排。

亲核重排亦称“缺电子重排”，指基团以富电子的形式迁移到缺电子中心的重排反应。亲核重排反应发生时首先形成碳、氮或氧的缺电子活性中心，随后迁移基团发生重排。常见的重排是1,2-重排，即基团的迁移发生于相邻的两个原子间。

（一）亲核碳（碳正离子、碳烯）重排

在反应过程中生成碳正离子中间体的，均可能发生碳正离子重排。

1. 频哪醇（Pinacol）重排

Pinacol 重排是指三取代或四取代的邻二醇在酸的催化作用下发生重排生成酸或酮的反应，反应式如下。

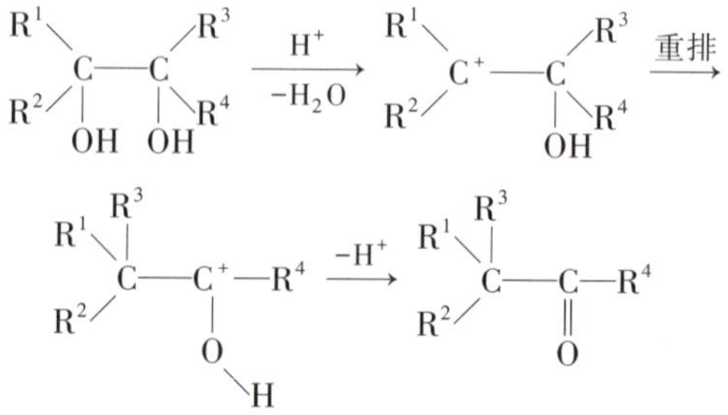

常用的催化剂有硫酸、盐酸乙酰氯和碘的乙醇溶液。例如：

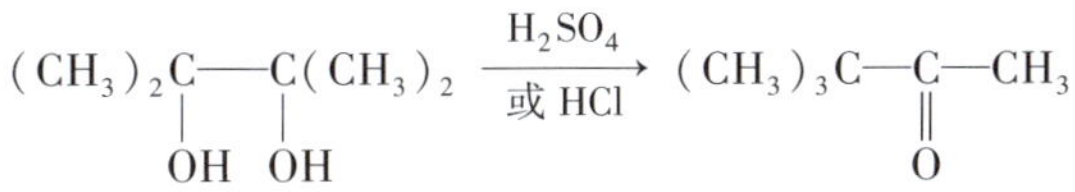

迁移基团可以是烷基或芳基，重排方向取决于以下两个因素。

一是失去—OH 的难易。与供电子基团相连的碳原子上的—OH 易于失去，供电子基团的作用顺序：*p*-甲氧苯基>苯基>烷基>H。

二是迁移基团的性质和迁移倾向。当空间位阻因素不大时，基团迁移倾向的大小与其亲核性的强弱一致：苯基>叔丁基>乙基>甲基>H。

迁移基团如均为芳基，则：*p*-甲氧苯基>*p*-甲苯基>*m*-甲苯基>*m*-甲氧苯基>苯基>*p*-氯苯基>*o*-甲氧苯基>*m*-氯苯基。

频哪醇重排反应也可用于环的扩大、缩小和螺环化合物的生成。例如：

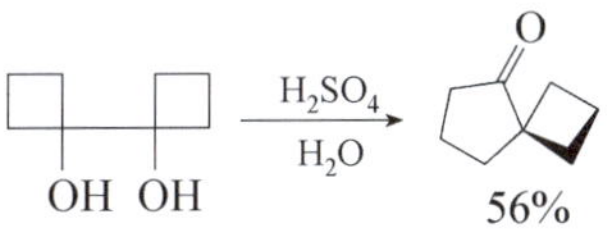

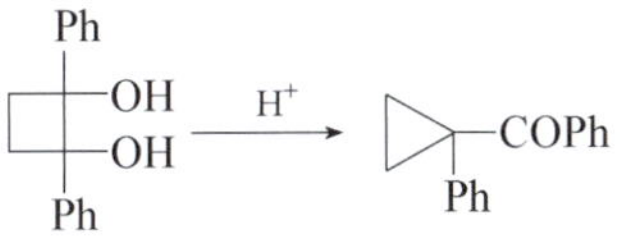

2. 拜耳—魏立格氧化重排（Baeyer—Villiger 氧化重排）

醛和酮类化合物被过氧酸氧化，可在羰基旁边插入一个氧原子生成相应的酸和酯，这类氧化剂的特点是反应速率快，反应温度一般在 10~40℃，产率高。常用的过氧酸有过氧乙酸、过氧三氟乙酸、过氧苯甲酸、间氯过氧苯甲酸、3-氯代过氧苯甲酸、过氧硫酸等。其反应式如下：

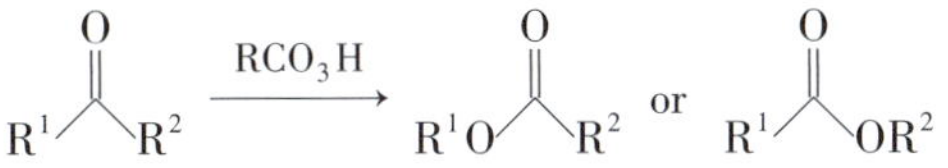

不对称的酮氧化时，两个基团均可迁移，但还是有一定的选择性，迁移能力由易到难的顺序为：

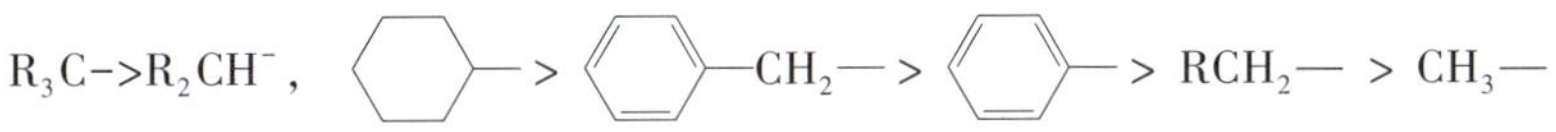

醛氧化的机理与此相似，但迁移的是氢负离子，得到羧酸。

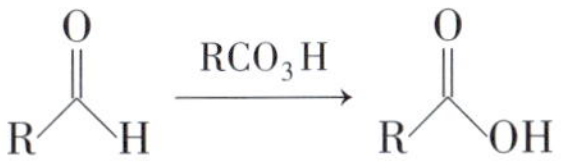

3. 苯偶酰重排（Benzil）**重排**

苯偶酰重排又称苯甲酰重排，是苯偶酰类化合物（即 α-二酮类）在强碱作用下，发生分子内重排生成 α-羟基酸的反应。最著名的是二苯基乙二酮（苯偶酰）的重排即二苯乙醇酸重排或二苯羟乙酸重排。

笔记

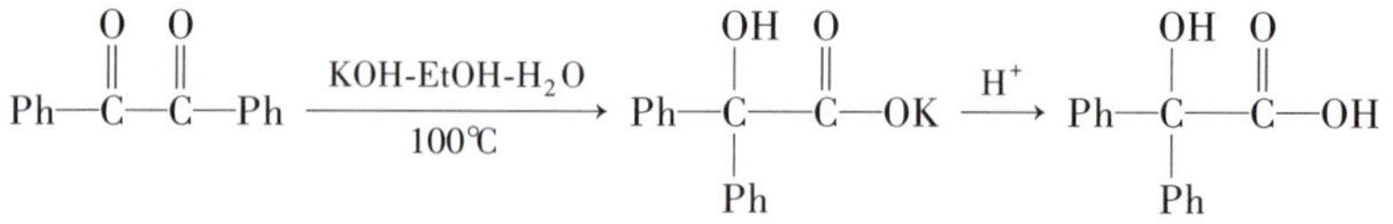

其反应过程如下：

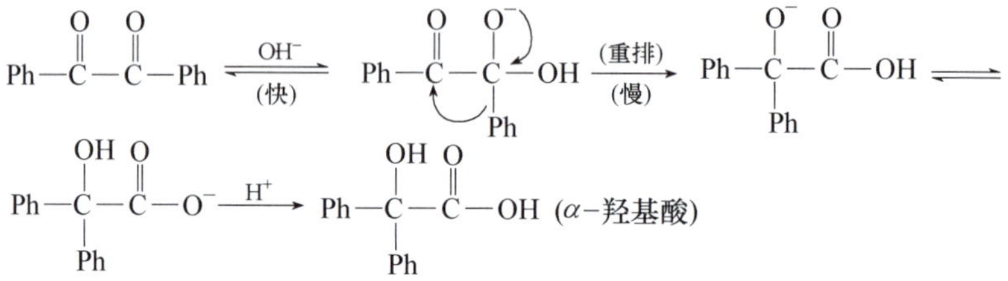

若以 RO^-代替 OH^-，则产物为酯，即：

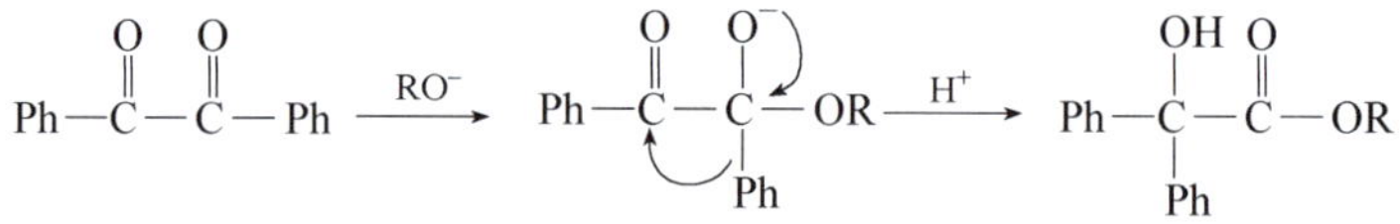

(二)亲核氮（氮正离子、氮烯)重排

在反应过程中生成碳正离子中间体的，均可能发生碳正离子重排。

1. 贝克曼重排（Beckmann 重排）

肟在酸如硫酸、多聚磷酸以及能产生强酸的五氯化磷、三氯化磷、苯磺酰氯、亚硫酰氯等作用下发生重排，生成相应的取代酰胺，如环己酮肟在硫酸作用下重排生成己内酰胺。

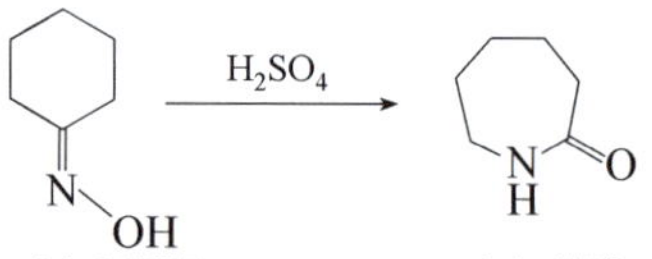

环己酮肟　　　　己内酰胺

（1）反应机理　在酸作用下，肟首先发生质子化，然后脱去一分子水，同时与羟基处于反位的基团迁移到缺电子的氮原子上，所形成的碳正离子与水反应得到酰胺。

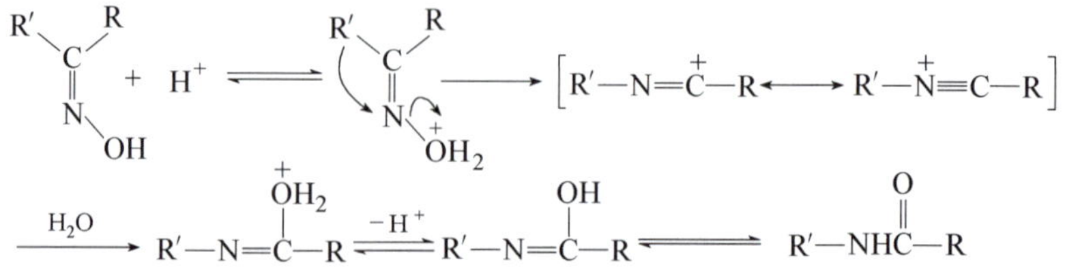

迁移基团如果是手性碳原子，则在迁移前后其构型不变，例如：

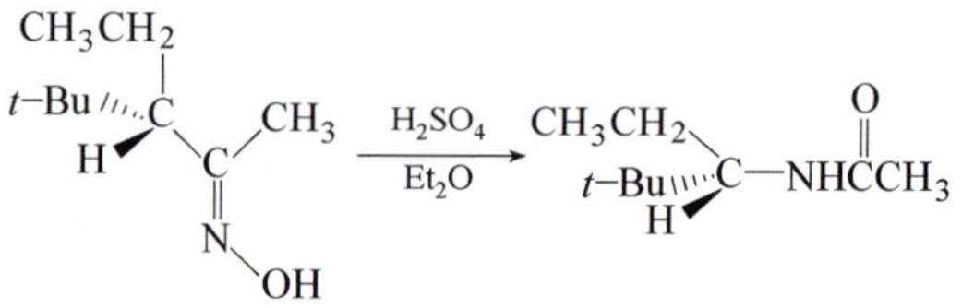

笔记

（2）反应实例

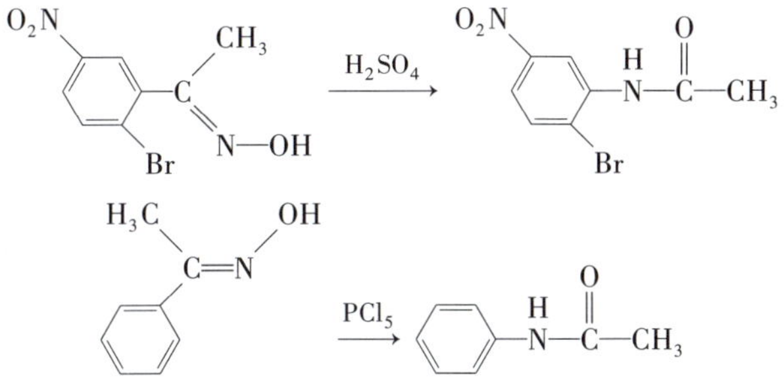

2. 霍夫曼重排（Hofmann 重排）

霍夫曼重排是指酰胺在碱性介质中用氯或溴（次氯酸钠或次溴酸钠）处理，放出二氧化碳，变为少一个碳的伯胺的反应，又称霍夫曼降解反应，其过程如下。

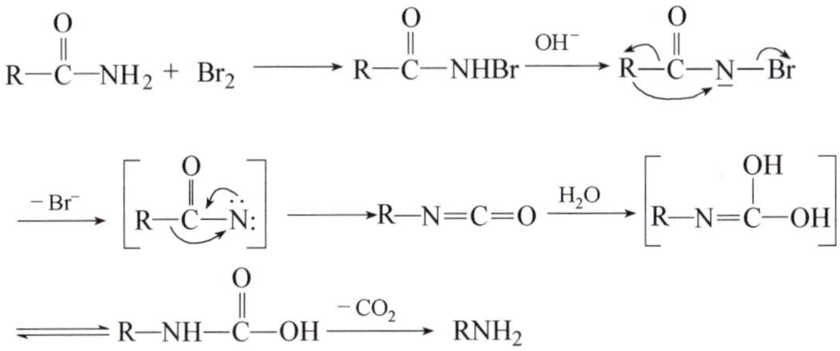

例如：

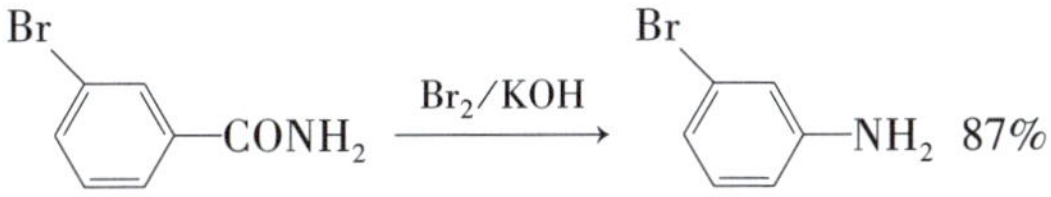

二、环合缩合反应

(一) 概述

环合缩合反应即环合反应，指两个及以上的有机化合物分子之间相互作用或单个分子内作用而形成环状化合物的反应，它是使链状化合物生成环状化合物的缩合反应，环合反应具有以下特点。

（1）产物　多为五元或六元芳环或芳杂环，形成后较稳定。

（2）反应物　多有两个活性基团，可以先成链状再环合，也可同时缩合成环状。

（3）反应条件　可以用酸或碱催化，环合时多脱去水、醇、氨、卤化氢和氢气等小分子。

（4）成键方式　形成 C—C、C—N、C—S、C—O 键等。

(二) 在药物合成中的应用

环合反应在药物合成中应用广泛，如下所示。

笔记

（1）吡唑烷酮的合成　非甾体抗炎药羟布宗中间体的合成：

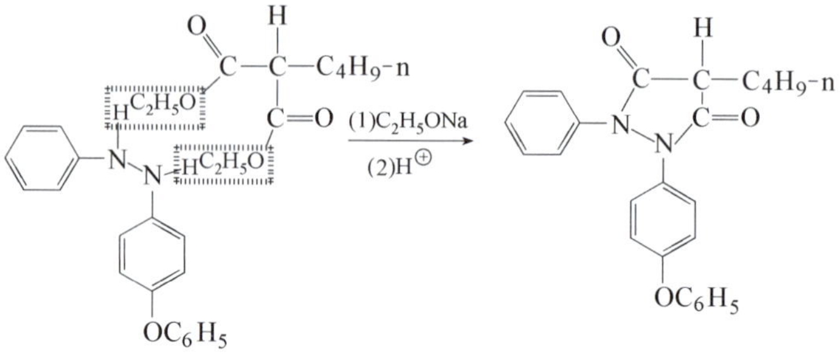

（2）异噁唑类药物的合成　如抗精神病药利培酮中间体 6-氟-3-(4-哌啶基)-1,2-苯并异噁唑盐酸盐的合成。

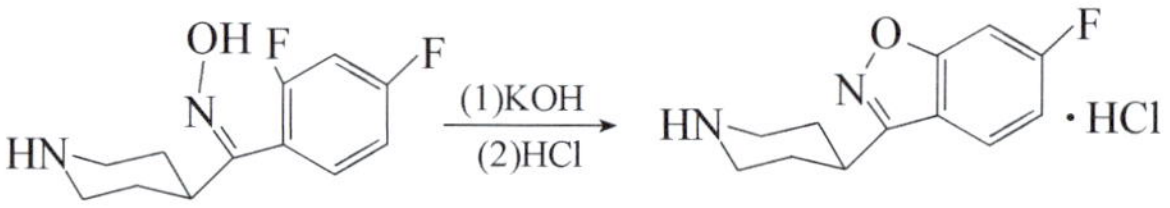

磺胺类抗菌药磺胺甲噁唑中间体 3-氨基-5-甲基异噁唑的合成：

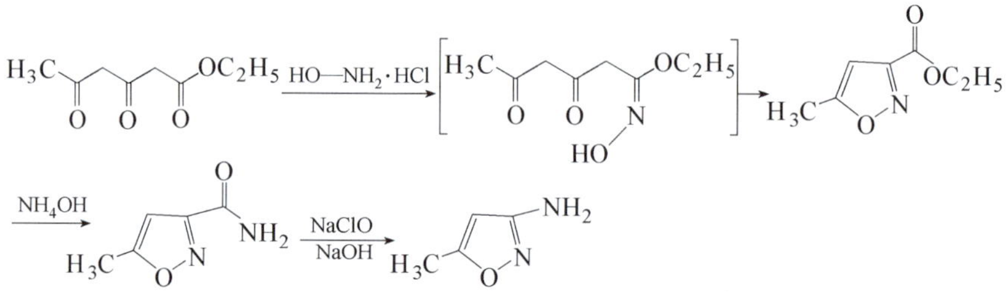

（3）亚酰胺类药物的合成　如抗癫痫药乙琥胺的合成。

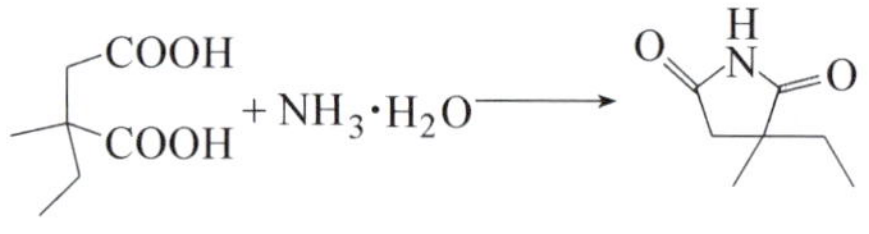

（4）内酰脲类药物的合成

① 抗癫痫药苯妥英钠的合成如下所示。

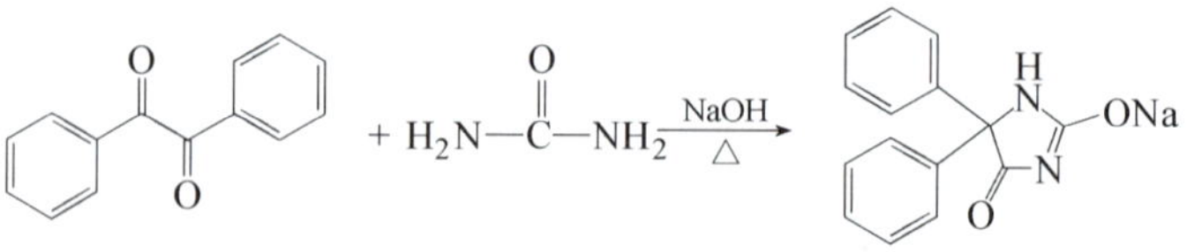

② 抗肿瘤药亚胺-154 的合成如下所示。

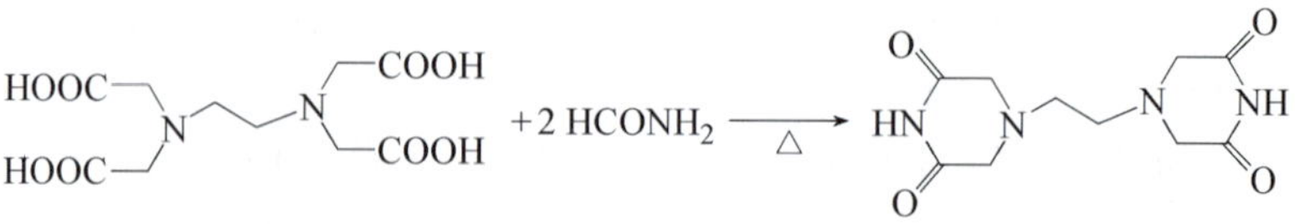

③ 镇静催眠药巴比妥类药物的合成：见下述“（6）嘧啶衍生物的合成”。

笔记

（5）吡啶衍生物的合成

① 汉栖（Hantzsch）吡啶合成法——对称取代的硝苯地平合成。

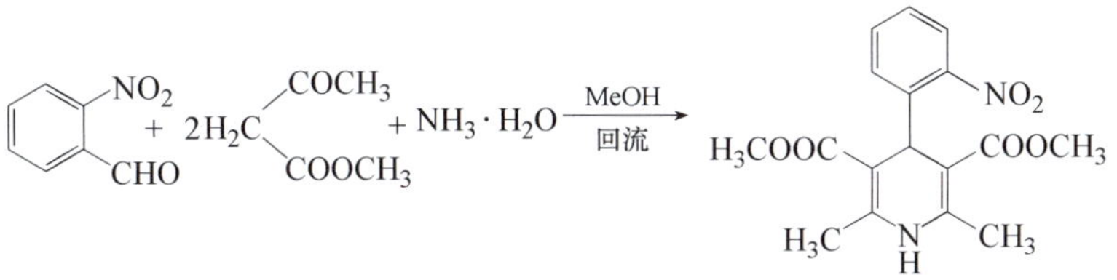

② 以β-二羰基化合物和β-烯氨基羰基化合物为原料用于不对称取代的二氢吡啶类药物尼莫地平合成。

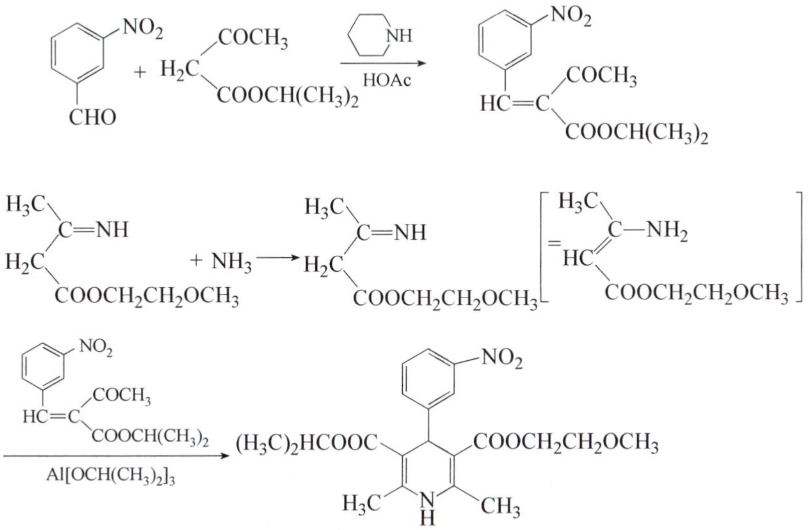

③ 以甲氧基2,4-戊二酮和氰基乙酸乙酯为原料在氨水作用下合成维生素 B_6 中间体。

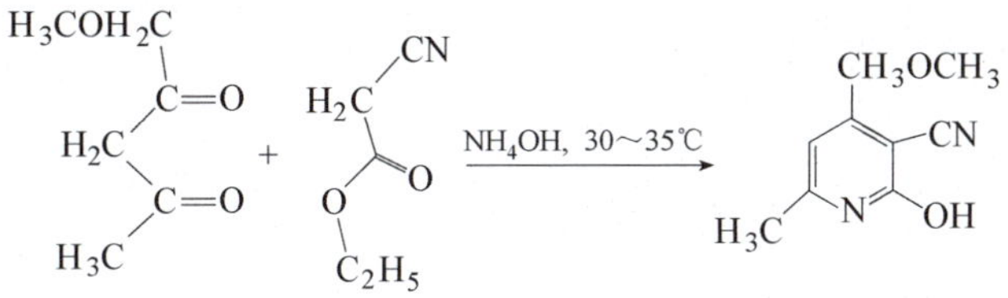

（6）嘧啶衍生物的合成 合成嘧啶的原料有两种：一种是1,3-活泼反应剂如1,3-二醛、β-二酮、β-醛酮、β-酮酯、β-二酯、β-酮腈、β-酯腈、β-二腈等。另一种是具有 N—C—N 基本结构的物质如尿素、硫脲、脒、胍。如乙酰乙酸乙酯和硫脲在碱性下合成抗甲状腺素药物甲硫氧嘧啶。

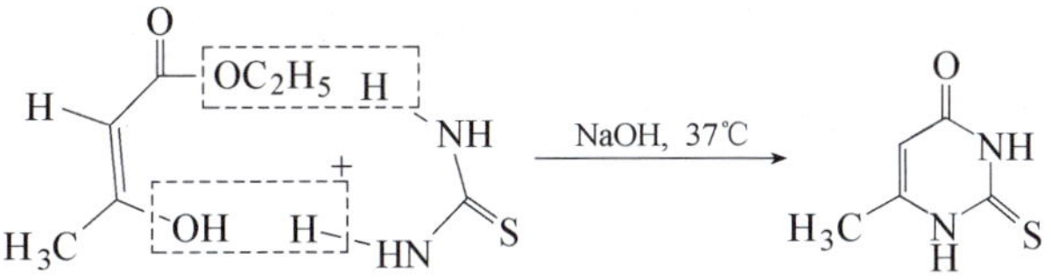

笔记

β-二酯和脲在碱性下合成巴比妥类药物苯巴比妥。

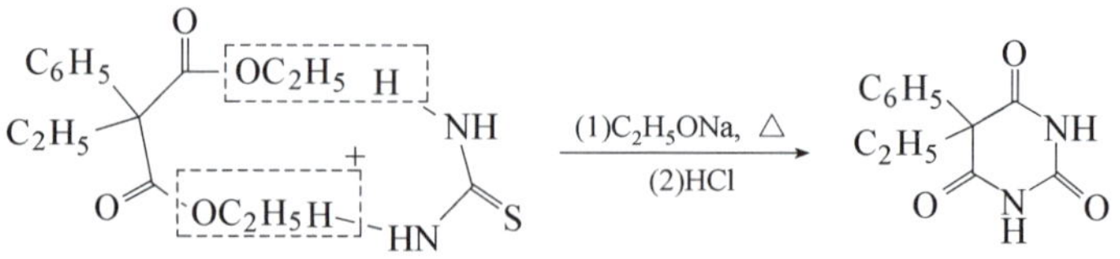

类似结构物硫喷妥钠的合成：

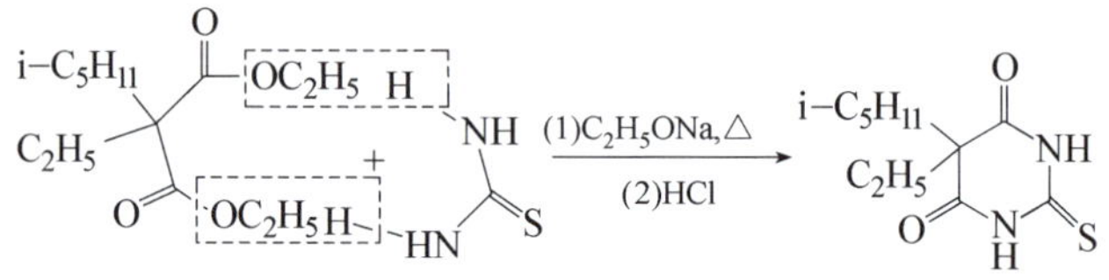

抗菌药、抗菌增效剂甲氧苄啶（TMP）的合成：

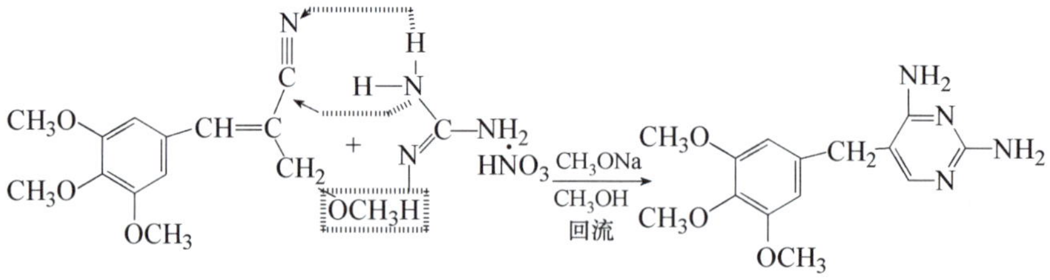

抗肿瘤药甲氨蝶呤中间体的合成：

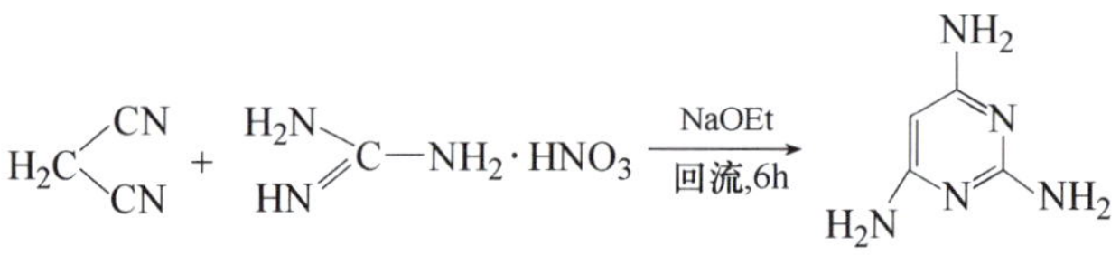

重排和环合反应活页笔记

1. 这部分有什么收获、体会与建议？

2. 有哪些尚未解决的问题或疑惑？

三、固体产物的分离纯化技术

笔记

重结晶、抽滤、干燥见项目 1-2 “支撑知识” 中的 “二、固体产物的分离纯化技术”。以下介绍本工艺采用的酸化、中和成盐精制和盐析。

(一) 酸化

有机酸苯妥英为弱酸性，产物苯妥英钠为弱酸强碱盐，利用强酸置换弱酸的原理，用强的无机酸盐酸使有机酸从溶液中结晶析出。

具体操作为：反应完毕，反应液倾入沸水中，加入活性炭脱色，抽滤。滤液酸化至 pH4~5，放置析出结晶、抽滤、水洗。

(二) 中和成盐

苯妥英具有环乙内酰脲的结构，存在酮式-烯醇式互变，显弱酸性，用氢氧化钠中和使其成钠盐。

具体操作为：将粗品置烧杯中，按粗品与水为 1 ∶ 2 加水，40℃ 加入 20%NaOH 至全溶。

(三) 盐析

通过在苯妥英钠的溶液中加入氯化钠，减小苯妥英钠溶解度而使其结晶析出，达到分离的效果。

具体操作为：粗品用 20%NaOH 碱化至全溶后，活性炭脱色，趁热抽滤后的滤液在冷却后若无结晶析出，可以加少量氯化钠至饱和。

固体产物分离技术活页笔记

1. 又一次接触到固体产物分离，你有什么收获、体会与建议？

2. 你有哪些尚未解决的问题或疑惑？

学习成果考核

一、在线章节测验

扫码完成在线测验。

4-3 环合工艺测验

4-3 环合与重排反应测验

二、项目考核

1. 请按照附录 1 实操项目考核表和附录 2 实操考核标准进行考核。

2. 请将项目成果——结果与产率、单耗与成本表，以及产品照片上传学习通，同时提交实物，进行结果评价。

课后拓展——在线自主学习

请利用课程网站学习 D-A 反应、其他重排反应及其在药物合成中的应用实例。

其他重排反应

D-A 反应

推荐阅读及参考文献

1. 中国大学 MOOC+智慧职教资源

MOOC—药物合成技术

MOOC—化学实验安全

智慧职教—药物合成技术

MOOC—电子分子天平的使用

MOOC—固体物质的称量（理论）

MOOC—固体物质的称量（实验）

吡罗昔康—灼烩新技术

2. 刘鹰翔. 药物合成反应（第 2 版）［M］. 北京：中国中医药出版社，2017.

3. 石金桃. 有机合成化学［M］. 合肥：合肥工业大学出版社，2017.

模块二

虚拟合成项目

项目五　诺氟沙星虚拟合成

笔记

项目概述

诺氟沙星又称氟哌酸，为喹诺酮类合成抗菌药，属于《中国药典》2015版和2020版收载品种。2019年底，国内诺氟沙星原料药生产企业24家，本品化学名为1-乙基-6-氟-1，4-二氢-4-氧代-7-(1-哌嗪基)-3-喹啉羧酸，化学结构式为：

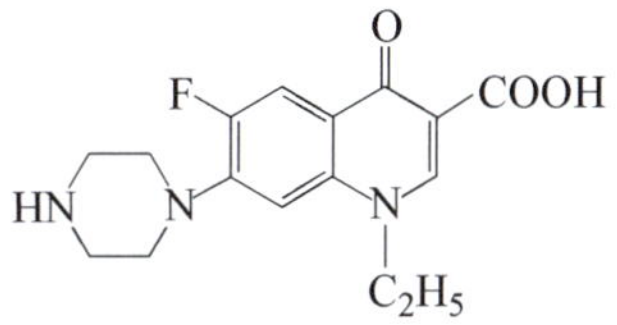

$C_{16}H_{18}FN_3O_3$，319.24

诺氟沙星为类白色至淡黄色结晶性粉末，无臭，味微苦。在二甲基甲酰胺中略溶，在水或乙醇中极微溶解，在醋酸、盐酸或氢氧化钠溶液中易溶。熔点218～224℃。

本品合成方法有十几种。我国工业生产以路线一为主。近几年来，许多新工艺在诺氟沙星生产中获得应用，其中以路线二，即硼螯合物法收率高、操作简便、单耗低且质量较好。

路线一：以3-氯-氟硝基苯为原料，经还原、缩合环合、乙基化、水解、缩合等步骤制得诺氟沙星，反应式如下：

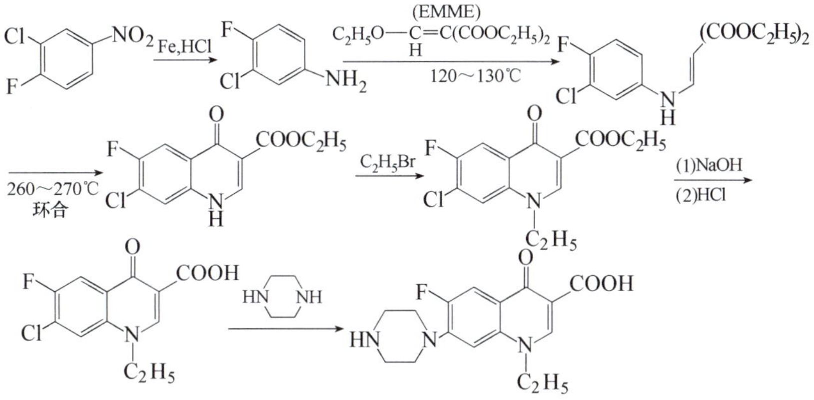

笔记

路线二：主体反应与路线一相同，区别在于将乙基化产物制成硼螯合物，与哌嗪缩合，再水解，反应式如下：

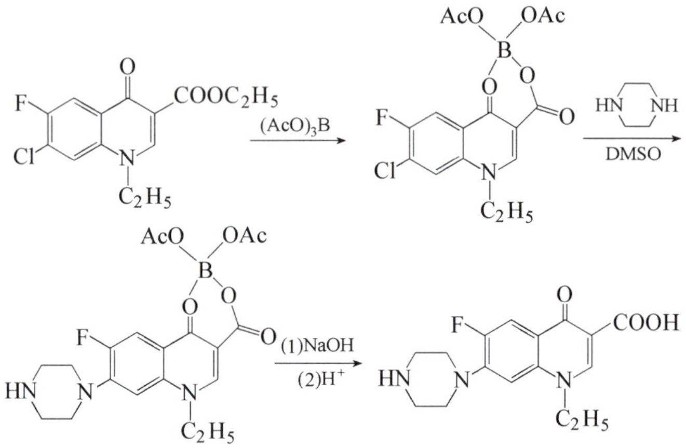

本项目涉及的单元反应和分离纯化技术除了水解，在实操项目中均已出现。以下采用路线一，小试和生产工艺各分五步，以虚拟合成动画演示合成过程，组合在一起的完整动画可以点击进行练习。该项目原料试剂不易购得，价格相对较高，反应步骤较多，从 4-氟-3-氯-硝基苯到诺氟沙星需要五步，一旦某一步失败就会导致项目无法进行到底。另外有些反应条件较难控制，如环合反应在 260℃进行，有些反应时间较长，仅回流反应就需要 6~8h，不适合作为实操学习项目。

实施准备

项目任务书

项目编号		项目名称			
起始时间		学员姓名/学号		班长	
项目组成员					
学习任务	完成诺氟沙星虚拟合成与分离纯化任务，熟练操作虚拟动画的各个步骤，上交各子项目小试和生产合成工艺流程图，完成在线测验和拓展学习				
学习目标	知识目标 1. 通过观看动画，掌握诺氟沙星实验室和生产工艺流程、仪器设备及其使用 2. 巩固诺氟沙星合成单元反应：还原、缩合、环合、烃化、水解，以及分离纯化。常压蒸馏、减压蒸馏、水蒸气蒸馏、重结晶、脱色、离心过滤、洗涤、（真空）干燥、稀释、酸化相关知识 3. 知道反应试剂、原料选择的原则，反应条件、反应时间和反应终点控制的原理 4. 理解诺氟沙星各步合成的原理 5. 掌握有机合成工中与药物合成有关的专业知识、技能和素质，为考取有机合成工职业资格和参加有机合成工技能大赛奠定基础 能力目标 1. 能够按照虚拟动画中提示的岗位操作规程（SOP）完成目标产品的合成、分离纯化和精制操作 2. 能够将学到的知识和技能迁移至其他化学药物的合成操作中 3. 能够画出各步工艺流程图 思政目标 1. 仔细观察反应现象 2. 严格按照 SOP 进行模拟合成，不应付 3. 精益求精、严谨求实、一丝不苟、精细操作、诚实守信等职业精神和工匠精神				

<table>
<tr><th colspan="2">工作内容与要求</th></tr>
<tr><td rowspan="3">实施前</td><td>1. 填写项目任务书，明确任务目标、内容与要求</td></tr>
<tr><td>2. 学习岗位操作规定（SOP），明确生产流程和操作要点</td></tr>
<tr><td>3. 回答引导问题、填写项目预习记录、拍照上传学习通</td></tr>
<tr><td rowspan="2">实施中</td><td>1. 项目最初按 SOP 进行正确操作</td></tr>
<tr><td>2. 熟练之后能够记住 SOP 说明的操作步骤，正确进行操作</td></tr>
<tr><td rowspan="2">实操结束</td><td>1. 画出诺氟沙星小试和生产合成各步工艺流程图，拍照上传学习通</td></tr>
<tr><td>2. 按时完成在线测试、作业和拓展学习</td></tr>
<tr><th colspan="2">进度要求</th></tr>
<tr><td colspan="2">1. 该项目以翻转课堂、线上学习为主，请同学们自行安排学习时间和学习进度</td></tr>
<tr><td colspan="2">2. 截止完成时间为学期末考试周的前一周</td></tr>
</table>

预习活页

<table>
<tr><td>项目名称</td><td></td><td>子项目名称</td><td></td></tr>
<tr><td>学员姓名/学号</td><td></td><td>项目组成员</td><td></td></tr>
<tr><th colspan="4">引导问题（小试和生产各步反应与分离纯化原理相同，选择其中一种即可）</th></tr>
<tr><td colspan="4">1. 本子项目涉及哪（几）个单元反应？
2. 反应的试剂主要有哪些？
3. 涉及的分离纯化方法是什么？
4. 项目的关键点在哪里？</td></tr>
<tr><th colspan="4">引导问题回答</th></tr>
<tr><td colspan="4"></td></tr>
</table>

项目预习记录（小试和生产各步预习表格相同，请自行下载电子版填写）

<table>
<tr><th colspan="7">一、原料试剂和产物理化性质、主要危险性及个体防护措施
（注：未给出的内容请自行查找）</th></tr>
<tr><th>序号</th><th>原料/试剂名称</th><th>相对分子质量</th><th>密度</th><th>b. p. /m. p.</th><th>主要危险性</th><th>个体防护措施</th></tr>
<tr><td>1</td><td></td><td></td><td></td><td></td><td></td><td></td></tr>
<tr><td>2</td><td></td><td></td><td></td><td></td><td></td><td></td></tr>
<tr><td>3</td><td></td><td></td><td></td><td></td><td></td><td></td></tr>
<tr><td>4</td><td></td><td></td><td></td><td></td><td></td><td></td></tr>
<tr><td>5</td><td></td><td></td><td></td><td></td><td></td><td></td></tr>
<tr><td>6</td><td></td><td></td><td></td><td></td><td></td><td></td></tr>
<tr><td>7</td><td></td><td></td><td></td><td></td><td></td><td></td></tr>
</table>

二、实验操作注意事项

三、问题和建议

预习完成时间：　　年　月　日

项目实施——岗位工作页

操作规程——SOP

小试工艺

笔记

第一步：4-氟-3-氯苯胺的制备（还原）

小试第一步

（1）在装有搅拌、回流冷凝器、温度计的250mL四颈瓶中投入铁粉51.5g、水173.0mL、氯化钠4.3g、浓盐酸2.0mL，搅拌下于100℃活化10min，降温至85℃。

（2）在快速搅拌下，先加入4-氟-3-氯硝基苯15.0g，温度升至95℃，10min后再加入4-氟-3-氯-硝基苯15.0g，于95℃反应2h。

（3）将反应液进行水蒸气蒸馏，馏出液中加入冰5g，使产品固化完全，抽滤，于30℃下真空干燥，得4-氟-3-氯苯胺类白色结晶。

第二步：7-氯-6-氟-1，4-二氢-4-氧喹啉-3-羧酸乙酯（环合物）的制备（缩合、环合）

小试第二步

（1）在装有搅拌器、回流冷凝器、温度计的150mL四颈瓶中分别投入4-氟-3-氯-苯胺15.0g、乙氧基亚甲基丙二酸二乙酯（EMME）24.0g，快速搅拌下加热到120℃，于120~130℃反应2h。

（2）放冷至室温，将回流装置改成蒸馏装置，加入石蜡油80.0mL，加热到260~270℃，有大量乙醇生成，回收乙醇反应30min后，冷却到60℃以下。

（3）抽滤，滤饼分别用甲苯、丙酮洗涤1次，至灰白色，抽干。结晶放入培养皿中，置烘箱中干燥，得环合物。

第三步：1-乙基-7-氯-6-氟-1,4-二氢-4-氧喹啉-3-羧酸乙酯（乙基物）的制备（乙基化）

小试第三步

（1）在装有搅拌器、回流冷凝器、温度计、滴液漏斗的250mL四颈瓶中，加入环合物25.0g、无水碳

笔记

酸钾 30.8g、DMF125.0g，搅拌，加热到 70℃。

（2）于 70~80℃下，在 40~60min 内滴加溴乙烷 25.0g，滴加完毕，升温至 100~110℃，保温反应 6~8h。

（3）反应完毕，减压回收 70%~80%的 DMF，降温至 50℃左右，加入 200mL 水，析出固体，抽滤，滤饼水洗两次，抽干，得乙基物粗品。

（4）粗品精制　将粗品加入 250mL 四颈瓶中，加入 4 倍量乙醇，开动搅拌，加热溶解。稍冷，加入活性炭 1.0g，回流 10min，趁热抽滤，滤液转入烧杯中，降温至 10℃以下，析出结晶，抽滤，滤饼用水洗涤 3 次，抽干。结晶放入培养皿中，置烘箱中干燥，得精制产物。

小试第四步

第四步：1-乙基-7-氯-6-氟-1,4-二氢-4-氧喹啉-3-羧酸（水解物）的制备（水解）

（1）在装有搅拌器、冷凝器、温度计的 250mL 四颈瓶中，加入 20.0g 乙基物和碱液（由氢氧化钠固体 5.5g 和蒸馏水 75.0g 配成），加热至 95~100℃，保温反应 10min。

（2）冷却至 50℃，加入水 125.0mL 稀释，浓盐酸调至 pH6。

（3）冷却至 20℃，抽滤，滤饼水洗两次，置烘箱中干燥，得水解物。

小试第五步

第五步：诺氟沙星的制备（烃化缩合）

（1）在装有搅拌器、回流冷凝器、温度计的 150mL 四颈瓶中，投入水解物 10.0g、无水哌嗪 13.0g、吡啶 65.0g，回流反应 6h。

（2）冷却到 10℃，析出固体，抽滤，滤饼用适量水洗涤 2 次，抽干，得诺氟沙星粗品。

（3）粗品精制　将上述粗品加入盛有 100mL 水的烧杯中，搅拌下滴加浓氨水使溶解，加活性炭 0.3g 常温脱色 10min，抽滤，滤液转入烧杯中，用冰醋酸调 pH7.0，抽滤，滤饼用适量水洗涤三次，置烘箱中干燥，得精制诺氟沙星。

生产工艺

生产第一步

第一步：4-氟-3-氯苯胺的合成（还原）

（1）将铁粉 51.5kg、氯化钠 4.3kg、盐酸 2.0L 和水 173.0L 加入还原反应罐中，搅拌混合，升温至 100℃活化 10min，降温至 85℃。

（2）加入 15.0kg 的 3-氯-4-氟硝基苯，反应液自然升温至 95℃，10min 后，加入剩余的 15.0kg 3-氯-4-氟硝基苯，于 95℃回流反应 2h。

（3）进行水蒸气蒸馏，蒸出物冷却，析出结晶，转入离心机离

笔记

心过滤，真空干燥，得类白色结晶4-氟-3-氯苯胺。

第二步：3-氯-4-氟苯胺基亚甲基丙二酸二乙酯（缩合物）的合成（缩合）

生产第二步

（1）在干燥的缩合反应罐中加入3-氯-4-氟苯胺15.0kg和EMME 24.0kg，开动搅拌，升温蒸出生成的乙醇，并在130℃反应1.5h。

（2）反应毕，减压蒸馏除去生成的乙醇后，立即将反应液放入固化槽中，冷却后立即固化，得到3-氯-4-氟苯胺基亚甲基丙二酸二乙酯（缩合物）。

第三步：7-氯-6-氟-1，4-二氢-4-氧喹啉-3-羧酸乙酯（环合物）的合成（环合）

生产第三步

（1）将石蜡油80.0L加入环合反应罐中，预热到250℃，加入上步缩合物。

（2）升温到250～260℃，反应1h，蒸出生成的乙醇。

（3）剩余物冷却到10℃，离心过滤，滤饼先用石油醚洗涤，再用丙酮洗涤两次，转移至干燥箱中干燥得灰白色环合物。

第四步：1-乙基-7-氯-6-氟-1,4-二氢-4-氧喹啉-3-甲酸（水解物）的合成（乙基化、水解）

生产第四步

（1）将环合物25.0kg、碳酸钾30.8kg、二甲基甲酰胺（DMF）125.0kg加到乙基化反应罐中，搅拌加热到110℃，保温反应1h。

（2）冷却到30℃以下，滴加溴乙烷25.0kg。加毕，加热到90℃，回流反应8h。

（3）冷却，压滤除去反应副产物无机盐，滤液转入水解罐，减压回收DMF。

（4）向残留液乙基物中加入NaOH溶液（5.5kg NaOH溶解于75.0L水中），加热水解反应2h。

（5）向反应罐中加125.0L水，再加活性炭0.5kg脱色20min，压滤。

（6）滤液转入中和罐中，用乙酸调整pH至6.4，析出沉淀，冷却到0℃，料液转入离心机离心过滤，滤饼用水洗涤三次，得水解物粗品。

（7）水解物粗品重结晶：将粗品加入精制罐中，加入5倍量回收DMF，开动搅拌，加热溶解。稍冷，加入活性炭0.5kg，回流10min，趁热离心过滤，滤液降温至0℃，析出结晶，离心过滤，滤饼用水洗涤3次，真空干燥，得精制水解物。

生产第五步

第五步：诺氟沙星的合成（烃化缩合）

（1）将无水哌嗪 13.0kg、水解物 10.0kg 和吡啶 65.0kg 加入成品缩合罐中，升温回流 8h。

（2）减压回收吡啶　再加水减压蒸出剩余的吡啶。残留物加稀乙酸，使 pH 至 5.5，加活性炭 0.3kg 脱色，趁热压滤，滤液用稀 NaOH 调至 pH7.0~7.2。

（3）冷却，离心过滤，滤饼用水洗涤两次，得诺氟沙星粗品。

（4）诺氟沙星粗品精制　将粗品加入精制罐中，加水 100L，开动搅拌，滴加浓氨水使溶解，加活性炭 0.3kg 常温脱色 15min，压滤，滤液入中和结晶罐，用冰醋酸调 pH7.0，离心过滤，固体用适量水洗涤三次，真空干燥，得精制诺氟沙星。

小试+生产各五步

硝基还原

诺氟沙星与缩合反应

诺氟沙星与环合反应

笔记

支撑知识　酯水解反应与固体产物的分离纯化技术

本项目涉及的单元反应包括：第一步还原反应，见项目 2-3“支撑知识”之“还原反应”。项目第二步缩合环合反应，分别见项目 4-1“支撑知识”中的“一、缩合反应”和项目 4-3“支撑知识”中的“二、环合缩合反应”。项目第三步和第五步烃化反应，见项目 3“支撑知识”之“烃化反应”。

MOOC—烃化反应

一、酯水解反应（第四步）

（一）概念

酯水解反应是指酯与水作用后被分解为两部分，其中酯的酰基部分与水中的羟基结合得到羧酸，而酯的烷氧基部分与水中的氢原子结合形成醇。酯的水解和前边学习的酯化是一对典型的可逆平衡反应。

$$R-\overset{\overset{O}{\|}}{C}-OR' + H-O-H \rightleftharpoons R-\overset{\overset{O}{\|}}{C}-OH + H-OR'$$

（二）特点

酯水解反应

酯水解具有以下特点：酸和碱都能催化酯的水解反应，酯在碱的水溶液中水解基本上是不可逆的，而在酸溶液中水解则是可逆的，平衡位置取决于水和醇的相对浓度：在水溶液有利于水解反应，在醇溶液中则有利于酯的生成。

笔记

笔记

（三）影响水解反应的主要因素

1. 取代基对酯水解反应的影响

（1）碱催化下

① 酯中酰基或烷氧基中的吸电子取代基都能促进水解反应，因为吸电子基能稳定决定反应速率步骤中生成的带负电荷的四面体中间体，给电子基则对水解反应不利。

② 当酯的酰基部分为芳基，并与酯中的羰基共轭时，明显地降低酯的水解活性。

③ 当酯的烷氧基部分越稳定，离去倾向越大，水解也就越容易；芳氧基（ArO^-）比烷氧基（RO^-）稳定，更容易离去，因而芳基酯（RCOOAr）比烷基酯（RCOOR′）的水解速率要快。

（2）酸催化下　影响与碱催化相反，酯中酰基或烷氧基中有供电子取代基能促进水解反应，吸电子基则对水解不利。

2. 分子内的某种基团对酯水解反应的影响

（1）分子内的某种基团可以起到一般碱催化的作用促进水解　如乙酰水杨酸中羧基负离子在 pH4～8 时，即可按照一般碱催化历程夺取水中质子引起乙酰水杨酸的水解反应。

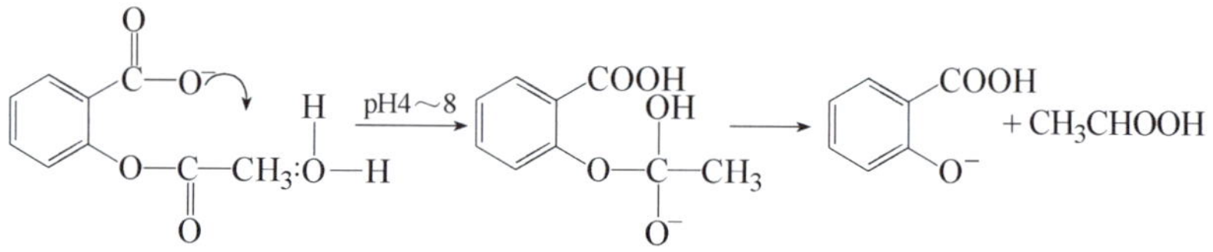

（2）某些二价金属离子可催化酯的水解　某些二价金属离子如二价铜、钴、锌、镍等离子可催化酯的水解。二价铜离子在催化氨基酸酯的水解中比酸或碱催化更为有效，如 α-氨基-β-苯丙酸乙酯在酸、碱和二价铜离子催化下，水解时反应速率分别为 1.46×10^{-14}、5.80×10^{-9} 和 2.67×10^{-3}，水解反应速率增加明显。

（3）应用实例　诺氟沙星合成中，由 1-乙基-7-氯-6-氟-1，4-二氢-4-氧喹啉-3-羧酸乙酯（乙基物）在氢氧化钠水溶液中水解、酸化制备中间体 1-乙基-7-氯-6-氟-1，4-二氢-4-氧喹啉-3-羧酸（水解物）。

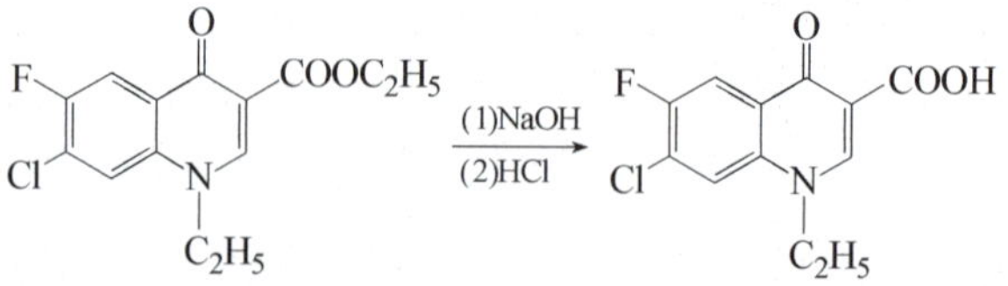

头孢菌素类药物合成中，7-ADCA 三氯乙酯在甲酸水溶液及锌粉存在下水解制备中间体 7-ADCA。

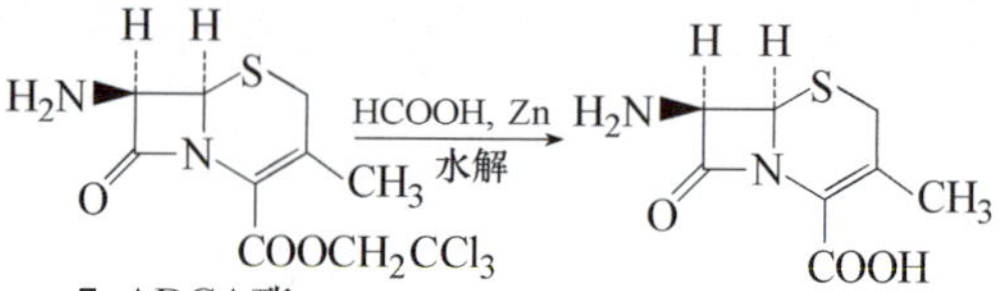

7-ADCA酯　　7-ADCA

笔记

抗抑郁药帕罗西汀合成中，反式 1-甲基-4-氟苯基哌啶-3-甲酸甲酯在盐酸溶液中水解，得到相应的羧酸中间体。

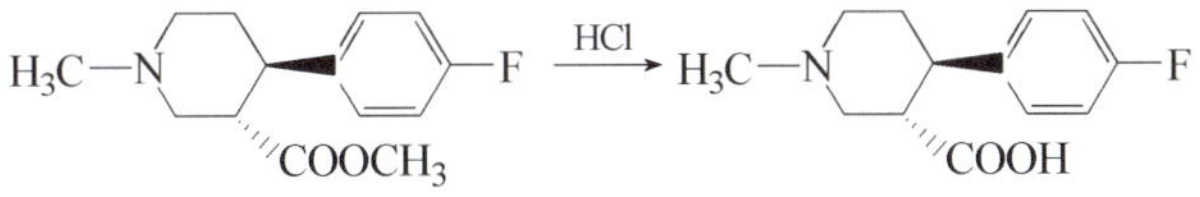

有时需要采取措施避免药物或中间体的水解变质。

二、液体产物的分离纯化技术

蒸馏见项目 1-1 “支撑知识” 中的 “二、液体产物的分离纯化技术”。

三、固体产物的分离纯化技术

抽滤、洗涤、干燥见项目 1-2 “支撑知识” 中的 “二、固体产物的分离纯化技术”。本部分采用了酸化、成盐精制分离方法。

（一）酸化

1-乙基-7-氯-6-氟-1,4-二氢-4-氧喹啉-3-羧酸乙酯在氢氧化钠水溶液中水解后得到的是钠盐，为弱酸强碱盐，显碱性，利用强酸置换弱酸原理，水解反应结束，将水解液冷却至 50℃，加水稀释，浓盐酸调至 pH6，使游离羧酸，即水解物 1-乙基-7-氯-6-氟-1,4-二氢-4-氧喹啉-3-羧酸析出。

（二）成盐精制

诺氟沙星含羧基显弱酸性，溶于氨水中；含哌嗪基，显弱碱性，pH7. 0 时溶解度最小。将诺氟沙星粗品搅拌下滴加浓氨水使溶解，加活性炭脱色，抽滤或压滤，滤液用冰醋酸调 pH7. 0，使诺氟沙星析出。

学习成果考核

一、在线章节测验

扫码完成在线测验。

第一步还原工艺及单元反应测验

第二步缩合环合工艺及单元反应测验

第三步烃化工艺及单元反应测验

第四步酯水解工艺及单元反应测验

第五步烃化工艺及缩合反应测验

二、项目考核

测验作为结果考核的一部分，另外请上传各步工艺流程图，进行自评、互评、教师评价。

课后拓展——在线自主学习

1. 请扫码学习醛/酮还原反应及其在药物合成中的应用；羧酸及其衍生物还原以及在药物合成中的应用实例。

2. 请扫码学习 C-烃化反应及其在药物合成中的应用、相转移催化技术。

3. 请扫码学习其他羧酸衍生物的水解反应。

醛、酮还原及应用

羧酸及其衍生物还原与应用

C-烃化反应

C-烃化及应用

MOOC—相转移催化技术

其他羧酸衍生物的水解

模块三

仿真合成项目

项目六　间歇反应釜单元仿真操作

笔记

项目选择可对接《有机合成工职业技能鉴定指导》和山东省“技能兴鲁”职业技能大赛有机合成工竞赛仿真训练项目。这里主要介绍SOP，让读者熟悉项目生产原理、工艺流程、工艺条件、物料走向、生产设备及使用方法、操作步骤、事故处置等。

实施准备

任务要求

1. 向沉淀罐VX03进料 Na_2S_n 至3.60m。

2. 向计量罐VX01进料 CS_2 至1.4m。

3. 其他请根据SOP进行练习，完成2-巯基苯并噻唑，产品质量达到评分系统的要求。

4. 期末进行考试，考试期间关闭SOP。

项目实施

操作规程——SOP

一、工艺流程

(一) 工艺流程说明

间歇反应在助剂、制药、染料等行业的生产过程中很常见。本工艺过程的产品2-巯基苯并噻唑就是橡胶制品硫化促进剂DM（2,2-二硫代苯并噻唑）的中间产品，它本身也是硫化促进剂，但活性不如DM。

全流程的缩合反应包括备料工序和缩合工序。考虑到突出重点，将备料工序略去，则缩合工序共有三种原料，多硫化钠（Na_2S_n）、邻硝基氯苯（$C_6H_4ClNO_2$）及二硫化碳（CS_2）。

主反应如下：

$$2C_6H_4ClNO_2+Na_2S_n \longrightarrow C_{12}H_8N_2S_2O_4+2NaCl+(n-2)S\downarrow$$

$$C_{12}H_8N_2S_2O_4+2CS_2+2H_2O+3Na_2S_n \longrightarrow 2C_7H_4NS_2ONa+2H_2S\uparrow+3Na_2S_2O_3+(3n+4)S\downarrow$$

笔记

工艺流程：来自备料工序的 CS_2、$C_6H_4ClNO_2$、Na_2S_n 分别注入计量罐及沉淀罐中，经计量沉淀后利用位差及离心泵压入反应釜中，釜温由夹套中的蒸汽、冷却水及蛇形管中的冷却水控制，设有分程控制 TLC101（只控制冷却水），通过控制反应釜温来控制反应速度及副反应速度，来获得较高的收率及确保反应过程安全。

在本工艺流程中，主反应的活化能比副反应的活化能要高，因此升温后更利于反应收率。在 90℃ 的时候，主反应和副反应的速度比较接近，因此，要尽量延长反应温度在 90℃ 以上的时间，以获得更多的主反应产物。

(二) 设备一览

R01：间歇反应釜。

VX01：CS_2 计量罐。

VX02：邻硝基氯苯计量罐。

VX03：Na_2S_n 沉淀罐。

PUMP1：离心泵。

(三) 间歇反应器单元操作规程

冷态开车操作规程

本操作规程仅供参考，详细操作以评分系统为准。

装置开工状态为各计量罐、反应釜、沉淀罐处于常温、常压状态，各种物料均已备好，大部分阀门、机泵处于关停状态（除蒸汽联锁阀外）。

(1) 备料过程

① 向沉淀罐 VX03 进料（Na_2S_n）

a. 开阀门 V9，向罐 VX03 充液。

b. VX03 液位接近 3.60m 时，关小 V9，至 3.60m 时关闭 V9。

c. 静置 4min（生产上实际 4h）备用。

② 向计量罐 VX01 进料（CS_2）

a. 开放空阀门 V2。

b. 开溢流阀门 V3。

c. 开进料阀 V1，开度约为 50%，向罐 VX01 充液。液位接近 1.4m 时，可关小 V1。

d. 溢流标志变绿后，迅速关闭 V1。

③ 向计量罐 VX02 进料（邻硝基氯苯）

a. 开放空阀门 V6。

b. 开溢流阀门 V7。

c. 开进料阀 V5，开度约为 50%，向罐 VX01 充液。液位接近

笔记

1.2m 时，可关小 V5。

d. 溢流标志变绿后，迅速关闭 V5。

（2）进料

① 微开放空阀 V12，准备进料。

② 从 VX03 中向反应器 RX01 中进料（Na_2S_n）。

a. 打开泵前阀 V10，向进料泵 PUMP1 中充液。

b. 打开进料泵 PUMP1。

c. 打开泵后阀 V11，向 RX01 中进料。

d. 至液位至 0.1m 时停止进料，关泵后阀 V11。

e. 关泵 PUMP1。

f. 关泵前阀 V10。

③ 从 VX01 中向反应器 RX01 中进料（CS_2）

a. 检查放空阀 V2 开放。

b. 打开进料阀 V4 向 RX01 中进料。

c. 待进料完毕后关闭 V4。

④ 从 VX02 中向反应器 RX01 中进料（邻硝基氯苯）

a. 检查放空阀 V6 开放。

b. 打开进料阀 V8 向 RX01 中进料。

c. 待进料完毕后关闭 V8。

⑤ 进料完毕后关闭放空阀 V12。

（3）开车阶段

① 检查放空阀 V12、进料阀 V4、V8、V11 是否关闭，打开联锁控制。

② 开启反应釜搅拌电机 M1。

③ 适当打开夹套蒸汽加热阀 V19，观察反应釜内温度和压力上升情况，保持适当的升温速度。

④控制反应温度直至反应结束。

（4）反应过程控制

① 当温度升至 55~65℃关闭 V19，停止通蒸汽加热。

② 当温度升至 70~80℃时微开 TIC101（冷却水阀 V22、V23），控制升温速度。

③ 当温度升至 110℃以上时，是反应剧烈的阶段。应小心加以控制，防止超温。当温度难以控制时，打开高压水阀 V20。并可关闭搅拌器 M1 以使反应降速（注：关闭要扣分）。当压力过高时，可微开放空阀 V12 以降低气压，但放空会使 CS_2 损失，污染大气。

④ 反应温度大于 128℃时，相当于压力超过 8atm（1atm = 101325Pa，下同），已处于事故状态，如联锁开关处于“on”的状

笔记

态，联锁起动（开高压冷却水阀，关搅拌器，关加热蒸汽阀。）

⑤ 压力超过 15atm（相当于温度大于 160℃），反应釜安全阀起作用。

（5）停车操作规程

本操作规程仅供参考，详细操作以评分系统为准。

在冷却水量很小的情况下，反应釜的温度下降仍较快，则说明反应接近尾声，可以进行停车出料操作。

① 打开放空阀 V12 5～10s，放掉釜内残存的可燃气体，关闭 V12。

② 向釜内通增压蒸汽。

a. 打开蒸汽总阀 V15。

b. 打开蒸汽加压阀 V13 给釜内升压，使釜内气压高于 4 个大气压。

③ 打开蒸汽预热阀 V14 片刻。

④ 打开出料阀门 V16 出料。

⑤ 出料完毕后保持开 V16 约 10s 进行吹扫。

⑥ 关闭出料阀 V16（尽快关闭，超过 1min 不关闭将不能得分）。

⑦ 关闭蒸汽阀 V15。

二、仪表及报警一览表

位号	说明	类型	正常值	量程高限	量程低限	工程单位	高报	低报	高高报	低低报
TIC101	反应釜温度控制	PID	115	500	0	℃	128	25	150	10
TI102	反应釜夹套冷却水温度	AI		100	0	℃	80	60	90	20
TI103	反应器蛇管冷却水温度	AI		100	0	℃	80	60	90	20
TI104	CS_2 计量罐温度	AI		100	0	℃	80	20	90	10
TI105	邻硝基氯苯罐温度	AI		100	0	℃	80	20	90	10
TI106	多硫化钠沉淀罐温度	AI		100	0	℃	80	20	90	10
LI101	CS_2 计量罐液位	AI		1.75	0	m	1.4	0	1.75	0
LI102	邻硝基氯苯罐液位	AI		1.5	0	m	1.2	0	1.5	0
LI103	多硫化钠沉淀罐液位	AI		4	0	m	3.6	0.1	4.0	0
LI104	反应釜液位	AI		3.15	0	m	2.7	0	2.9	0
PIC101	反应釜压力	AI		20	0	atm	8	0	12	0

笔记

三、事故设置一览

下列事故处理操作仅供参考，详细操作以评分系统为准。

1. 超温（压）事故

原因：反应釜超温（超压）。

现象：温度大于128℃（气压大于8atm）。

处理操作如下所示：

（1）开大冷却水，打开高压冷却水阀V20。

（2）关闭搅拌器PUMP1，使反应速度下降。

（3）如果气压超过12atm，打开放空阀V12。

2. 搅拌器M1停转

原因：搅拌器坏。

现象：反应速度逐渐下降为低值，产物浓度变化缓慢。

处理：停止操作，出料维修。

3. 冷却水阀V22、V23卡住（堵塞）

原因：蛇管冷却水阀V22卡。

现象：开大冷却水阀对控制反应釜温度无作用，且出口温度稳步上升。

处理：开冷却水旁路阀V17调节。

4. 出料管堵塞

原因：出料管硫磺结晶，堵住出料管。

现象：出料时，内气压较高，但釜内液位下降很慢。

处理：开出料预热蒸汽阀V14吹扫5min以上（仿真中采用）。拆下出料管用火烧化硫磺，或更换管段及阀门。

5. 测温电阻连线故障

原因：测温电阻连线断。

现象：温度显示置零。

处理：改用压力显示对反应进行调节（调节冷却水用量）。

升温至压力为0.3~0.75atm就停止加热。

升温至压力为1.0~1.6atm开始通冷却水。

压力为3.5~4atm以上为反应剧烈阶段。

反应压力大于7atm，相当于温度大于128℃处于故障状态。

反应压力大于10atm，反应器联锁起动。

反应压力大于15atm，反应器安全阀起动（以上压力为表压）。

四、仿真界面

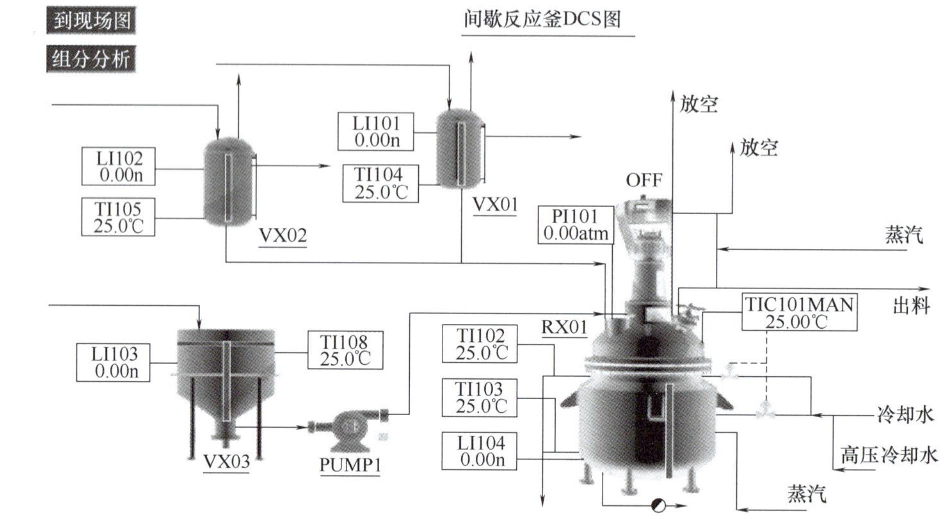

图 3-1 间歇反应釜 DCS 场界面

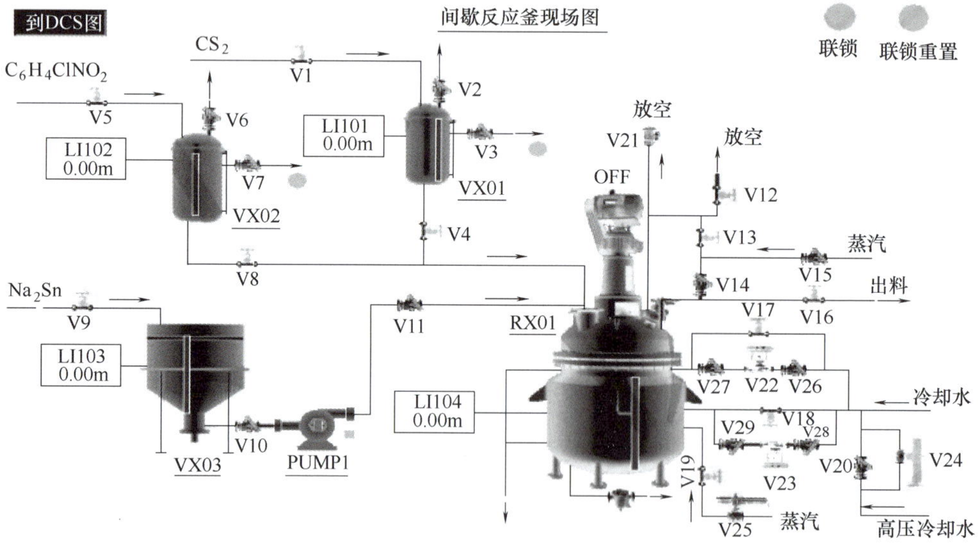

图 3-2 间歇反应釜现场界面

学习成果考核

关闭操作提示，现场仿真考试，最后得分以系统评分为准。

笔记

附录　实操项目考核及推荐的学习资源

附录1　实操项目考核表

子项目名称		学员姓名				
考核指标/评价方式		分值	得分			
			自评	互评	组长评	教师评
(一)项目预习情况考核/上传学习通/互评*						
1. 项目预习记录填写情况		—				
2. 方案设计情况		—				
(二)项目实施过程考核/现场/教师评						
3. 称量准确性		5				
4. 操作规范性		10				
5. 执行操作规程情况		8				
6. 记录填写情况(及时、准确、清楚、整洁、真实)		8				
7. 清场		3				
(三)项目结果考核/按规定指标/上传学习通/教师评*						
8. 产品收率		—				
9. 产品质量(外观、含量、熔点)		—				
10. 产品成本		—				
(四)素质考核(现场/教师评/自评)						
11. 遵守实验实训室规章制度,不得出现脱岗、串岗、打闹、玩手机等违纪情况		7				
12. 安全意识(实验服穿戴、护品穿戴、爱护仪器设备、不乱丢原料试剂、无电热套短路等)		15				
13. 环保意识(台面清洁、不乱丢废弃物、不常流水、集中处理废液废渣)		15				
14. 团队合作、沟通交流、工作积极性、执行能力情况		7				
15. 严谨、求实、诚信品质、责任意识、质量意识		7				
16. 精益求精、爱岗敬业、精细操作、一丝不苟、热爱劳动精神		8				
17. 信息素养:查找利用文献资料进行自主学习的能力		7				
小计		100				

注：上传学习通的，在本考核表中不计分数，在学习通里计分数。

附录 2 实操项目考核评分标准，具体内容请扫下方二维码获得。

附录 3 有机合成工国家职业标准，具体内容请扫下方二维码获得。

附录 4 《有机合成工职业技能鉴定指导》中《精细有机合成技术》应知内容，具体内容请扫下方二维码获得。

附录 5 药物合成中常用缩略语，具体内容请扫下方二维码获得。

附录 6 安全、防火及劳动保护规定，具体内容请扫下方二维码获得。

附录 7 主要仪器设备维护保养方法，具体内容请扫下方二维码获得。

附录 8 常用实验设备使用操作规程

1. 水循环泵多用真空使用操作规程，具体内容请扫下方二维码获得。
2. 增力电动搅拌器使用操作规程，具体内容请扫下方二维码获得。
3. 磁力搅拌器使用操作规程，具体内容请扫下方二维码获得。
4. 恒温磁力搅拌器使用操作规程，具体内容请扫下方二维码获得。
5. 电子天平使用操作规程，具体内容请扫下方二维码获得。
6. 调温电热套使用操作规程，具体内容请扫下方二维码获得。
7. YHT-3 型熔点测试仪操作规程，具体内容请扫下方二维码获得。

附录 9 回流（反应）操作规程，具体内容请扫下方二维码获得。

附录 10 重结晶操作规程，具体内容请扫下方二维码获得。

附录 11 药物分离纯化新技术

1. 膜分离技术，具体内容请扫下方二维码获得。
2. 超临界流体萃取技术，具体内容请扫下方二维码获得。

附录 12 中国知网期刊全文检索，具体内容请扫下方二维码获得。

附录 2 附录 3 附录 4 附录 5 附录 6 附录 7

附录 8-1 附录 8-2 附录 8-3 附录 8-4 附录 8-5 附录 8-6

附录 8-7 附录 9 附录 10 附录 11-1 附录 11-2 附录 12

附录 13　项目学习指导，具体内容请扫下方二维码获得。

项目 1-1　项目 1-2　项目 2-1　项目 2-2　项目 2-3　项目 3

项目 4-1　项目 4-2　项目 4-3　项目 5　项目 6

参 考 文 献

［1］ 闻韧. 药物合成反应（第4版）［M］. 北京：化学工业出版社，2017.

［2］ 孙铁民. 药物化学实验［M］. 北京：中国医药科技出版社，2014.

［3］ 钱清华. 药物合成技术（第2版）［M］. 北京：化学工业出版社，2016.

［4］ 李丽娟. 药物合成技术［M］. 北京：化学工业出版社，2015.

［5］ 张建胜. 药物合成反应（第2版）［M］. 北京：化学工业出版社，2017.

［6］ 张雪荣. 药物分离与纯化技术［M］. 北京：化学工业出版社，2015.

［7］ 马娟. 药物分离与纯化技术（第3版）［M］. 北京：人民卫生出版社，2018.

［8］ 陈红，徐亚维. 生物制药工艺学［M］. 成都：电子科技大学出版社，2018.

［9］ 张镜澄. 超临界流体萃取［M］. 北京：化学工业出版社，2000.

［10］ 叶非，黄长干，张金艳. 有机合成化学（第2版）［M］. 北京：化学工业出版社，2018.

［11］ 陈敏恒，潘鹤林，齐鸣斋. 化工原理［M］. 上海：华东理工大学出版社，2019.

［12］ 王沛. 制药原理与设备（第2版）［M］. 上海：上海科学技术出版社，2019.

［13］ 石金桃. 有机合成化学［M］. 合肥：合肥工业大学出版社，2017.